软件工程

3.0

SOFTWARE ENGINEERING
3.0

大模型驱动的研发新范式

朱少民　王千祥 著

人民邮电出版社
北京

图书在版编目（CIP）数据

软件工程 3.0：大模型驱动的研发新范式 / 朱少民，王千祥著. -- 北京：人民邮电出版社，2025. -- ISBN 978-7-115-66639-0

Ⅰ．TP311.5

中国国家版本馆 CIP 数据核字第 2025LG6189 号

内 容 提 要

本书系统地探讨了软件工程从 1.0 到 3.0 的演进历程，深入剖析了软件工程 3.0 的新范式及其核心特征。书中详细介绍了软件工程 3.0 的实施策略和路线图，以及提示工程、RAG、智能体、数据治理、模型工程和安全治理等核心能力的建设。通过对需求分析、架构设计、UI 生成、结对编程、测试智能化和运维监控等关键环节的实践案例分析，全面重塑了软件开发生命周期。此外，书中还对软件工程的未来进行了展望，探讨了多模态技术和 AGI（通用人工智能）等对软件研发的深远影响。

本书适合软件研发管理人员（包括研发总经理、技术经理、项目经理、测试经理等）、软件工程师、软件测试工程师，以及对软件工程智能化转型感兴趣的读者阅读参考。

◆ 著　　朱少民　王千祥
　　责任编辑　佘　洁
　　责任印制　王　郁　焦志炜

◆ 人民邮电出版社出版发行　北京市丰台区成寿寺路 11 号
　　邮编　100164　电子邮件　315@ptpress.com.cn
　　网址　https://www.ptpress.com.cn
　　优奇仕河北印刷有限公司印刷

◆ 开本：720×960　1/16
　　印张：22　　　　　　　2025 年 5 月第 1 版
　　字数：305 千字　　　　2025 年 6 月河北第 3 次印刷

定价：99.80 元

读者服务热线：(010)81055410　印装质量热线：(010)81055316
反盗版热线：(010)81055315

推荐序 1

在人类科技发展的长河中，软件工程作为连接创造力与数字世界的桥梁，始终站在时代变革的前沿。从最初的瀑布模型到敏捷开发，再到如今大模型驱动的智能化范式，每一次跃迁不仅是技术视角的革新，更是管理理念的迭代，是从"确定性控制"迈向"不确定性适应"的伟大跨越。本书系统阐述了这一划时代变革的理论基础与实践路径，恰逢其时。

作为长期从事管理工程与计算机科学研究的学者，我深刻认识到大模型带来的变革远超技术层面。以多学科视角审视，我们可以清晰地看到：生物学的神经元与神经网络启发了人工神经网络的设计，认知科学的注意力机制成为Transformer结构的理论基础，复杂性科学则为理解大模型的涌现能力提供了分析工具。正是这种深层次的学科交叉，推动了AIGC从实验室走向应用，并正在重塑软件工程的基本范式。

大型软件系统的研发面临的核心挑战不仅仅是技术问题，更是管理与协同问题。过去，我们观察到一些问题，例如研发技术流程和管理流程未深度融合；协同内容未实现要素化、标准化；跨组织协同困难、可追溯性差；上下游环节参与度不足、质量管理不到位等。而大模型技术为解决这些挑战提供了新契机。依托系统工程思维、管理科学理论与人工智能技术，软件工程3.0正在构建全新的协同开发范式。从需求分析到系统设计，从编码实现到测试验证，大模型不仅作为工具参与，更作为智能体重塑了软件研发的整个管理流程。这种新型协同模式将使软件开发从"线性串行"走向"网络协同",从"人工控制"走向"人机共治"。

在这一过程中,我们必须着力解决跨时空多粒度资源配置与网络化调控、跨生命周期价值链的迭代优化、全生命周期数据融合与知识体系化建模等关键问题。这些挑战不仅需要技术创新,更需要管理科学的理论支撑。正如我常说的,"科技使世界越来越强大,管理使世界越来越精彩",未来软件工程的突破点将在技术与管理的交叉地带,在人工智能与管理科学的融合中诞生。这种新型软件生产关系将深刻改变软件工程师的角色定位——从代码编写者转变为价值引导者,从问题解决者升格为系统治理者。

大模型引发的变革也带来了管理上的全新挑战。传统软件项目管理基于明确的需求规格说明和确定性算法,而大模型驱动的软件开发则面对概率性输出、涌现能力和黑盒决策。这要求我们重新思考软件项目的质量评估标准、风险管控机制和责任边界划分。特别是在数据偏向、算法偏见等方面,我们需要从公平性、公正性等维度进行全面评估,确保技术发展与社会价值同频共振。

展望未来,大模型将成为科技创新、产业变革与社会治理的核心支撑。在科学研究领域,它能助力生物结构预测、新材料设计、数学定理证明等突破;在产业应用中,从无人驾驶到智能医疗,大模型正在创造前所未有的价值;在社会治理方面,它为包容性服务、智能决策提供了新可能。正如我在研究 AIGC 时所发现的,当前对其应用尚处于"点状"阶段,未来必将从线到面,最终迈向全方位深度融合。

《软件工程 3.0》不仅系统梳理了软件研发变革的脉络,更提供了面向未来的软件工程方法论与实践指南。在这个智能与创新交织的新时代,我们既要保持开放心态,拥抱变革;也要保持理性思考,防范风险。期待本书能为每一位软件行业从业者提供前进方向，共同探索人机协同的无限可能，为数字文明的可持续发展贡献智慧与力量。

杨善林

中国工程院院士

推荐序 2

若将人类文明进程比作一幅波澜壮阔的画卷，科技革命定是其中最亮眼的一笔。从软件工程 1.0 时代的结构化开发，到 2.0 时代的敏捷迭代，直至今日大模型驱动的人机协同范式，我们迎来了一个崭新的时代——软件工程 3.0 时代。这不仅意味着技术的跃迁，更是观念与方法的深刻变革。

纵观软件工程的发展轨迹，本质上是人类不断探索、应对软件复杂度的过程。从结构化编程到面向对象，从瀑布模型到敏捷迭代开发，每一次范式变革都在试图破解更高层次的复杂性。如今，大模型技术为我们带来全新的复杂度管理手段——不在于消除复杂度，而在于通过人机协同更好地驾驭复杂度。

我长期关注人工智能（AI）与软件工程的交叉融合，尤其是在"三脑协同"理论框架下，通过电脑智能、数脑智能与人脑智能的有机结合，从多维度推动 AI 理论创新与产业应用落地。大模型技术的兴起，促进了三种智能形态的深度融合，这种融合为软件工程注入强劲动力——为软件研发提供了前所未有的智能共生体。正是在这个大背景下，软件工程 3.0 应运而生，契合了"三脑协同"的核心理念：人脑擅长价值判断与创新决策，电脑确保逻辑严谨与确定性，数脑保障大数据的高效处理与知识融合。

我在 2024 年的外滩大会上提出"大模型产业闭环的三大核心环节"——数据与知识的深度耦合、算法与算力的协同进化、场景与落地的价值闭环。在研读《软件工程3.0》的过程中，我欣喜地发现，本书正是从这几点着手，构建了"数据治理—模型工程—智能体协同"的系统体系，阐述了如何将大模型切实转化为软件生产力。它也让我们看到智能化软件工程未来发展的关键，这不仅是技术层面的突破，也是新型软件生产关系的构建和研发管理模式的迭代与再造。

《软件工程3.0》精准捕捉了这一历史性变革。它不是简单地介绍如何使用大模型辅助编程，而是系统性地重新思考软件构建的本质——从程序到模型的软件形态迁移，到人机协同新范式，再到质量保障的全面革新。尤为重要的是，作者明确指出，软件工程3.0并非对传统范式的割裂式颠覆，而是在50余年软件工程积累之上的升华，而且未来软件工程的发展必然是多种范式共存、融合协作的局面。

在软件工程3.0时代，人机协同将成为常态，如人机结对编程、人机结对测试等构成了研发新模式。然而，正如我之前提出的"三脑理论"所强调的那样，人类的经验判断与价值观取向仍然不可替代，关键决策依然把握在人类手中。软件工程3.0的本质不是技术取代人，而是人机协同创造更大价值。为此，我们需要培养新型软件工程人才，他们既了解传统软件工程方法论，又精通AI思维模式，能够在"人机共生"的新型关系中掌握主导权。

当前，具身智能的迅猛发展正在模糊物理世界与信息世界的边界，这也给软件工程带来全新挑战：如何构建支撑"物理—信息—社会"三元融合的软件系统？如何在保障软件系统可靠性的同时最大化释放AI创造力？如何在效率提升与伦理安全之间找到平衡？本书对这些问题进行了具有启发性的思考，值得我们深入研读。

《软件工程3.0》不仅是一本技术指南，更是一场关于人类智能与技术进程关系的深刻对话，体现了跨学科、多元化融合创新的精神。我期待读者能从本书中获得启发，在实践中思考，在思考中实践。我相信，它不仅能引导软件从业者思考并持续优化软件工程实践，也能激发我们对 AI 时代如何保持人与机器协作平衡的深刻洞察和讨论。

科技发展日新月异，但以十年为尺度审视技术革命的视野至关重要。正如书中所言，大模型技术的真正威力尚未完全释放，但它改变软件创造方式的趋势已不可逆转。令人欣慰的是，越来越多的研究者和工程师正积极投身这一伟大变革。我也相信，这本书能成为引领软件行业从业者迈向智能时代的一盏明灯。

蒋昌俊

中国工程院院士

前言

回顾软件行业的发展历程，我们可以发现，每一次范式的转变都伴随着对软件内涵与外延的再认识，这些转变不断推动着整个行业向前发展。

在软件工程 1.0 时代，瀑布模型和 V 模型是主流开发范式。通过结构化分解，开发者成功降低了软件系统的复杂性；同时，面向对象的方法有效降低了系统的耦合度，提升了系统的可维护性和可扩展性。

进入软件工程 2.0 时代，敏捷开发和 DevOps 方法逐渐兴起，并伴随着软件从"产品"形态向"软件即服务（SaaS）"转型。在这一时期，持续集成与持续交付（CI/CD）成为关键，显著提高了开发效率，使团队能够更快速地响应日益加速的市场变化。

如今，大语言模型（Large Language Model，LLM）及其代表的机器学习技术，凭借强大的生成和理解能力以及自适应特性，正在深刻改变我们对"软件是什么""软件能做什么"以及"我们如何开发软件"的基本认知。我们正迈入"程序 + 模型"的时代——软件工程 3.0 时代，开创"智能软件工程"的新纪元。

值得强调的是，软件工程 3.0 绝非割裂式革命，而是基于软件工程五十余年的深厚积累而实现的进化与升华。如同软件版本升级是在原有功能基础上增强或新增功能，软件工程 3.0 亦是继承了软件工程 1.0 与 2.0 的方法、技术及实践，在已有的规范化、服务化、自动化、CI/CD、平台工程等基础上迈出的关键一步。在如今多元共存的新格局中，传统软件工程的 V 模型仍在航空航天等高可靠性领域发挥重要作用，敏捷研发范式继续在快速迭代的业务场景中创造价值，而智能软件工程则在其适用领域释放出前所未有的生产力。总而言之，软件工程从 1.0 到 2.0，再迈向 3.0，是一个持续成长与演进的过程，绝非简单的替代过程。

软件形态的迁移：从"程序"到"模型"

回顾过去，软件常常被视为一套确定性逻辑：通过编写指令序列、设计算法与数据结构，处理确定性输入并输出确定性结果。这种形态在软件工程 1.0 与 2.0 时代都行之有效。但随着大模型[①]的崛起，软件开始包含一个全新的核心要素——"模型"。对未来软件而言，它不再只是一段库函数或辅助脚本，而是影响系统功能与行为的"关键计算实体"。

- 传统程序：以算法和数据结构为基石，适合处理确定性问题，且是从问题出发，分析问题、解决问题。

- 大模型：以海量参数、高维向量及关联关系为基础，善于应对不确定性、大规模输入，常输出概率性结果。大模型（包括之前的深度学习）不是从问题出发，而是直接在解空间中搜索相对最优解。

这种新型软件也被称为软件 2.0，它由程序与模型共同构成，而且相互促进：一方面，模型需要程序来训练、部署和运维；另一方面，模型可反哺程序，甚至自动生成新的程序，为人机交互和高级功能提供支持。这种形态的出现意味着软件已从"延伸人类计算能力"阶段，迈向"延伸人类思维能力"的更高层次。

从影响软件工程方法的视角来看，最初的软件形态是"产品"，经历了 20 世纪末出现的 SaaS（Software as a Service，软件即服务），再到如今的 SaaM（Software as a Model，软件即模型），软件形态发生了显著变化。相应地，软件研发范式也随之发生了变化。例如，在 SaaS 时代，我们可以

[①] 大模型是目前常见说法，通常是指大语言模型（LLM），也可以是多模态大模型（MLLM）。

实现快速部署，CI/CD才更具价值；而服务的持续性使得运维显得特别重要，从而迎来了DevOps。

人类思维的模拟与边界

大模型常被认为是"对人类思维过程的模拟"。事实上，计算机自诞生之初就担任了人类信息处理和存储的角色，但它更像是一个"确定性大脑"。相比之下，大模型则在不确定场景和预测性任务中表现出跨越式提升，如自然语言理解、机器翻译、图像识别、推理生成等。这种模拟优势源于概率分布与多层神经网络的强大表达和推理能力，并且大模型开始具备一定的"反思"能力。然而，大模型与人类思维之间仍存在明显边界——大模型并不具备真正的情感和意识，因此仍然需要我们在宏观规划、价值判断及伦理监管等方面进行掌控。

- 优势：能够处理复杂场景和不确定性；具备快速学习能力，可自动生成内容。

- 局限：无法真正自主决定目标与价值取向，容易出现"幻觉"或做出错误推断。

人机交互与研发模式

在软件工程3.0阶段，如何让人和大模型发挥各自所长，成为研发模式迭代的核心问题。敏捷与DevOps让软件工程2.0取得了显著成效，但研发过程依然是以人为主导、工具为辅助。本质上，团队需要进行需求分析、架构设计、代码编写、测试用例设计等一系列工作，最终快速交付到生产环境。然而，当大模型的生成和自治能力融入各环节时，我们将会遇到以下关键问题。

- 人机如何高效交互和协同完成功能开发与维护？哪些部分由大模型主导，哪些部分仍需人的审查或决策？

- 如何确保软件的可解释性与可验证性？当大模型的不确定输出与传统线性思维发生碰撞时，如何规避风险？

- 在更高层面，软件如何在运行中实现"自演化"？这涉及自适应策略、自验证，以及基于数据动态优化等。

在未来的软件工程实践中，这些问题不仅会发生在编程环节，还会体现在需求收集、系统设计、测试脚本生成与缺陷修复、大规模日志分析与故障定位等诸多方面。我们看到多智能体（AI Agent）彼此配合，进入"人机协同研发"状态：有的智能体负责检索资料、理解业务意图并生成初步的需求用例，有的智能体负责设计与编程，而其他智能体则负责自动评审、验证或测试，甚至缺陷修复。通过定制化流程，人的创意和经验将与大模型的高效计算和自动生成相结合，从而实现人机协同的高效运行。

在软件工程 3.0 的新型研发范式里，人机协同、人机交互智能成为常态。在人机协同过程中，人始终是主导因素。无论技术多么先进，最终都要服务于人类，为人类创造价值，关键决策也由人类做出。大模型虽能拓展开发者的认知边界、参与协作与决策，但领导力、创造力和价值判断仍是人类的核心优势。

软件测试和质量保障更具挑战性

随着大模型的广泛应用，软件质量保障正面临前所未有的挑战。传统软件的测试方法难以完全适配 AI 应用软件，因为 AI 系统的动态性、不可预测性及复杂性使得质量保障变得更加复杂，具体如下。

- 不可预测性与复杂性：AI 应用软件的行为高度依赖于训练数据和模型结构，其输出结果通常具有动态性和不可预测性。这给测试用例设计和自动化测试带来很大挑战。此外，AI 大模型的不可解释性进一步增加了问题的复杂性，例如，开发者和测试人员难以准确定位问题或复现 Bug。

- **安全性与鲁棒性**：AI 大模型易受到对抗样本攻击，这种攻击通过微小的输入扰动可能导致模型输出错误内容。如何确保 AI 大模型在面对噪声、缺失数据或异常输入时依然能够稳定运行，是一个极具挑战性的问题。

- **数据数量和质量的要求**：AI 应用软件的性能依赖于评测指标和评测数据集，这通常对数据集的规模和多样性、场景覆盖广度、一致性等都有很高要求。同时，如何确定有效且充分的评测指标、如何避免评测数据泄露导致过拟合等问题，都会给测试团队带来新的挑战。

- **公平性与伦理问题**：AI 系统可能存在数据偏向、算法偏见或人为主观因素导致的不公平性。这些问题不仅影响系统的可靠性，还可能引发伦理争议。因此，测试需要从公平性、公正性等维度进行全面评估。

迈向软件工程 3.0 的关键思考

有学者形容大模型"把软件带进了量子时代"，这一说法暗示了模型计算与传统可编程逻辑之间的范式冲突。冯·诺依曼曾将计算机体系结构与神经网络进行类比，认为两者在理论上具有等价性。事实上，某些高复杂度问题虽然可以通过确定性图灵机求解，但往往需要极高的计算量，而神经网络模型却能够在实践中为这些问题提供可行的近似解。

大模型并非凌驾于程序之上。大模型离不开程序的运行与训练，而程序也能借助大模型突破自身限制，解决过去难以应对的场景。因此，二者相辅相成、相互交融，正是软件工程 3.0 的内在逻辑：这既是对软件编程范式的扩展，也是对算法与数据融合的深化。

人机协同研发绝非简单的工具应用，更不是一蹴而就的过程。它要求组织与个人在思想和实践上都付出长期的努力。

- 重新定义研发流程：将大模型视作核心资产，并在需求、设计、测试、运维等全部环节配置相应的"模型协同"机制。

- 建立新型评估体系：既能度量传统的软件质量，也能度量基于大模型的智能应用的输出效果与可信度。

- 注重团队角色培养：算法工程师、数据科学家、模型训练专家等将成为未来研发团队中不可或缺的角色。

- 强化软件伦理与合规：对大模型可能产生的风险做好预案，在技术与伦理层面审慎行事。

审视大模型技术发展，我们应超越当下，以十年为期进行战略思考。正如互联网诞生之初，鲜有人预见其对人类社会的彻底重塑；敏捷宣言发布后，也历经漫长十年才被主流接受。如今，评判大模型对软件工程的影响，也不应受制于当前技术局限。凯文·凯利在《5000天后的世界》中曾展望，技术的长期影响常被低估，而短期影响往往被高估。大模型技术的真正威力尚未完全展现，但它改变软件创造方式的趋势已不可阻挡。待十年后回望，今天的软件工程 3.0 或已成为软件开发史上的重要分水岭。

所以说，软件工程 3.0 正为我们展开新的可能性：让传统程序与大模型携手走向更高级别的自适应与智能决策，用不确定的思维方式解决那些原本难解的确定性或近似性难题。诚然，挑战仍在，但变革的号角已然吹响。希望每一位读者都能从本书中获得启发，并结合自身业务与团队特色，迅速踏上这一进化旅程。让我们携手迎接这场未来软件的变革，为即将到来的"感知—学习—决策"及"人—机—物"深度融合的智能时代做出新的贡献。

致谢

本书的出版，得益于学术界和工业界同仁的肯定与支持。在此，特别感谢中国信息通信研究院、应用现代化产业联盟、华为云计算技术有限公司、腾讯科技（深圳）有限公司、中兴通讯股份有限公司、招商银行等组织或公司的认可。它们在出版或发布的相关材料，如《AI4SE 行业观察》《应用现代化实践指南》《AI 加持下的新时代软件工程》《AI 驱动下的测试设计智能化》《软件工程 3.0 点燃招行数智交付新引擎》等中引用了"软件工程 3.0"的定义。

在此特别感谢中国工程院院士杨善林老师和蒋昌俊老师从百忙之中抽出宝贵时间为本书写序，并对本书给予肯定。同时，也非常感谢为本书的修改提出宝贵意见并致推荐辞的几位老师：北京大学金芝教授、美国 Drexel 大学蔡元芳教授、阿里巴巴通义实验室 NLP 负责人黄非博士、华为公司谈宗玮等。

本书在写作过程中，参考了《智能化软件开发落地实践指南》的相关内容，感谢本指南的众多编写者：黄毅刚、秦思思、闫东伟、齐可心、杨志伟、周林峰、贺美迅、翟传璞、汪维敏、毛哲文、高超、李钟麒、申博、程啸、范娜、黄慧娴、董剑、潘冬雪、郝毅、马宇驰、张琦、周建祎、石敏、付安、乔蔚云、罗斌、杨宏宇、钟诚。

本书能以科学准确的文字、亮眼的封面和精心设计的版面与读者见面，离不开人民邮电出版社几位编辑的努力，他们是信息技术分社社长陈冀康、责任编辑佘洁和内文版式设计郭丽娟，以及特邀封面设计师曹妍。

最后，感谢家人的大力支持，让我们能够全心投入本书的写作。

资源与支持

资源获取

本书提供如下资源:

- 本书思维导图和随书赠送的电子资源;
- 异步社区 7 天 VIP 会员。

要获得以上资源,扫描右侧二维码,根据指引领取。

提交错误信息

作者和编辑尽最大努力来确保书中内容的准确性,但难免会存在疏漏。欢迎您将发现的问题反馈给我们,帮助我们提升图书的质量。

当您发现错误时,请登录异步社区(https://www.epubit.com/),按书名搜索,进入本书页面,单击"发表勘误",输入错误信息,单击"提交勘误"按钮即可(见右图)。

本书的作者和编辑会对您提交的错误进行审核，确认并接受后，您将获赠异步社区的 100 积分。积分可用于在异步社区兑换优惠券、样书或奖品。

与我们联系

我们的联系邮箱是 contact@epubit.com.cn。

如果您对本书有任何疑问或建议，请您发邮件给我们，并请在邮件标题中注明本书书名，以便我们更高效地做出反馈。

如果您有兴趣出版图书、录制教学视频，或者参与图书翻译、技术审校等工作，可以发邮件给我们。

如果您所在的学校、培训机构或企业，想批量购买本书或异步社区出版的其他图书，也可以发邮件给我们。

如果您在网上发现有针对异步社区出品图书的各种形式的盗版行为，包括对图书全部或部分内容的非授权传播，请您将怀疑有侵权行为的链接发邮件给我们。您的这一举动是对作者权益的保护，也是我们持续为您提供有价值的内容的动力之源。

关于异步社区和异步图书

"**异步社区**"（www.epubit.com）是由人民邮电出版社创办的 IT 专业图书社区，于 2015 年 8 月上线运营，致力于优质内容的出版和分享，为读者提供高品质的学习内容，为作译者提供专业的出版服务，实现作者与读者在线交流互动，以及传统出版与数字出版的融合发展。

"**异步图书**"是异步社区策划出版的精品 IT 图书的品牌，依托于人民邮电出版社在计算机图书领域 40 余年的发展与积淀。异步图书面向 IT 行业以及各行业使用 IT 技术的用户。

目录

第1章 演变之路：软件工程的三个时代 ············ 001

    1.1 1.0 时代：传统软件工程 ················ 003

    1.2 2.0 时代：敏捷软件工程 ················ 005

    1.3 3.0 时代开启：智能软件工程 ·············· 007

        1.3.1 软件工程 3.0 的特征 ················ 008

        1.3.2 软件工程跨时代的比较 ·············· 012

        1.3.3 软件工程 3.0 的核心优势 ············· 014

        1.3.4 软件工程 3.0 时代的挑战 ············· 016

第2章 为何定义软件工程 3.0 ·················· 019

    2.1 软件新形态：SaaM ···················021

        2.1.1 溯源软件 2.0 ·················· 022

        2.1.2 SaaM 的表示及其特点 ·············· 023

    2.2 AIGC 引领的软件研发新范式 ·············· 026

        2.2.1 软件研发范式回顾 ················ 026

        2.2.2 新范式：模型驱动研发 ············· 029

    2.3 生产力革命：迈向 10 倍效能 ···············031

    2.4 生产关系：超级个体与新型团队 ············ 033

第 3 章　软件工程 3.0 实施策略和路线图 ······ 039

3.1 实施策略 ······ 041
3.1.1 常见策略 ······ 041
3.1.2 因地制宜 ······ 043
3.1.3 价值优先推进策略 ······ 046

3.2 实施三部曲 ······ 049
3.2.1 自我评估并选择合适的实施方案 ······ 051
3.2.2 局部、有限的实施并适当扩展实施范围 ······ 053
3.2.3 全面实施与持续改进 ······ 056

3.3 如何微调适合自己的领域大模型 ······ 057
3.4 如何选择第三方研发大模型 ······ 061
3.5 如何选择第三方 API 服务 ······ 063
3.6 如何应对安全问题 ······ 065

第 4 章　软件工程 3.0 的核心能力建设 ······ 069

4.1 提示工程能力：高效驾驭大模型 ······ 071
4.1.1 提示词要素与框架 ······ 073
4.1.2 提示词的思维链和思维树 ······ 078
4.1.3 软件研发中的提示工程实践 ······ 085

4.2 RAG 技术：利用已有数字资产 ······ 091
4.2.1 RAG 介绍 ······ 092
4.2.2 RAG 技术实践 ······ 096

4.3 智能体技术：构建行动与反馈之闭环 ······ 099
4.3.1 基于 LLM 的智能体 ······ 100
4.3.2 示例：AutoGPT ······ 102

4.3.3　多智能体……103
　　　4.3.4　智能体框架……108
　4.4　数据治理能力：兵马未动，粮草先行……112
　　　4.4.1　数据质量标准……113
　　　4.4.2　数据清洗……114
　　　4.4.3　数据增强……117
　4.5　模型工程能力：量体裁衣，释放潜能……118
　　　4.5.1　模型微调技术……119
　　　4.5.2　微调中的强化学习……123
　　　4.5.3　模型推理部署……125
　　　4.5.4　模型评测与改进……127
　4.6　安全治理能力：行稳致远……135

第5章　SE 3.0实践场：重塑软件开发生命周期……139

　5.1　需求获取、分析与定义：循序渐进、水到渠成……142
　　　5.1.1　RAG+智能体助力需求分析……142
　　　5.1.2　业务需求收集与获取……145
　　　5.1.3　业务需求建模与分析……149
　　　5.1.4　需求定义（生成需求文档）……157
　　　5.1.5　需求评审与优化……164
　　　5.1.6　小结……168
　5.2　架构设计：AI辅助设计的奥秘……169
　　　5.2.1　从技术方案、架构到类的设计……170
　　　5.2.2　技术架构设计评审……182
　　　5.2.3　小结……196
　5.3　UI革命：GUI生成和CUI……197

5.3.1 生成软件 UI 及其代码 ……… 198
5.3.2 从 UI 上提升用户体验 ……… 206
5.3.3 小结 ……… 211

5.4 结对编程成为常态：从代码生成到代码评审 ……… 212
5.4.1 人机结对编程的到来 ……… 213
5.4.2 OpenAI o1 代码生成能力展示 ……… 216
5.4.3 大模型编程能力评测 ……… 227
5.4.4 AI 程序员与优秀的编程工具 ……… 231
5.4.5 小结 ……… 237

5.5 TDD 青春焕发 ……… 239
5.5.1 大模型时代的 UTDD ……… 240
5.5.2 大模型时代的 ATDD ……… 247
5.5.3 小结 ……… 256

5.6 测试智能化：从 API 测试到 E2E 测试 ……… 258
5.6.1 LLM 驱动测试分析与设计 ……… 259
5.6.2 LLM 生成测试用例与脚本 ……… 266
5.6.3 LLM 驱动非功能性测试 ……… 278
5.6.4 小结 ……… 286

5.7 LLM 驱动运维：异常监控与定位 ……… 288
5.7.1 LLM 在运维上的核心能力 ……… 289
5.7.2 LLM 在运维上的应用案例 ……… 293
5.7.3 小结 ……… 297

第 6 章 未来展望 ……… 299
6.1 LLM 是银弹吗？ ……… 301
6.2 软件复杂度问题能彻底解决吗？ ……… 303

6.3　未来的软件会更加安全可信吗？·····················306
　　6.4　未来的研发工具、研发角色、AIGC 如何协同？··········310
　　6.5　多模态给软件研发带来新能力·······················313
　　6.6　AGI 对软件研发会有怎样的影响？··················316

参考资料···**321**

后记：奔腾不息的智能浪潮·····································**323**

第 1 章

演变之路：软件工程的三个时代

随着 OpenAI 推出的全新对话式通用人工智能工具——ChatGPT 火爆出圈，人工智能再次受到工业界、学术界的广泛关注，并被认为向通用人工智能迈出了坚实的一步，在众多行业和领域有着广泛的应用潜力，甚至会颠覆很多领域和行业。特别是在软件研发领域，它必然会引起软件开发模式和实践的巨大变化。为此，我们经过调研、实验和思考之后，提出了"软件工程 3.0"。

用软件版本号的方式，如 1.0、2.0、3.0 来分别定义第一代、第二代、第三代软件工程，符合软件工程的思维方式，而且简洁明了地体现了软件工程的演进过程。

1.1 | 1.0 时代：传统软件工程

软件工程 1.0——第一代软件工程，即我们过去常说的"传统软件工程"。传统软件工程主要是向建筑工程和水利工程等学习，吸收了这些领域百年实践积累下来的方法和实践经验，以及沉淀下来的思想。它的诞生可以追溯到 1968 年。

在 20 世纪五六十年代，软件危机的出现促使布鲁克斯（Frederick P. Brooks）在《人月神话》一书中描述了一幅场景：软件开发被比喻为众多史前巨兽在焦油坑中痛苦地挣扎，无法自拔，如图 1-1 所示，它们越挣扎，焦油纠缠就越紧密。这场软件危机迫使人们寻找产生危机的内在原因，进而寻找解决方案。面对"软件危机"，人们对软件开发的实际情况进行了调查研究，并逐步认识到工程化方法在软件系统研发和维护中的必要性。为了应对软件危机，业界专家齐聚一堂，共同探讨问题的解决途径。1968 年，NATO（North Atlantic Treaty Organization，北大西洋公约组织）的计算机科学家在德国召开国际会议，专门讨论软件危机问题。在这次会议上，"软件工程"（Software Engineering）这一术语被正式提出，一门新的工程学科诞生了，并自此不断发展，逐渐走向成熟。软件工程 1.0 体现了以下特征。

1）结构化方法：采用结构化分析、设计和编程方法，有效降低软件的复杂性和耦合性，使软件具有良好的可维护性。

2）过程控制：秉承"过程决定结果"的理念，一方面通过过程节点进行控制，如通过需求评审后才能开始设计、通过设计评审后才能开始实施（编程）、编程结束再进行测试等，以瀑布模型为典型代表；另一方面，重视流程的定义和过程改进（如 CMMI，即能力成熟度模型集成），提高软件开发过程的成熟度，确保软件开发的稳定性（包括进度、质量和成本等方面），从而降低软件项目失败的概率。

3）项目和质量管理：借鉴传统工程的经验，强化项目管理和质量管理，实施全面的计划和严格的变更控制，包括人员角色定义清晰、分工细致、责任明确，从而有效控制项目风险，确保项目顺利进行。

4）文档规范化：强调规范文档的重要性，定义大量文档模板，加强文档评审，提高研发过程的一致性，降低成本，促进知识传递。

图 1-1 《人月神话》原书封面

1.2 | 2.0 时代：敏捷软件工程

虽然软件工程 1.0 极大地缓解了软件危机，提升了软件产品交付的成功率和质量，但它依旧存在一些问题。首先，它没有充分认识软件的柔性和数字化特性，把软件视为传统的工业产品来交付，这导致交付周期较长，不能及时满足业务需求的更新和变化，也不能及时完成价值交付。在竞争日益激烈的商业市场中，这些问题变得更加突出。其次，软件工程 1.0 的阶段性开发方式往往造成大量人力资源的浪费。再者，软件工程 1.0 过于关注过程而忽视了人的因素，软件研发人员往往得不到足够的尊重，他们的潜力没有得到充分的释放。

人们开始认识到软件开发是一种需要高度创造性和智力投入的活动，这引导人们不断进行新的思考，在这样的背景下，一系列轻量型开发方法应运而生，包括水晶方法（Crystal Method）、自适应软件开发（ASD）、动态系统开发方法（DSDM）、Scrum、特性驱动开发（FDD）等。2001 年，17 位软件开发轻量型流派"掌门人"联合签署了敏捷软件开发宣言，如图 1-2 所示。宣言的发布标志着软件工程进入 2.0 时代，也就是我们通常所说的现代软件工程，但更准确的称呼应该是敏捷软件工程。

图 1-2 敏捷联盟官网的敏捷软件开发宣言截图

这个过程的演化得益于开源软件运动和互联网的深远影响。开源软件运动首先让我们认识到人的重要性，人的因素是最重要的，超越了"软件过程"和"软件管理"；其次，软件架构和数据结构的重要性也日益凸显，它们强调简单和解耦，如采用 SOA 和微服务架构来解耦，使软件系统更具可扩展性。

没有互联网，软件就无法部署在数据中心为用户提供服务，也就不会有 SaaS（Software as a Service，软件即服务）这种新形态的出现。如果软件不是作为一种服务存在，那么持续交付（Continuous Delivery，CD）就没有意义，因为我们无法做到将包装盒形式的软件产品持续交付到客户手中。虽然可以在内部实现持续集成（Continuous Integration，CI），但无法做到 CD，CI 的价值也会大打折扣。此外，SaaS 模式还提高了并发量（或系统容量）、可用性、安全性的要求，促使运维与开发变得同等重要，从而催生了 DevOps 开发模式。

在市场快速变化和竞争加剧的背景下，客户或用户期望我们能够按时交付高质量的产品，同时希望软件具备灵活性和随需应变的能力，以满足业务的新需求。软件工程 2.0 借助 SaaS 这种新形态，实现了从"产品"到"服务"的转变，并通过 CI/CD 实践来满足这种不断变化的业务需求。

软件工程 2.0 的特征可以简单概括为以下几点。

1）持续迭代：软件以一种服务存在，通过持续构建、集成、测试和交付，最大限度地减少市场风险，加速价值流动，及时响应业务需求的变化。

2）以人为本：强调个体与团队协作胜于流程和工具，采用史诗般的故事、用户故事、站立会议等方式，使软件研发工作更加有趣和健康，激发软件研发人员的潜力和创造力，从而开发出更优秀的软件产品；同时强调将项目的计划、估算等工作授权给实际从事研发的人员，如不再由管理者下达任务安排，而是由研发人员自主选择适合自己的任务，符合软件研发管理作为知识管理的需求。

3）自我管理的团队：像初创公司一样运营，具有主动性、风险承担能力和自治能力，能够自主设定目标和计划，并持续反思和改进。

4）开发、测试和运维的融合：强调测试与开发的融合、开发与运维的融合，并推崇全栈工程师的概念等。

5）真正以用户为中心：用户和产品经理尽可能参与研发过程，注重用户体验，实现个性化服务。

1.3 | 3.0 时代开启：智能软件工程

在软件工程 2.0 时代，尽管引入了大量的开发、测试和运维工具，自动化水平仍然较低。多数开发与测试工作仍依赖于手工操作，导致软件企业的研发成本居高不下，且在持续集成和持续交付方面也面临重重困难，难以满足用户和市场的需求。

然而，人工智能（AI）技术的蓬勃发展，尤其是如 GPT-4 这类大语言模型（LLM）的相继推出，正在帮助我们缩小这一差距。借助 AI 技术，软件研发的自动化水平得到显著提升，持续构建与持续测试成为可能。2022 年 11 月发布的 ChatGPT 令人惊艳，进而引发了 2023 年各类大模型的爆发式涌现。我们见证了基于 LLM 生成代码、测试用例等强大能力，甚至无需编写代码，仅通过自然语言对话就能完成应用程序的开发，这在过去是难以想象的。正如前哈佛大学计算机科学教授、谷歌工程主管 Matt Welsh 在国际计算机学会（ACM）组织的会议中所提出的观点："ChatGPT 和 GitHub Copilot 预示着编程终结的开始""这个领域将发生根本性变化""当程序员开始被淘汰时，只有产品经理和代码评审人员两个角色可以保留"。

GPT-4 的进化速度迅猛，从单模态 GPT-4 快速发展到多模态 GPT-4v、GPT-4o，具备了更强大的能力，如分析架构设计和 UI 设计等。未来更强大的大模型（如推理模型）将能够执行如代码生成、错误检测、软件设计等一系列复杂任务，对软件研发的影响将更为显著。

我们坚信，LLM 的兴起标志着软件工程迈入了一个崭新的时代——软件工程 3.0 时代，亦称为智能软件工程时代。2023 年也可以视为软件工程 3.0 时代的元年，如图 1-3 所示。

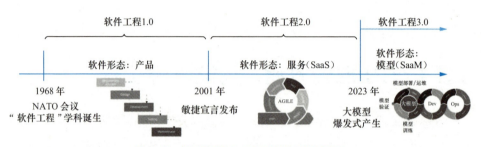

图 1-3　软件工程 3 个时代的划分示意图

1.3.1　软件工程 3.0 的特征

在软件工程 3.0 时代，尽管算力、算法、数据等要素受到关注，人依然是决定性因素。一方面，算力的提升和优化、算法的改进或新算法的开发、数据治理、模型训练等都依赖于软件研发人员、数据科学家和算法工程师；另一方面，由于幻觉和能力等限制，大模型还不能完全自主处理复杂的软件工程问题，需要人的参与，更需要人对整个过程进行规划、协调，以及对大模型输出的结果进行检查和审视。

事实上，人类工程师的战略决策能力与价值判断力正日益成为核心能力。软件系统的成败，在更深层次上依赖于人类设计者的决策智慧。软件架构师需要精准把握业务本质，构建出契合技术趋势的顶层架构；研发人员则必须具备与大模型高效对话的能力，借助专业化提示工程以及领域知识引导，将大模型的潜力充分转化为实际生产力。这种人与 AI 的深度协同，正推动着软件开发范式发生质变，从传统的"工具辅助"阶段迈向全新的"智能增强"阶段。

软件工程 3.0 建立在软件工程 2.0 之上，继承了软件工程 2.0 中以人为本、CI/CD 等思想和实践，同时也具有自己的特征，以下简要阐述这些特征，第 2 章及后续会逐步展开讨论。

1. 软件新形态：SaaM

此前，为了实现软件的每个功能，我们需要为特定的功能写特定的代码，才有可能为用户所用。但是，在软件工程 3.0 时代，软件形态发生了变化。例如，像 ChatGPT 这样的应用具备如生成代码、生成测试用例、翻译、阅读文章生成摘要、回答问题、生成图片、解释图片等多种功能，而这些功能并非通过编写特定代码实现。我们称这种软件形态为"软件即模型"（Software as a Model，SaaM），这里的"模型"是指机器学习模型、大语言模型或其他通用人工智能（Artificial General Intelligence，AGI）模型。正如前面所说，软件工程 3.0 建立在软件工程 2.0 之上，软件工程 2.0 的软件形态 SaaS 依旧存在，它可以融合 SaaS 和 SaaM 两种形态，形成模型即服务（Model as a Service，MaaS）形态。

2. 软件研发新范式

软件研发范式也发生了变化。GPT-4 等大模型支持更智能、更高效和协作的开发方法，使软件工程领域发生了革命性变化。软件研发的新范式是模型驱动开发、模型驱动运维，如图 1-4 所示，即研发人员在开发、测试前，先训练好软件研发大模型（可能包括业务大模型、代码大模型、测试大模型等），并部署这个研发大模型，然后基于这个大模型进行需求分析、设计、编程和测试，即借助大模型来理解需求、自动生成 UI、自动生成产品代码、自动生成测试脚本等。具体而言，研发大模型将在生成和评审需求文档、自动生成高质量代码、生成全面的测试用例等一系列工作中产生巨大价值，从而显著提高软件研发的效率和质量。

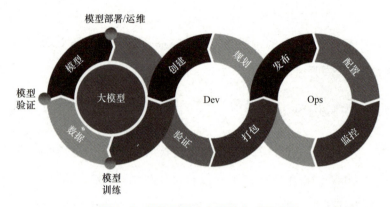

图 1-4　软件工程 3.0 研发范式示意图

3. 人机交互智能是常态

人机自然对话成为可能，我们能够向新一代软件研发平台传达我们希望生成的内容，即人工智能生成内容（Artificial Intelligence Generated Content，AIGC），如软件需求定义文档、需求或用户故事的验收标准、代码、测试用例、测试脚本等，软件研发进入 AIGC 时代，软件研发过程就是人与计算机之间的自然交互过程。

在这个过程中，研发人员与大模型协同工作，大模型（或基于 LLM 构建的工具或系统）扮演着助手（Assistant）、副驾驶（Copilot）或合作伙伴的角色，研发人员通过提示词（Prompt）不断引导大模型生成所需的、更准确的内容。例如，在需求分解过程中，研发人员逐步细化需求，生成更细致的需求项。这个过程涉及提示工程，即研发人员根据任务需求提供恰当的提示词，本书后续将详细介绍提示工程。同时，LLM 生成的内容须由研发人员进行检查、评审，确保内容的准确性，而研发人员的工作成果也可以利用基于 LLM 的工具进行审查，从而实现真正的人机协同工作环境。展望未来，人机交互智能有望超越 LLM 和人类自身的智能，人机结对编程和测试将成为新常态，如图 1-5 所示。

图 1-5　人机协同开发软件的场景（图片由 AI 生成）

4. 数据更具价值

业务数据和研发过程数据的重要性日益凸显。过去很多实验和研究表明，数据质量对模型输出结果的影响大于模型规模。例如，一个 7B 的代码大模型可能比一个 70B 的通用大模型生成的代码质量更好。因此，我们需要投入更多的精力来构建、采集或维护研发过程中的数据，它们将成为 LLM 训练或微调的基础语料。

5. 模型更具价值

能够产生代码的模型比程序代码本身更具价值。在智能软件开发中，大模型能够自动生成规范代码，并能解释、评审和优化代码，形成一个闭环。这样的大模型不仅能极大地提升开发效率，而且能够减少人为编写的错误，提高代码的质量和可靠性。随着大模型能力的增强，它能够理解和整合大量上下文信息，生成更符合整体架构和设计模式的代码。有了这样强大的大模型，大部分代码都可以通过大模型生成。

6. 提出好问题更具价值

提出好问题比解决问题本身更具有深远价值。在大模型作为汇聚人类知识的智慧库的背景下，提出好问题变得尤为宝贵，因为好的问题可以转化为高效的提示词，激发大模型产出更卓越的成果。好问题不仅能挖掘和利用大模型的涌现能力，还能引导其生成更为轻便、灵活、经济的解决方案。此外，精心设计的问题有助于减少开发过程中的迭代次数，避免资源浪费，并帮助开发者深入理解大模型的潜力与边界。

> **软件工程 3.0 宣言**
>
> 软件工程 3.0 时代虽然刚刚起步，其发展和成熟需要未来数年乃至数十年的探索与实践，持续地丰富和完善，然而基于过去两年的实践、观察和思考，我们认为软件工程 3.0 时代将秉承以下价值观：
>
> 人机交互智能　胜于　研发人员个体的能力
> 业务数据和研发过程数据　胜于　流程和工具
> 可产生代码的模型　胜于　程序代码本身
> 提出好问题　胜于　解决问题
>
> 我们承认右项仍然具有价值，但左项将更为关键。
>
> 我们同样相信，面对安全、法律、伦理等方面的挑战，我们有能力应对，软件工程的未来是值得特别期待的。

1.3.2 软件工程跨时代的比较

在软件工程 3.0 时代，新一代软件研发平台展现出了卓越的能力，它能够理解需求、设计和代码等，推动软件研发从信息化时代迈入真正的数字化时代，这标志着一个具有深远意义的进步。此时，软件研发人员的工作重点不只是提示工程（Prompt Engineering）以及为大模型和大数据平台提供支持，如模型创建、训练、调优、使用等，同时他们的工作方式也发生了重大转变，对研发人员的要求更高，更注重对业务的深刻理解、系统性和逻辑思维能力。

回顾软件工程 2.0 时代，虽然当时已经开始面向 CI/CD（持续集成/持续交付），但在实际执行过程中仍遭遇不少挑战。而随着软件工程 3.0 时代的到来，得益于设计、代码、测试脚本等的自动生成，真正的持续交付成为可能，这使得我们能够迅速响应客户需求，及时交付客户所需的功能特性。

为了更全面地理解软件工程 1.0、2.0 和 3.0 之间的差异，进行一个详尽的对比是非常必要的，如表 1-1 所示。

表 1-1 三代软件工程的比较

比较项	软件工程 1.0	软件工程 2.0	软件工程 3.0
标志性事件	1968 年 10 月在德国 Garmisch 举行的软件工程大会	2001 年 2 月签署、发布的《敏捷软件开发宣言》	2023 年 3 月 OpenAI 发布大语言模型 GPT-4
基本理念	过程决定结果，如 CMM，其思想来源于传统建筑工程等	软件研发是一项智力劳动，以人为本、尽早持续交付价值	基于 LLM 底座，快速生成所需代码和其他所需内容
软件形态	普通的工业产品	软件即服务（SaaS，包括 PaaS、IaaS）为主	软件即模型（SaaM），并提出"模型即服务"（MaaS）
运行环境	单机（PC、主机）	网络、云	万物互联 IoT、人机融合
支撑内容	纸质文档	信息化	数字化
主要方法	• 结构化分析、设计和编程 • 面向对象的方法	• 面向对象的方法 • SOA、微服务架构（一切皆服务）	模型驱动、人机交互智能
流程	• 以瀑布模型、V 模型为代表 • 阶段性明确（需求分析、设计、编程、验证、维护）	• 敏捷（如 Scrum）/DevOps（规划、编程、构建、测试、发布、部署、运维、监控） • 提倡 CI/CT/CD，但还做不到	• 模型驱动研发和运维（规划、创建、验证、打包、发布、配置、监控） • 真正实现所需即所得，真正做到持续交付服务

续表

比较项	软件工程 1.0	软件工程 2.0	软件工程 3.0
工作中心	以架构设计为中心	以价值交付为中心，持续演化	以"大模型+数据"为中心，提供个性化服务
团队	规模化团队	（两个披萨）小团队	更小的团队，超级个体的出现
研发人员	分工明确、细致	提倡全栈工程师开发和测试融合	业务/产品人员、验证/验收人员（两头成为主导研发的人员）
自动化程度	手工	半自动化（如只实现了测试执行、部署、版本构建等的自动化）	自动化（AIGC）代码/脚本/设计等自动生成
对待变化的态度	严格控制，建立 CCB（变更控制委员会）	拥抱变化（其实还是怕变化）	真正地拥抱变化
需求	确定的、可理解的、可表述的 PRD 文档	用户故事具有不确定性、可协商	回归自然语言，构建提示词模板、知识库
质量关注点	产品功能、性能、可靠性	服务质量（QoS）、用户体验	数据质量

1.3.3　软件工程 3.0 的核心优势

软件工程 3.0 时代的到来，标志着基于 LLM 或 AIGC 技术（即智能化技术）的研发成为提升企业竞争力的关键因素，企业也逐渐认识到智能化研发的巨大潜力，尤其是在软件开发领域。根据中国信息通信研究院的调查数据，智能化技术显著提升了企业研发效率，提升幅度在 10%～80% 之间，中位数达到 41%。这一数据不仅证实了智能化技术的有效性，也预示着它在降低成本、缩短产品上市时间方面的深远影响。随着技术的不断演进，智能化研发将在市场竞争中扮演越来越关键的角色，助力企业保持领先地位。

1. 提升研发效率

智能化研发可以显著提升企业的研发效率。传统的研发过程依赖大量人力和时间的投入，而引入智能化技术（特别是大模型技术）后，通过需求分析助手、编程助手（如 CodeArts Snap 等）、测试助手等可以实现自动化、智能化的研发流程，包括需求文档生成、智能代码生成和优化、测试生成等，显著减少了研发人员在繁琐任务上的时间投入。这些工具也能够快速识别缺陷、提出修复建议，甚至自动修复代码，从而加快开发周期，提升研发效率，根据相关企业应用结果和调查数据，效率提升约 40%。

2. 降低成本

效率的提升也意味着成本的降低。通过智能化数据分析和模拟，企业可以更精确地预测产品性能和市场需求，避免不必要的试错成本，同时优化资源配置，减少对人力资源的依赖，进一步降低软件开发成本。

3. 加速产品上市时间

智能化研发通过需求文档生成、代码自动生成和优化、测试生成等，提升了研发效率，缩短了研发周期，自然也缩短了从概念到产品的时间，即加速了产品上市时间。AI 辅助的设计和决策支持系统能够帮助团队快速做出正确决策。自动化的构建和部署流程，在集成了 LLM 能力之后，也会加快产品迭代速度，使企业能够迅速响应市场变化。

4. 改善产品质量

智能化研发通过自动代码评审、自动生成单元测试和代码注释等，提高了测试覆盖率，提升了代码质量，进而提高了产品的质量。未来，借助大模型的深入数据分析，我们能预防问题发生或预测潜在问题，在产品发布前对代码进行优化，并在下一个迭代开发前对研发人员进行培训，这种预防性的质量保证措施大幅提升了产品的可靠性和质量。

5. 增强创新能力

智能化研发解放了部分生产力，为研发人员释放了更多工作时间，使他们有更多时间去思考和创新。大模型提供的强大数据分析和模式识别能力，进一步激发了团队的创新潜力。通过深入理解用户行为和市场趋势，企业能开发出更符合用户需求的创新产品。

总之，软件工程3.0在提升研发效率、降低成本、加速产品上市时间等方面带来了显著效益，增强了企业竞争力，有助于实现可持续发展。未来，随着人工智能、大数据等技术的不断发展，智能化研发将更深入地渗透到各行各业，为企业带来更多机遇，实现更长远的发展目标。

1.3.4　软件工程3.0时代的挑战

随着智能化技术在软件开发领域的广泛应用，它所带来的效率提升和成本降低已获得业界的广泛认可。然而，这也伴随着一系列挑战。在智能化研发中，人才短缺和算力需求是两个迫切需要解决的问题，同时，提升认知水平、工具改造与融合，以及CI/CD流程优化也是重要难题。如何有效培养和吸引人才、提高算力利用效率、完善工具和流程，都是智能化研发亟待解决的问题。

1. 组织挑战：文化、认知和人才

智能化研发涉及组织文化的变革、思维方式的转变和机器学习人才的需求。

1）企业需要建立一种开放合作、持续学习和创新的组织文化，通过有效的变革管理来克服阻力。例如，鼓励跨部门的沟通和协作，打破信息孤岛，促进知识和经验的共享。

2）企业需要提升全员对智能化技术的认知水平，从高层管理到一线开发人员，每个人都应该理解智能化的潜力和挑战，通过教育和培训全面、正确地认识机器学习、大模型及其作用。

3）智能化研发需要高度专业化的数据治理、模型训练等方面的人才，但目前这类人才相对短缺。企业需要打造吸引人的工作环境，提供有竞争力的薪酬和持续的职业发展机会，以此吸引和留住人才。

2. 技术挑战

智能化研发涉及多种技术的融合，包括机器学习、自然语言处理、自动化工具等。这些技术需要与现有的开发流程、工具和管理系统无缝整合或集成，这在技术上是一个巨大挑战。例如，企业需要对现有的工具进行改造，以适应智能化需求，以及将 CI/CD 流程和 DevOps 工具链融入大模型技术，从而更好地支持智能化研发和运维等。

3. 算力资源挑战

算力是智能化研发的基础资源。随着 AI 模型的日益复杂，对高性能计算资源的需求也在不断增长。企业需要通过优化算法、分布式调度和云计算服务来提高算力的利用效率；同时，通过对大模型、智能化工具自身的算法进行优化（如 DeepSeek R1 所采用的技术）来减少资源浪费，提高算力效率。

4. 安全可信的挑战

智能化研发依赖大量数据，包括用户数据、业务数据等。这些数据的安全性和隐私保护至关重要。企业必须确保智能化系统的数据收集、存储和处理符合法律法规，并保护用户隐私。

智能化技术，尤其是机器学习和人工智能算法，可能因训练数据的偏差导致产生不公平或歧视性结果。此外，算法决策过程缺乏透明度，难以获得用户和监管机构的理解和信任。开发人员须采取措施以减少算法偏见，提高算法的可解释性。

第 2 章 为何定义软件工程 3.0

"在这个快速发展的科技时代，只有不断创新和适应变化，才能在竞争中脱颖而出。"

——杰夫·贝佐斯

科技是推动生产力发展的关键因素，软件工程 3.0 正是在技术进步的大潮中应运而生。为了保持竞争力，我们必须紧跟时代的步伐，灵活适应其不断变化的需求。

软件的发展历经了从简单的工具到复杂系统的多个阶段。如今，随着 GPT-4 等大模型的相继问世，软件工程迈入了 3.0 时代。在人工智能技术迅猛发展的背景下，软件工程 3.0 以软件即模型（SaaM）及其超级应用为新形态，以 AIGC 引领的人机交互智能研发新范式为核心，通过生产力革命实现 10 倍效能提升，以模型部署（MLOps）的全新交付逻辑和模型即服务（MaaS）的运维升级为支撑，借助 AI 原生研发工具，并在 LLM 赋能软件工程研究的推动下，构建了全新的软件生态体系。

本章将深入探讨软件工程 3.0 的各个方面，包括软件新形态、研发新范式、生产力革命、生产关系的转变等，以阐释软件工程 3.0 的内涵，从而让读者更好地领略软件工程 3.0 的魅力与价值。

2.1 | 软件新形态：SaaM

我们曾经开发了智慧交通、智慧医疗等众多人工智能系统，它们依赖大量的人工劳动，通过一行行代码构建而成。实际上，不仅这些智慧系统，以往所有软件的每个功能和能力都需要通过编写代码来实现。没有为特定功能编写代码，该功能就不会存在。然而，2022 年 11 月出现的 ChatGPT 却打破了这一模式，它具备多种能力，与以往的软件都不一样，它可以完成翻译、写作、生成文章摘要、回答法律问题、编写代码、生成测试用例、设计海报等任务，而我们并没有特意为这些功能编写特定代码,甚至我们对这类软件的能力边界也知之甚少。也就是说,一种新的软件形态已经诞生,这就是软件即模型。

2.1.1 溯源软件 2.0

这种新形态可以追溯到 2017 年,安德烈·卡帕斯(Andrej Karpathy)发表了一篇题为"Software 2.0"(软件 2.0)的博客。在这篇文章中,他将软件 1.0 定义为传统软件——用 Python、C++ 等语言编写的、由明确的计算机指令组成且可以被编译成一个能发挥特定作用的二进制文件。程序员通过编写每一行代码,确定程序空间中具有某种理想行为的特定点。而软件 2.0 是由更加抽象、数量众多(可能有几百万个)的神经网络权重组成,没有人直接参与编写这样的软件代码,它通过指定一些目标,利用"定义理想行为的数据集"和"设计的神经网络架构",并利用我们可以支配的计算资源在某个程序空间中搜索(例如基于反向传播和随机梯度下降机制进行训练)一个相对最优解,如图 2-1 所示。这篇文章最后以"软件 1.0 正在吞噬世界,而现在人工智能(软件 2.0)正在吞噬软件"作为结尾。

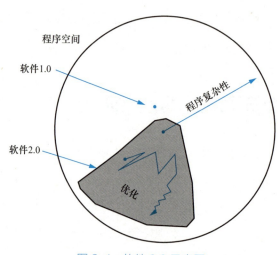

图 2-1 软件 2.0 示意图

另一种观点是将软件 2.0 定义为"神经 - 符号融合软件"(如图 2-2 所示)。

软件 1.0 是用明确的编程语言如 Python、C++ 等编写，由程序员通过编写一行行代码来实现特定的功能，具有高度的确定性和可解释性。相比之下，软件 2.0 引入了神经网络。神经网络的引入使得软件不再仅仅依赖符号逻辑（即软件 1.0 的结构，传统软件又称为符号软件），神经网络通过权重等抽象形式表示知识，能够处理大量数据并从中学习复杂的模式。例如，在复杂的决策系统中，可以利用神经网络对大量不确定数据进行处理，提取有用的特征和模式，然后通过符号逻辑进行深入分析和推理，以做出更加准确和可靠的决策。这种融合使得软件能够更好地适应现实世界中复杂多变的问题，从而提高其性能和适应性。与此同时，符号逻辑在处理明确规则和逻辑推理等方面仍然发挥着不可替代的作用。

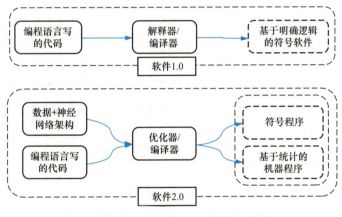

图 2-2　软件 2.0 的另一种解释示意图

2.1.2　SaaM 的表示及其特点

软件 2.0 的运行机制融合了概率计算的特点，具有非确定性和近似性。通过大量数据的学习，神经网络能够建立输入和输出之间的概率关系。在实际运行过程中，神经网络根据输入数据的概率分布，生成一个近似的输出结果。这种方法使得软件能够更好地应对现实世界中的不确定性和噪声，提高软件的鲁棒性和适应性。

以语音识别为例,语音信号常常受到环境噪声、说话者口音等因素的影响,从而带来较高的不确定性。传统的符号软件在准确识别语音信号方面存在挑战,而神经网络通过大量语音数据的学习,能够建立语音信号和对应文本之间的概率关系,使得在存在不确定性的情况下依然能够提供一个近似准确的识别结果。

软件已经从单一的程序扩展到了包含模型的复杂形态,为了更清晰地展示这种转变,我们进行了对比总结,如表 2-1 所示。

表 2-1 两种不同形态的软件对比

传统的程序	新形态(软件即模型)
基本表示:$x \rightarrow y = f(x)$ 是确定的解 • 指令序列 • 算法 + 数据结构 • 解决确定性问题 • 对于确定性输入,输出一定是确定的 • 从硬件中剥离,需要硬件支持运行 • 大模型可以生成程序	基本表示:$x \rightarrow y = Pr(x)$ 是基于概率的输出 • 层次化的大量参数 • 向量化 + 参数关联 • 解决不确定性问题 • 对于确定性输入,输出通常是不确定的 • 从程序中发展起来,需要通过程序来运行 • 训练大模型需要程序

当前的大模型与前面所述的软件 2.0 相似,它们能够接受自然语言的训练和输入,可以通过智能体(AI Agent)调用传统的逻辑符号程序,实现与符号软件的融合,如图 2-3 所示。如果不考虑软件是运行在本地还是远程服务器上,我们可以认为软件是从 1.0 升级到了 2.0。但 SaaS 的确是一种形态,也已被业界所接受,从 SaaS 延伸到 PaaS(平台即服务)、IaaS(基础设施即服务)。因此,我们在软件 1.0 和 2.0 之间增加了 SaaS,从而将软件划分为三个形态(产品、SaaS、SaaM)也是合理的。

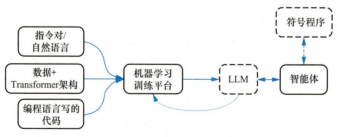

图 2-3 大模型借助智能体与传统程序融合

SaaM 的一个显著优势在于其跨领域的应用潜力。它能够覆盖从图像识别、自然语言处理到自动驾驶、智能医疗等多个人工智能应用场景，不仅为软件的开发和应用提供了无限可能，也为传统行业的数字化转型和升级提供了强有力的技术支撑。以 ChatGPT 为例，它不仅在自然语言处理任务中表现出色，还能在法律、编程、设计等多个领域发挥作用，为不同行业的用户提供更多的选择和可能性。例如在教育领域，SaaM 可以帮助学生完成作业、解答问题、提供学习建议；在企业管理中，它可以用于生成报告、分析数据、提供决策支持。

SaaM 极大地提升了用户体验。用户可以通过自然语言与 SaaM 交互，享受个性化服务，从而提升体验。随着多模态大语言模型的发展，用户与 SaaM 的交互将变得更加丰富多样。输入内容不仅限于文字，还可以包括语音、草图甚至形体表演。例如，用户可以通过语音指令让智能助手完成任务，或者通过草图表达设计思路，让大模型完成界面设计。通过智能体，用户可将传统办公软件如 Word、Excel、PowerPoint 等整合成一个基于 SaaM 的超级应用，实现文档自动编辑、自动数据分析、生成演示 PPT 等多种功能。对于设计师而言，一个基于 SaaM 的设计创意平台（如灵鹿未来 AI 设计平台、Runway ML、Canva Magic Design 等）可以提供无限的创作可能性，平台可以根据用户的需求和描述生成各种设计方案，如海报、标志、网页设计等。用户可以输入自己的设计要求和喜好，平台会通过大模型生成多个设计方案供用户选择，并允许用户对生成的设计方案进行修改和优化。

总之，开发者只须提供大量的对话数据，通过机器学习技术训练出一个能够理解语言（图片、视频等）和上下文的大模型。作为一种新的软件形态，SaaM 不仅能够应对更加复杂的对话情景，还能持续学习和进化，为用户提供更加人性化、智能、高效、个性化的服务，拓展软件的应用领域，提升用户体验。然而，SaaM 的透明度和可解释性不足，这使得其决策过程难以被理解和审计，尤其在对可信度要求极高的应用场景中。此外，大模型的安全性和隐私保护也是需要重点关注的问题。

2.2 | AIGC 引领的软件研发新范式

在第 1 章,我们介绍了软件工程 3.0 的研发新范式,即模型驱动的开发和运维。这意味着在开发和测试之前,我们首先需要训练并部署一个研发大模型,然后借助大模型的能力,通过人机交互智能且高效地完成软件开发任务。在软件工程 3.0 时代,每个研发人员都将拥有一个或多个基于 LLM 构建的得力助手(AI 也很可能是我们的伙伴或导师,但为了便于理解,我们暂且统称为"助手"),以协助完成工作。

为了帮助大家更好地理解软件工程 3.0 的研发新范式,让我们简要回顾一下软件研发的范式演变。

2.2.1 软件研发范式回顾

过去,我们常提到"传统研发模式"和"敏捷研发模式",实际上,使用"研发模式"这一术语并不准确,我们应该称之为"研发范式"。这需要我们区分"模"和"范"这两个字的含义。我们可以从青铜器铸造的方法中得到启示,其制作过程包括 8 个步骤,如图 2-4 所示。我们从中可以看出"模"是指待浇筑器皿的大致形状,而"范"其实就是一个固定模的形状的壳,它分为内范和外范,确保器皿按照设计的形状形成其内部和外部结构。

所以说,"模"通常指的是事物的具体形态或样式,它是可以直接观察和感知的。在软件研发中,"模"可以表现为软件架构、程序结构等具体形式。例如,分层架构和微服务架构是软件架构设计的具体模式。而"范"则是一个更为抽象的概念,它规定了事物应该具备的特征和规范。"范"不是事物本身,但它对事物的发展和形成具有指导和约束作用。在软件研发中,"范"可能包括研发过程中所遵循的规范、标准、最佳实践等,如项目管理流程、结构化方法、面向对象方法等都是"范"的体现。软件开发的方法、流程和最佳实践并不是软件本身的形态,而是决定最终软件形态的关键因素。因此,我们更应将"敏捷"称为软件研发范式,而非软件研发模式。

 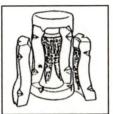 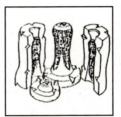 

1.以泥土制出器物之"模"　2.根据"模"翻制出"外范"　3.将"外范"切分后除下　4.削刮"模"制作泥芯

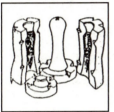   

5."内范"制成　6.将"范"阴干烤硬后装合　7.将"范"预热后浇铸铜液　8.铜液冷却后碎"范"取器

图 2-4　青铜器铸造方法示意图(来源:澎湃新闻,作者:吴文化博物馆)

　　软件研发范式的概念也不是今天才提出来的。我们可以追溯到 1962 年,哲学家托马斯·库恩(Thomas S. Kuhn)在其具有里程碑意义的著作《科学革命的结构》(The Structure of Scientific Revolutions)中提出了"范式"(Paradigm)这个概念。库恩挑战了当时普遍接受的科学进步观点,即科学进步在于被接受事实和理论的"累积性发展"。库恩提出了一种阶段性模型,其中概念连续性和累积性进步的时期被称为"常规科学时期",它被"科学革命时期"所打断。在科学革命时期发现的"异常"现象促使新范式的产生。新范式随后会取代旧范式,改变游戏规则,成为指导新研究的"地图"。库恩认为从旧范式到新范式的转变不是基于逻辑或证据的逐步过程,而是一种突变过程,称为"范式转换"(Paradigm Shift)。

　　"范式"的应用不仅限于科学领域,也扩展到了社会发展、经济发展和工程领域。例如，2019年，国际经济合作与发展组织（OECD）在其年度报告《2019年全球发展视角》中，用一整章讨论了发展范式的历史演变。在这里，"发展范式"被定义为在特定时期内关于经济发展的理论、思想和策略的集合，它决定了国家或地区追求经济增长、社会进步和环境可持续性的方式。

范式被定义为由一组假设、概念、价值观和实践构成，它们形成了一个共享社群特别是知识学科中的现实观。当这一概念应用于软件研发领域时，则指导了开发者如何审视问题并组织解决方案。人们也开始使用"范式"来指导软件研发的流程、策略和实践。至今，人们已经提出了多种软件研发范式，包括基于过程的研发范式、数据驱动的研发范式、面向对象的研发范式、开源软件范式、分布式研发范式和群智范式等。例如，"群智"（Collective Intelligence）是指通过多人的协作和集体智慧来解决问题或做出决策的能力。在软件研发领域，群智范式是一种利用集体智慧来提高软件研发效率和质量的方法论。以下是群智范式在软件研发中的关键实践和特点。

1）协作开发：群智范式鼓励团队成员之间的协作，通过共享知识、技能和经验共同解决问题。

2）开源模式：许多群智项目采用开源模式，允许全球开发者贡献代码、修复错误和改进功能。

3）社区驱动：项目的成功很大程度上取决于社区的参与度，社区成员可以是用户、开发者或测试人员。

4）分散决策：在群智范式中，决策过程通常是分散的，允许团队成员对项目的方向和特性有更大的发言权。

5）众包测试：利用社区的力量进行软件测试，通过众包可以覆盖更广泛的测试场景和用户反馈。

6）透明度：项目的开发过程、进度和决策对所有参与者都是透明的，这有助于建立信任和提高参与度。

7）知识共享：通过文档、论坛、邮件列表和即时通信工具等渠道，团队成员可以轻松地分享知识和最佳实践。

8）自组织团队：在群智范式中，团队成员往往具有较高的自主性，能够自我组织和自我管理。

9）多样性和包容性：群智范式认识到不同背景和观点的价值，鼓励多样性和包容性，以促进创新。

10）反馈循环：快速的反馈循环允许团队及时了解用户的需求和偏好，从而快速迭代产品。

群智范式在软件研发中的应用可以带来诸多好处，如提高生产力、促进创新、增强软件的适应性和可靠性。然而，它也需要有效的沟通、协调和项目管理技能，以确保团队协作的顺利进行。在软件工程3.0时代，群智范式体现在人机协同开发中，其中参与者不仅包括研发人员，还有基于模型构建的智能体（如数字人或机器人等）。

2.2.2 新范式：模型驱动研发

在第1章，我们概述了软件工程3.0的研发新范式（如图1-4所示）。在这一范式下，一切围绕着LLM开展工作。在进行软件需求分析、设计、编程、测试等之前，我们先要训练（精调或微调）一个或多个研发大模型（如业务大模型、设计大模型、代码大模型、测试大模型等），然后部署研发大模型，同时可能还会部署相关的知识库、智能体等，并利用RAG技术来提升提示词的效率和质量。在大模型应用环境准备就绪后，研发人员可以利用大模型来执行以下任务。

- 业务分析、业务洞察、业务建模等，大模型可以辅助研发人员深入理解需求、预测潜在问题，并提供优化的解决方案等。

- 需求分解、需求建模、生成需求文档、需求文档优化、需求文档评审等。

- 指导软件设计和生成所需的组件图、类图、对象图等，评审架构设计和 UI 设计等。

- 代码补全、代码生成、代码解释、注释行生成、代码评审和优化等。

- 挖掘测试场景，生成测试用例、测试脚本和测试报告等。

在这一过程中，人机智能交互将成为常态，研发人员会引导大模型执行具体任务，或与大模型协同工作，共同完成某项任务。在新的软件研发范式中，人机交互智能发挥着关键作用。

- 逐步引导大模型，细化问题，直至获得所需结果。例如，从产品特性出发，引导大模型分解功能，再进一步分解子功能、功能点，直至无法分解为止。

- 利用人类积累的经验，通过提示和引导，帮助大模型更准确地理解用户需求和意图。

- 为了消除 LLM 的偏见，提供明确的上下文，让 LLM 能够做出更准确的判断和回答。

- 用户可以通过与 LLM 交互，提供反馈和纠正，帮助 LLM 不断优化其语言理解和生成能力。

此外，我们引入了多智能体协作机制。在软件开发中，可以利用多个智能体（如搜索、工具、GUI Agent）与 LLM（如 ChatGPT）协作，共同完成任务。智能体能够感知环境，具备不同功能和能力，它们可以相互协作、共享信息，从而提升软件开发的效率和质量。例如，一个智能体负责理解业务需求并提交任务，另一个智能体负责代码生成，还有一个智能体负责代码评审和单元测试等，而 LLM 可以提供总体指导和决策支持。

2.3 生产力革命：迈向 10 倍效能

正如前文所述，软件研发范式的转换并非渐进式的演化，而是革命性的飞跃。在软件工程 3.0 时代，新范式的引入给软件研发带来深远影响，预示着软件行业将迈入一个全新的发展阶段，研发效能有望实现质的飞跃。

目前，尽管统计数据显示 LLM 在软件研发中的应用效率提升中位数大约为 40%（如图 2-5 所示），但这仅仅是一个开始，随着大模型能力的不断增强以及研发人员应用 LLM 的能力的提升，LLM 将更全面地融入软件研发的整个生命周期，最终可能带来高达 10 倍的效能提升。

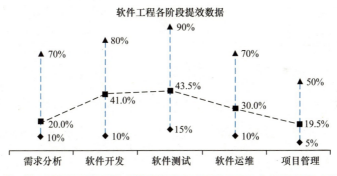

图 2-5 LLM 在软件研发各个阶段的提效工作（来源：《AI4SE 行业洞察》）

在 2.2.2 节中，我们已经列举了 LLM 可以驱动软件研发的各项工作，包括需求分析、设计、编程、测试和运维等。其实，单独在某个环节应用 LLM 可能不会立即带来显著的效率提升。为了实现更高效的开发流程，我们需要借助过去的平台工程能力，打通各个环节，实现从需求分析到产品交付的全过程大模型应用。这样做的原因如下。

1）LLM 在拥有丰富的上下文（Context）信息的情况下能够产生高质量

的结果。如果我们打通了各个环节，上一个任务的输出可以作为下一个任务的输入，实现数据共享，节省输入时间，且获得更充分的上下文信息，效率自然能得到显著的提升。

2）从需求阶段开始，LLM 能够发挥更大的作用，如生成需求文档、用户故事及其验收标准。例如，高质量的 BDD（行为驱动开发）验收标准采用 GWT 格式，不仅能澄清需求，而且开发和测试都从 BDD 出发，各自生成产品代码和测试脚本，相互博弈，自动化程度和质量水平都能达到很高的水平。关于这方面的详细内容，可参考 5.5.2 节。

3）在编程方面，LLM 的应用不局限于代码补全和代码生成，还包括有效的代码评审、注释行生成、单元测试生成，以及预测和修复潜在的缺陷和错误。如果只关注手工输入自然语言提示词来自动生成代码，效率提升有限。结合前文所述的 BDD 的验收标准和 RAG（检索增强生成）技术，并充分利用已有的代码库和知识库，可以显著提升代码生成的速度和质量，这在第 4 章会有详细的讨论。

4）LLM 在测试领域的应用也类似。传统的"测试自动化"实际上只是"测试执行自动化"，属于半自动化。而 LLM 能够生成验收标准、测试计划、测试用例、测试脚本和测试报告等，实现真正的测试自动化，测试效能得到本质上的提升。

5）利用 LLM 不仅减少了工作量，还缩短了开发周期。这种时间的节省体现在实际开发和学习上。LLM 作为知识库的核心，可以帮助团队成员快速获取所需的技术资料与解决方案，为团队成员提供实时支持，显著缩短学习曲线。

6）许多重复性、低价值的任务可以通过 LLM 技术自动化处理，如代码生成、缺陷检测与修复、文档撰写等。这不仅提高了工作效率，还降低了人为出错的风险。

7）LLM 可以自动从源代码生成技术文档，甚至在代码更新时自动更新文档，减少了维护成本。

8）LLM 可以基于数据全面理解问题，提供新的解决方案和创意，帮助团队快速探索和验证新想法。利用大数据和机器学习算法，LLM 还可以对市场趋势、用户需求等进行深入分析，为产品开发和决策提供支持。

综上所述，LLM 在软件研发领域的应用标志着研发工作进入真正的智能化时代，实现超级自动化，大幅降低开发工作量，缩短开发周期。随着大模型能力的增长和平台工程的进一步发展，这种生产力革命不仅优化了工作流程，也推动了整个软件开发行业的持续创新和快速发展，研发效能有望实现数倍乃至 10 倍的提升。

2.4 生产关系：超级个体与新型团队

生产力决定生产关系，当生产力发生了质的飞跃时，生产关系也将随之演变。

在过去一年，我们见证了众多基于 LLM 的编程工具的涌现，如 GitHub Copilot、Cursor、Comate、CodeArts Snap 等。这些工具可以是助手、副驾驶，还可以成为合作伙伴。这意味着，基于 LLM 的编程工具能够扮演多重角色，这具体取决于工具本身的能力和使用工具的开发者的水平。华为云 PaaS 技术创新实验室的一位代码智能技术专家在一次分享中提出了开发者与 LLM 之间的 5 种关系。

1）船长 - 大副型（Pilot-Copilot）：大模型在早期被定义为 Copilot 角色。开发者分解任务，LLM 作为副手，辅助开发者完成分配的任务，LLM 在单点进行辅助。

2）主管 - 下属型（Master-Worker）：开发者作为主管，LLM 可以独立完成具体开发任务，包括自动完成任务的分解和迭代循环，开发者主要扮演输入、输出两端门禁的角色。

3）同事-同事型（Peer-Peer）：开发者与 LLM 是伙伴关系，双方优势互补、平等分工、并行开发，可以相对独立地工作，他们之间也有协作，而且开发者需要承担分工和集成工作。

4）学徒-导师型（Student-Mentor）：开发者向 LLM 学习编程，弥补知识盲区，通过动手实践提升技能。对于新手或初级工程师，LLM 可以作为其导师，提供指导。

5）智能体-雇主型（Agent-Boss）：开发者成为辅助角色，向 LLM 说明自己的能力，LLM 负责问题分解和分工，开发者作为智能体之一，完成 LLM 指派的工作，LLM 则负责对众多智能体的产出进行把控和集成。

我们曾使用 DALL·E3 生成两张图，如图 2-6 所示，说明了开发者与 LLM 之间的关系是动态变化和发展的，目前，我们可能还在指挥一批智能体工作；未来，我们可能会受大模型指挥。这种情况可能在处理具体复杂任务时尤为明显，因为人类大脑可能难以应对（而 LLM 拥有海量知识），且效率不及 LLM（假定算力不再是限制因素）。

图 2-6 人从主导到被管理的地位演化

智能体-雇主型可能还较为遥远，但从图 2-6 可以看出，未来将出现所谓的"超级个体"。例如，一个资深的研发人员善于学习，将 LLM 看作一天 24 小时提供服务的老师，可以随时解惑，这样的研发人员能够掌握研发全流程所需的技能，包括需求分析、测试等之前未涉及的领域，从而成为"超级个体"。同时，这位超级个体将拥有基于 LLM 构建的一系列助手，如业务分析助手、设计助手、编程助手和测试助手等，这些助手将在软件项目开发过程中承担具体任务。在此过程中，超级个体也会通过交互引导这些助手完成工作，并负责对这些助手输出的成果进行验收。这意味着一个人就能构成一个软件团队，其规模比当前的敏捷团队更小，且已达到最小化，如图 2-7 所示。

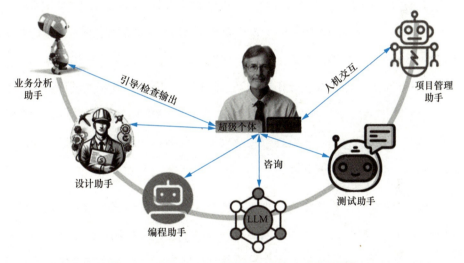

图 2-7　基于 LLM、智能体构成的一个人的团队

退一步，假定超级个体尚未成为现实，研发团队中仍然会存在三种核心角色：产品专家、架构专家和 QA 专家。这些角色将取代传统的业务分析师、产品经理、需求工程师、开发工程师、测试工程师、项目经理等职位。产品专家负责需求定义、功能设计和 UI 设计，架构专家负责系统架构设计、开发任务分解和验收，QA 专家负责对需求、设计和代码的评审，以及系统最终的验证和交付等，如图 2-8 所示。

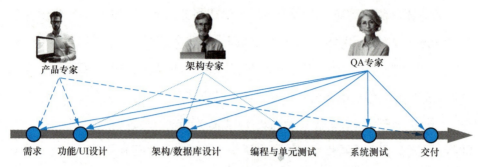

图 2-8　软件工程 3.0 时代更有可能出现的团队

当然，除了这三种角色，基于 LLM 构建的业务分析助手、设计助手、编程助手和测试助手等依然存在，并将继续辅助这三位专家完成大部分具体工作。例如，在一个软件开发项目中，三位专家可以与 LLM 和智能体（各类 AI 助手）组成一个紧密的协作团队。他们共同讨论软件的需求和设计，制定开发计划和测试计划，准确识别风险并制定应对策略。在开发和测试过程中，三位专家专注于创新、高层次设计和复杂问题的解决，日常开发和测试任务则交给 LLM 和智能体完成。这充分利用了 LLM 强大的分析和生成能力以及智能体的执行能力，以实现代码的编写和测试验证，准确、快速地发现问题并及时修复，从而快速交付高质量的软件。

随着大模型、智能体和 RAG 技术等的深入应用，传统的软件研发团队结构将逐渐消失，取而代之的是新型团队，包括由上述三种角色构成的团队、由一位超级个体组成的团队等。这也意味着软件研发的生产关系将发生根本性变化，以及软件研发团队协作方式和组织文化的一次深刻变革。这里列出一些新型生产关系的特点。

- 超级个体或新型团队的出现将对企业的组织结构和管理方式产生影响，团队可能会变得更加扁平化和灵活，组织层级结构会更简单。

- 组织领导者需要适应新的协作模式，理解如何管理人机协作的团队，并引导团队有效利用技术。

- 随着智能体的加入，团队沟通将变得更加技术化和即时化。协调工作将更多依赖于自动化工具和平台。团队成员需要具备更强的协作能力和沟通能力，能够与 LLL 和智能体进行有效的交互和合作。

- 每个超级个体可能有自己的 LLM 和智能体配置，以适应其工作风格和专业领域，这将导致更加个性化的工作流程。

- 通过将重复性工作自动化，超级个体可以专注于更有意义和创造性的任务，这可能会提高工作满意度。

总之，这种新型团队能够促进信息的快速流通和决策的高效执行，带来更高的效率、更好的质量和更强的创新能力，推动软件研发行业的持续发展。

第 3 章

软件工程 3.0 实施策略和路线图

在深入理解软件工程 3.0（简称 SE 3.0）的内涵以及明确为何定义 SE 3.0 之后，我们对 SE 3.0 的发展脉络有了清晰的认识。这为我们如何实施 SE 3.0 提供了思考的起点。显然，从软件工程 2.0 向 3.0 的过渡是一个充满挑战的转型和升级过程，必然会遇到许多障碍。我们必须勇于面对困难，克服挑战，以完成这一数智化的升级。值得庆幸的是，通过前两章的讨论，我们已经建立了共识，为后续行动奠定了基础。在此基础上，我们还需要一些原则与策略来指导前行。

我们需要从指令微调、上下文学习、RAG 技术应用、提示工程、智能体构建以及 AI/LLM 平台构建等方面逐步完善大语言模型的实施，并在需求分析与定义、架构设计、UI 设计、编程、测试以及运维等全生命周期的各个环节落实这些技术。每个公司应结合自身实际情况，综合考虑人才、数据、算力等因素，选择适宜的应用策略，设计专属的实施路线图，逐步实现智能化研发，从而将研发效率提升数倍乃至数十倍。

3.1 实施策略

从软件工程 2.0 转型或升级到软件工程 3.0 需要综合考虑多个方面的因素，并制定科学合理的实施策略，从而有效推动软件工程 3.0 的实施，为企业带来新的发展机遇和挑战。

3.1.1 常见策略

以下是一些常见策略。

1）目标导向。制定一个明确且适宜的目标，所有的实施方案和措施都应围绕目标开展，包括资源分配和行动计划等，确保各部门协同工作，避免资源浪费和目标偏离。目标应具有前瞻性和可操作性，既考虑软件工程 3.0 的长期发展方向，又结合企业的实际情况和现有资源。例如，可以设定在一定时间内生成的代码采纳率/占比、生成的测试用例采纳率/占比、开发周期缩短时间、代码缺陷率下降等具体目标，以便评估软件工程 3.0 的效果，确保落地进程符合企业长期战略。

2）分阶段实施。分阶段实施有助于及时总结经验、降低风险，将整个转型过程分解为若干阶段，每个阶段都有明确的目标和任务。从小范围（如代码补全、函数级代码生成）、单个项目试点开始，逐步扩大实施范围，如扩展到测试生成、需求文档生成等方面，直至覆盖整个软件研发生命周期。在实施过程中，密切关注项目的进展情况，及时解决问题，并不断优化和调整策略。在每个阶段结束时，评估目标达成情况，及时调整后续计划，确保整个过程稳步推进。

3）队伍建设。人是第一要素，无论是引进还是培训，首先要解决人才问题，不仅需要大模型相关的专业人才，还需要有组织上的支持。一方面，积极引进 AI 算法、数据治理等方面的专业人才；另一方面，加强对现有人员的培训，构建学习型组织，提高团队成员的 AI 技术水平和综合素质。可以考虑成立专门的软件工程 3.0 实施团队，负责制定策略、推进项目、协调资源等工作。

4）核心能力建设。软件工程 3.0 的核心在于对 AI 技术的深度应用，因此建设相关核心能力至关重要。如针对大语言模型的应用，培养团队在模型微调、提示工程、数据治理等方面的技能，以充分发挥大模型的优势。详见第 4 章。

5）激励政策。正如敏捷宣言中所提倡的"拥抱变化"，应对变化的最好办法就是去实践，了解大模型的能力，清楚大模型能帮我们做什么。在软件工程 3.0 实施过程中，鼓励团队勇于实践和探索软件研发新范式，可以设立软件工程 3.0 应用创新和成果奖励机制，激发团队的创新热情。

6）外部合作。加强与高校、科研机构、企业等的合作，共同开展技术研究和项目合作，实现资源共享和优势互补。同时，关注行业动态和优秀实践，及时引入先进的方法，从而加速软件工程3.0的实施。

7）持续改进与优化。软件工程3.0的实施是一个不断演进和优化的过程。建立持续改进机制，定期对实施效果进行评估和反思，找出存在的问题和不足之处，及时调整优化。这种改进与优化建立在数据收集、存储和分析机制的基础上，充分利用软件开发过程中产生的各种数据，进一步了解大模型的真实性能以及研发人员的实际使用情况，为决策提供依据。

3.1.2　因地制宜

在将LLM应用于软件研发的过程中，除了前面讨论的常见策略，我们更需要因地制宜，包括评估如企业所处的行业、规模、人才储备和模型训练能力等因素，针对具体情况，制定适合自己企业的实施方案，明确具体的实施步骤和时间节点，确保转型过程有序推进。

不是所有企业都有能力从基础模型开始建立自己的AI基础设施，基础大模型通常只适合极少数实力雄厚的企业。尽管在过去两年间我国出现了超过100个基础模型，但随着越来越多的大模型被开源，未来竞争将更加激烈，预计经过一段时间的竞争后，原生的闭源基础大模型将只剩下少数几家。大多数企业将选择在开源大模型或国内几家闭源商业模型的基础上构建自己的领域大模型，训练（精调或微调）贴近自己业务的研发大模型（包括代码大模型、测试大模型等）。

1）从行业看，金融行业是强监管行业，首先应考虑私有化部署大模型及其应用工具，包括国内的商业LLM及其工具、开源LLM及其工具。对于不在强监管行业的中小企业，如果希望以低成本应用LLM技术或通过试用了解LLM技术的价值，可以大胆地在软件研发中使用值得信赖的第三方LLM API

服务。为了充分利用已有的数据资产并贴近业务需求，最终我们是将 LLM 及其工具进行私有化部署，以便使用自己的语料训练出更贴合业务的领域大模型，或者通过绑定我们已有的数据资产，应用 RAG（检索增强生成）技术，如图 3-1 所示。

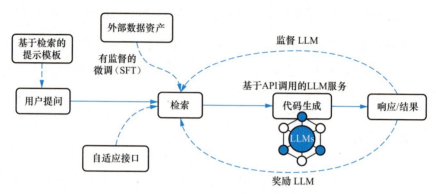

图 3-1　RAG 技术应用示意图

2）从企业规模看，大企业通常具备构建自己的研发大模型和基于大模型的开发平台的实力，中小企业一般可以选择直接使用大模型服务，即调用大模型的 API 服务。但未来随着某些 LLM 规模的缩小，对算力的要求降低，推理成本也随之减少，中小企业也可以部署自己的专有大模型。

LLM 可能存在两个发展方向，一个是向更大规模（几千亿甚至几万亿参数）方向发展；另一个是向更小规模（几十亿甚至几亿参数）方向发展。例如 MiniCPM-2B 在整体性能上超越了 Llama3-13B、MPT-30B、Falcon-40B 等模型。经过直接偏好优化（DPO）后，在当前最接近用户体感的评测集 MTBench 上，MiniCPM-2B 甚至超越了 Llama3-70B-Chat、Vicuna-33B 等开源大模型。MiniCPM-2B 可以在手机端部署，一台机器就可持续训练 MiniCPM-2B，训练和推理的算力成本大幅降低。

3）企业应用 LLM 技术的关键在于人才储备，拥有 AI 方面的人才储备也就意味着具备了模型训练和微调的能力，结合我们已经拥有的知识工程、软件工程和平台工程能力，就可以在原有开发平台、DevOps 工具链中集成强大的 AI/LLM 能力，使 LLM 在软件研发中的应用顺利落地实施。

概括来说，LLM 的应用策略相对简单：完成基础大模型的私有化部署，在此基础上训练（微调）出贴合业务需求的研发大模型（包括代码大模型、测试大模型等），并与已有的数字资产集成。如果企业缺乏人才储备、LLM 训练和部署能力，可以寻求外部公司的服务，国内已有企业能够提供这类服务。如果企业没有这方面的能力储备且在经济上很难有较大的投入，可以在合规条件下直接使用第三方提供的 LLM API 接入服务。

例如，华为公司和中国信息通信研究院（简称中国信通院）联合发布的《智能化软件开发落地实践指南》就提出了 5 个不同水平的实施方案模型供企业选用（见图 3-2）。

- L1：企业适宜采用低成本的智能开发工具 SaaS 服务，即直接使用第三方提供的 LLM API 接入服务，以便快速达到应用效果。

- L2：企业可采购软硬件集成的智能开发工具（如智能编码一体机），以实现智能开发能力的本地化部署，形成一体化解决方案。

- L3：企业可采购包含代码大模型的智能开发工具进行私有化部署，保障企业级代码资产的安全，并通过采购模型调优和升级等服务，保证大模型能力的稳定性。

- L4：企业可采购解耦的代码大模型和智能开发工具，或者选用高性能大模型训练和微调成自有代码大模型，构建定制化的智能开发能力。

- L5：企业依托丰富的算力、数据、人才等基础，可考虑自主研发代码大模型，并依此构建软件工程领域的工程化能力，全面赋能软件开发流程，引领行业创新。

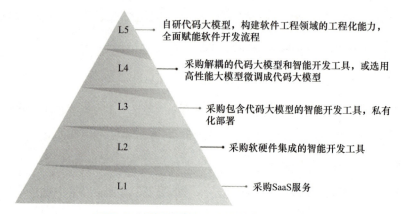

图 3-2 智能开发能力实施的多阶方案图

3.1.3 价值优先推进策略

尽管 LLM 技术可以在软件研发的多个环节发挥作用，但鉴于目前 LLM 能力的局限性，我们根据实践经验，了解到 LLM 在某些领域能发挥更大的作用，而在其他领域效果有限。

在软件工程 3.0 的实施过程中，价值优先推进策略旨在最大化 LLM 为软件研发带来的业务价值，我们应识别那些最耗人力或时间的环节，这些环节是应用大模型的最佳候选；同时，那些见效快、投入产出高的地方也应优先实践 LLM。例如，LLM 在测试和开发中的提效中位数分别达到 43.5% 和 41%（如图 2-5 所示），尽管 LLM 在测试环节有更好的应用效果，但由于研发团队中开发人员一般比测试人员多，开发和测试的比例常常为 3:1、4:1 或更高，因此我们认为在开发环节应用 LLM 的价值更高，我们会优先考虑启动"LLM 应用于编程"的试点项目，也会在"LLM 应用于编程"的实施上给予更多投入，包括优先训练代码大模型或引进基于 LLM 的编程助手。

根据中国信通院人工智能研究中心发布的《AI4SE 行业观察》，LLM 在软件研发生命周期中的多个环节表现出显著的效率提升，如图 3-3 所示，包括需求分析和需求文档生成、需求拆分、API/UI 设计、代码生成补全、单元测试、代码解释、测试用例生成、测试分析、测试文档生成等，这些就是我们优先试点、重点投入的模块。

显著提效	需求分析	API/UI设计	代码生成补全	测试用例生成	代码检查	指标异常检测	任务调度
	需求文档生成	数据库设计	单元测试	测试分析	配置生成	运维问答	资源调度
	需求拆分	系统架构设计	代码解释	测试文档生成		故障定位	任务追踪
初步提效	需求补充	功能设计	代码重构	自动化测试	配置检查	日志分析	过程检查
	需求评审	设计文档生成		漏洞检测			
有望提效	需求验证	Agent构建	故障定位	安全测试	自动化部署	故障规避	效能分析
			代码转译			版本管理	
	项目阶段	需求阶段	设计阶段	开发阶段	测试阶段	部署交付	运维阶段	项目管理

图 3-3 LLM 在软件研发生命周期中发挥的作用

从业务价值的角度看，我们应首先明确业务上亟待解决的问题，如提升用户体验、降低资金损失风险、降低其他业务风险、为客户提供高附加值服务。然而本书主要立足软件工程 3.0，讨论如何利用大模型驱动软件研发和软件服务运维，因此我们将重点关注那些在软件开发过程中最耗时（影响交付周期）、最昂贵或对质量影响最大的环节，尤其是那些大模型能发挥良好作用的环节。

那么，这些关键环节包括哪些呢？首先，编程会进入我们的视野，因为它是最耗时的环节，也是大模型擅长处理的。LLM 擅长生成和翻译，加之代码语料丰富、质量高，能够保证输出结果的质量。在编程领域，LLM 能够执行多种任务。

- Text2Code：函数级代码生成、接口代码生成、UI 界面代码生成等。

- Code2Code：代码搜索、代码补全、代码翻译（代码迁移）、代码修复、代码混淆、单元测试脚本生成（断言）。

- Code2Text：代码评审、代码注释行生成、代码解释、代码摘要、缺陷检测、克隆检测、代码分类等。

其次，测试自动化与开发紧密相关，需要开发大量基于 Python、Java、Ruby 等编程语言的自动化测试脚本，自然也是我们要优先考虑的。ChatGPT 不仅善于聊天和回答问题，还擅长写作文和做总结，因此我们可以将其应用于需求文档生成、测试用例生成和测试报告生成等工作，这类工作耗时且研发人员通常不喜欢、不擅长。

再者，正如之前我们借助工具进行代码评审，LLM 也具备这方面的能力，而且不局限于代码评审，还包括对需求文档、测试计划、测试用例进行评审，指出其中的问题，进而帮助我们优化文档或代码。在这方面，LLM 能够铁面无私、一丝不苟地帮助我们守护质量。

LLM 能够理解自然语言所表述的内容，并与我们进行对话，因此它可以帮助我们收集、整理和分析需求，并在此基础上快速生成规范的需求文档。通过有效的引导，LLM 可以协助我们细化需求、进行功能分解和用户故事拆分，生成详细的需求文档，以满足设计、编程和测试的要求。需求是源头，快速生成高质量的需求文档是每个软件项目的诉求，如第 5 章所讨论，LLM 对于推行 ATDD（验收测试驱动开发）或 BDD（行为驱动开发）实践有显著帮助，基于良好、细致的需求文档，我们可以分别生成产品代码和测试代码，并通过相互验证和博弈来完成代码实现。因此，尽早将 LLM 应用于需求工程相关工作是非常必要的，也是极具价值的。

将 LLM 应用于设计相对更具挑战性，通常人们将其视为知识库，向它提出各种设计问题，以获得解答。这个价值并不显著，毕竟我们借助搜索引擎也能达到类似目的。然而，我们的实践表明，LLM 实际上可以帮助我们完成相关设计工作，输出组件图、部署图、类图等，因为这些设计图背后的 UML 等领域语言可以用自然语言来表达，问题迎刃而解。今天的大模型是多模态的，能够理解提供的技术方案和设计图，并参与设计评审工作。

LLM 还能基于代码或设计文档自动生成技术文档、根据功能描述生成用户手册和 API 文档等，具体内容可以参考随书电子资源中的附录 A。

当然，在应用 LLM 时，我们也面临一些风险和挑战。例如，存在 LLM 生成的内容不准确或不适用、数据泄露等安全风险，团队成员可能对引入 LLM 持怀疑态度，将 LLM 集成到现有工具和流程中可能面临技术障碍等。为此，我们需要采取有效的应对措施，以确保 LLM 应用的安全和可靠。

- 结合人工审核，确保生成内容的准确性和适用性，并通过不断训练和优化模型来提高其性能。

- 通过展示 LLM 的成功案例和具体的效率提升数据，逐步建立团队对 LLM 的信任和认可。

- 选择支持开放 API 的 LLM 平台，逐步试点并优化集成方案，确保与现有工具的兼容性。

- 评估 LLM 带来的效率提升和成本节约，合理规划预算，逐步扩大 LLM 的应用范围，确保产出投入比合理。

通过识别软件开发过程中最耗时、最昂贵或最影响质量的环节，并将 LLM 集中应用于这些关键领域，能够实现显著的效率提升和质量改善。尤其在需求分析、编码与实现、测试以及文档编写等环节，LLM 的应用能够大幅减少时间和成本投入，同时提升产品的整体质量和用户满意度。

通过上述讨论，我们采用价值优先推进策略，结合企业或团队的具体情况，合理分配资源，持续优化 LLM 的应用，以实现最大的大模型产出投入比。关于如何在研发中具体应用大模型，我们将在第 5 章详细讨论。

3.2 | 实施三部曲

软件工程从 2.0 向 3.0 转型，或者说软件工程 3.0 的实施，是一个全面且系统化的过程，尤其对于已成熟的软件开发过程，这一转型将面临一系列挑战，需要精心策划和制定切实可行的方案。在此，我们提供了一个简化的、指导性的实施路线图，它分为三个步骤，我们称之为"实施三部曲"。

1）自我评估并选择合适的实施方案。

2）局部、有限的实施并适当扩展实施范围。

3）全面实施与持续改进。

这一概述看似简单，可能对实际操作的指导意义有限，因此我们将进一步细化和扩展，让实施操作路线更加清晰，如图 3-4 所示，从而更好地指导 SE 3.0 的落地实施。

1）阶段一：首先进行自我评估，根据评估结果选择合适的实施方案，然后组建实施团队，因为人是关键因素，"团队就绪"是 SE 3.0 实施的前提条件。

2）阶段二：在阶段一顺利完成后，开始进行试点，并总结试点的经验和教训，从而更有信心和能力扩展实施范围；局部、有限的实施是指选择部分团队参与，并在软件研发的某些环节实施，例如许多公司可能会从编程环节开始，然后扩展到测试，再扩展到需求分析等。

3）阶段三：在阶段二顺利完成后，开始全面实施，即整个组织的所有研发团队参与，并覆盖整个软件研发生命周期。在此过程中，可能会遇到新问题，需要进行根因分析和问题解决，以持续改进 SE 3.0 的能力、流程和效果，最终形成以 AI 驱动软件研发和运维的思维方式和文化。

尽管我们已经扩展了一层，但仍然感觉比较笼统，未能具体到 SE 3.0 的特定环境下。因此，我们还需要进一步细化，给出更明确、更有针对性的落地实施指导。

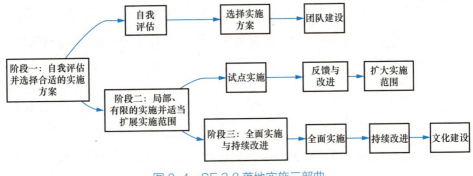

图 3-4　SE 3.0 落地实施三部曲

3.2.1　自我评估并选择合适的实施方案

首先从两个方面进行自我评估：公司或团队的现状分析、引入 SE 3.0 的最大需求识别。在清晰了解自身情况后，可以参考 3.1.2 节的内容，根据具体情况选择合适的实施方案。一旦确定方案，为了确保团队和个人能力与方案相匹配，我们必须进行相应的人员培训等工作。

1. 自我评估

1）现状分析：从人员、技术、资源、财务等多个维度进行全面评估，特别关注人员、数据和技术能力的评估。

- 机器学习人才：评估企业内部在机器学习、自然语言处理（NLP）、AI 算法、数据治理等方面的专家和工程师数量，以及他们的技能水平等。

- 技术栈和工具链：评估当前的开发基础设施（如云计算环境）、技术栈和工具链，了解团队对 LLM 技术的认知程度。

- 数据与算力资源：确定是否拥有足够的数据和算力资源（如 GPU/NPU）来支持 LLM 的训练或微调。

- 安全与合规性：评估数据和代码在使用和处理过程中的安全性和合规性，以及研发场景的安全性要求等，特别是金融、航空航天等对安全、可信要求较高的行业。

2）需求识别：识别软件研发中的问题或痛点，并与 LLM 应用场景相对应。例如，需求识别与文档整理困难、需求变更频繁、编程效率低且质量不高、测试覆盖率不足且难以识别未覆盖区域、Bug 定位困难等问题。同时，了解 LLM 在软件研发中的潜在作用，如利用 LLM 快速自动生成需求文档、自动生成代码片段或完整函数以提高编码效率、自动生成高质量测试用例以提升测试覆盖率。

2. 选择实施方案

1）目标设定：结合企业自身情况评估，设定应用 LLM 后能产生的收益，目标应尽可能量化且可实现，如下。

- 提高开发效率：代码采纳率 35%，代码编写效率提升 20%。

- 降低缺陷率：测试用例采纳率 60%，代码缺陷密度降低 20%。

- 缩短交付周期：项目交付周期缩短 25%。

2）方案设计：主要考虑技术方案选择和优先投入的研发环节。

- 技术方案选择：在综合考虑开放 API、模型性能、成本、合规性等因素的情况下，选择如直接采购 API 服务、选用开源的基于 LLM 的工具、采购软硬件集成的智能开发工具、私有化部署或公有云部署等应用方式，并评估是选择合适的 LLM 或平台，还是自研（微调）研发大模型，可以参考 3.1.2 节的讨论。

- 优先投入次序：如代码补全、代码生成、代码评审、测试脚本生成、测试用例生成、需求文档生成等，按此顺序往前推进。

3）风险评估与管理：包括风险识别和应对策略。

- 风险识别：包括技术、资源、组织变革等风险，如模型效果不佳、算力不足、团队抵触、学习曲线陡峭等。

- 应对策略：如寻求外部 LLM 专家或第三方公司的支持、合理分配预算和算力、加强内部人员沟通和培训等，确保及时解决问题，消除风险。

3. 团队建设

1）人才引进：如引进具有 LLM 应用经验的专业人才，并组建包含开发、测试、AI 专家的跨职能团队，促进协作。

2）内部培训：如开展 LLM 提示工程等培训，讲授如何编写高质量的提示词以提高 LLM 的输出质量。

3）组织保障：设立软件工程 3.0 专业指导委员会，专注于指导公司内部团队 LLM 的引入和应用，并为软件研发范式的转型提供计划、资源和政策保障。

3.2.2 局部、有限的实施并适当扩展实施范围

与第一阶段相比，第二阶段相对容易实施，因为此时已有了组织的支持和明确的方案指导，有章可循，按方案实施即可。然而，我们不能因此掉以轻心，执行力在这一阶段依然至关重要，缺乏执行力，再好的方案也难以持久。在这一阶段，我们将制定项目管理计划，明确试点项目的时间节点、资源配置和任务分工等，重点关注在研发的关键环节和试点项目中如何有效应用 LLM 技术，并强调数据收集、评估、反馈和沟通，及时解决问题，帮助团队建立信心，克服习惯性问题或其他困难，形成良性循环，确保试点成功。通过小规模实验和局部实施，我们能够深入了解 LLM 在实际操作中的优势与挑战，从而为后续的全面推广奠定坚实的基础。

1. 试点实施

1）选择试点项目：选择具有代表性，能够体现 LLM 应用价值的项目。例如，选择产品线有多年历史（有数据支持）、规模适中，而且团队技能素质好的项目。明确试点预期，3.2.1 节已提到一些可参考的量化指标，如代码采纳率、测试用例采纳率等。对于试点项目，可以适当降低要求，也可以不设立 KPI 目标，但需要度量这方面的数据，以了解试点能达到的效果，作为下一步实施效果度量的基线。

2）技术部署：包括研发环境准备、数据准备、提示工程部署、知识库部署等工作，例如，在现有开发环境中或 CI/CD 流水线上集成 LLM 工具，确保开发流程的连贯性。基于 LLM 的 Pull Request、自动化测试及其结果分析等，需要考虑与 CI/CD 的集成；如果是在 IDE 上增加基于 LLM 的智能编程插件，那么基本不影响开发人员的日常工作。数据准备、提示工程、RAG 技术应用等工作，我们将在第 4 章详细讨论。

3）执行过程：确保相关研发人员热情、积极参与，LLM 方面的内部专家或外部第三方公司能提供实时技术支持，解决使用过程中遇到的问题。

4）效果监控：持续收集关键指标数据，如代码生成数量、测试用例生成情况等，也要注意收集团队成员对 LLM 使用效果的主观评价和建议，这些主观评价和建议可能比客观数据更有价值。

关于具体的执行，如果我们团队从接入 LLM API 服务开始，则相对简单。我们首先需要完成提示工程的建设规划和人员的基本培训，设计常用的提示模板，搜集和列出一些典型的例子，然后应用 LLM 技术并提升团队的提示工程能力。

如果需要基于自己的研发大模型（含代码大模型、测试大模型）来应用 LLM 技术，那么我们首先要做的事情是准备语料、清洗和优化数据，训练和部署贴合自己业务的领域大模型；同时要开发相应的工具或 IDE 插件（像 Cursor、GitHub Copilot 那样），以支持 LLM 的应用。DevOps 平台工程团队可以将这种能力与 DevOps 工具链集成，也可以引入类似 LangChain 的框架和 RAG 技术，集成已有的数字资产，解决或缓解 token 受限、短记忆、幻觉等问题，如图 3-5 所示。这样的场景符合软件工程 3.0 范式，这也是几年后一种常见的软件研发场景。

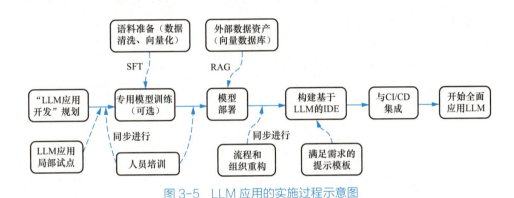

图 3-5　LLM 应用的实施过程示意图

2. 反馈与改进

我们会对照试点目标，评估实际成果，分析差距和原因；同时确定实施过程中存在的问题，如模型性能不足、使用不便等。在此基础上，加强改进，如进一步微调研发大模型或更换性能更好的大模型；或者优化 LLM 集成方式，简化使用流程，提高用户体验。

3. 扩大实施范围

首先，我们会组织内部分享会，传播试点经验和成功案例，将 LLM 应用从试点项目扩展到更多项目和团队。其次，我们要做好标准化工作，包括制定训练数据的质量标准、编制 LLM 使用指南和最佳实践手册。最后，改进或完善基于 LLM 的工具，构建基于 LLM 的统一研发平台（将 LLM 技术融入之前的工程平台）。

3.2.3　全面实施与持续改进

随着从第二阶段向第三阶段的自然过渡，我们已经通过前期的试点和局部实施积累了宝贵的经验和数据，验证了 AI 技术在实际操作中的有效性和可行性。现在，我们可以将第二阶段的成功实践扩展到整个研发组织和软件研发全生命周期中（即在需求分析、设计、编码、测试、部署和运维各环节全面应用 LLM），以实现 SE 3.0 的全面实施，完成企业的智能化研发转型。

在这一阶段，我们将重点整合各个部门和业务线的 LLM 应用，推动跨部门协作，确保 LLM 技术在整个组织中发挥最大效益。同时，我们将继续关注 AI 技术的迭代与更新，持续改进流程和工具，确保 LLM 与 CI/CD 流程无缝衔接，不断提升软件研发的质量和效率，缩短产品交付周期。

这一阶段对算力和数据会有更高的要求，不仅需要更多的投入（我们对投入的担忧远小于对产出收益的期待），而且需要精心优化算力资源配置，提高响应和推理速度；需要构建高质量的数据管理体系、知识库和提示工程，通过获取和生成高质量业务、需求、代码、测试和运维数据集，开展模型的定期训练或调优，持续监控和分析 LLM 应用的性能指标（如推理准确率、代码采纳率、代码修复率、代码生成占比等），持续收集团队或研发人员的反馈，根据数据分析结果明确问题和优化方向，以持续优化模型或更新更强大的模型，提升 LLM 输出的准确率和可靠性。

我们也会定期召开评估会议，评审 SE 3.0 的实施效果，如果有必要，我们会及时调整团队激励策略、组织结构和优化软件开发流程。我们更需要营造鼓励创新的企业文化，激发研发人员的创造力和协作精神，建立知识分享平台，促进经验交流和共同进步。

通过上述 SE 3.0 三部曲的实施路线图，我们可以有效地实现 LLM 驱动的软件开发转型，实现业务价值的最大化，顺利完成从软件工程 2.0 向 3.0 的升级，其中关键成功因素如下。

- 精准定位与规划：通过自我评估，明确自身需求和优势，制定切实可行的实施方案。

- 试点验证与经验积累：通过小规模试点，验证方案可行性，积累实践经验，降低全面实施风险。

- 持续改进与优化提升：在全面实施过程中，不断监控和评估，及时优化模型和流程，保持领先优势。

- 文化氛围与管理保障：营造鼓励创新的企业文化，获得管理层的持续支持，为转型提供坚实的基础。

3.3 | 如何微调适合自己的领域大模型

微调是一种机器学习技术，用于将一个在大型数据集上预训练好的模型调整到特定的任务或领域上，如金融行业的代码生成。通过微调构建适合自己的领域大模型，关键在于拥有这方面的专家（人才）、高质量的数据（如符合规范的、有充分注释的代码以及配套的单元测试脚本等）和满足需求的算力等。在此，我们介绍一些基本原则和实际操作流程，旨在让非专业人员掌握相关基本概念和知识，而对于专业人员，更详尽的微调技术将在 4.5 节讨论。

在实际应用中，如果领域数据量较大，可以考虑在基础模型上继续进行预训练，分两个层次进行：先进行通用任务的 SFT（Supervised Fine-Tuning，有监督的微调），再进行垂域任务的 SFT。两个层次的训练允许有重叠和数据混合，以确保模型训练的平稳过渡。如果 SFT 下游的任务类型较多，可以尝试在数据构造阶段用不同的提示词（Prompt）对不同任务进行区分，如果存在同类任务，可以考虑设置多级提示词进行分割。

1. 微调的基本原则

1）定义合适的目标和任务：明确模型学习的具体目标和任务，如提高模型在业务项目开发任务上的性能。这有助于模型选择、数据集准备以及调整模型架构和超参数等。

2）选择合适的预训练模型：首先要选择一个相关性较高的预训练模型。例如 CodeX 就是在 GPT-3 的基础上，基于代码语料微调出的一个以代码为中心的模型，在代码相关任务上表现较好。如何选择合适的预训练模型将在3.4节讨论。

3）准备高质量的数据集：微调是一个监督学习过程，通过标注数据来指导模型学习，因此需要准备与开发相关的、经过标注的业务代码数据集，以便在微调过程中使用。数据质量对模型性能有很大影响。

4）关注专用模型的性能和质量（如准确度、采用率等），持续调优。

2. 操作过程

1）明确项目目标：明确特定任务的目标和要求，如代码补全、代码生成、测试用例生成、测试脚本生成等 LLM 要完成的任务。

2）准备数据集：收集、清洗并标注用于微调的数据（语料），该数据集通常是与特定任务相关的标注数据。

3）选择和加载预训练模型：选择并加载一个适合任务的预训练模型，如盘古研发大模型，加载其参数。

4）模型结构调整或冻结部分层（若有必要）：通常情况下，根据任务需求可能需要对预训练模型的结构进行一些调整，如添加或修改某些层；或者选择冻结模型的部分层，以避免在初始阶段过度拟合。

5）训练策略：采用合适的训练策略进行微调，通常会进行多任务训练，并使用较小的学习率，以避免对预训练模型的参数进行过多修改。同时，根据任务类型定义适当的损失函数以衡量模型预测值与真实值之间的差异，如交叉熵损失函数或均方误差损失函数，往往需要设计一个能同时反映多个任务性能的损失函数。

6）微调和超参数调优：使用标注数据对模型进行微调，通常使用梯度下降算法调整模型权重。在训练过程中监控模型性能，并根据需要调整学习率、批量大小、训练周期数、正则化参数等超参数（即模型训练前设置的参数），以优化模型性能。

7）评估和验证模型性能：在微调过程中需要不断评估模型在验证集上的性能，根据评估结果进行调整和优化。微调结束后，使用测试集对模型再次评估，以了解其在新数据集上的表现，并根据需要进行迭代优化。

8）模型融合和集成：可以尝试将多个微调后的模型进行融合或集成，以提高模型性能。

9）模型部署：将训练完成的模型部署到生产环境中。

其中，我们要特别关注准备数据集、微调和超参数调优等关键环节。

3. 指令微调

有监督的微调（SFT）常用的方法是指令微调，即通过构建指令格式的实例，以有监督的方式对大语言模型进行微调。指令格式通常包含任务描述、一对输入输出（问答对）。指令微调可以帮助 LLM 拥有更好的推理能力，展现出泛化到其他新任务的卓越能力。也就是说，就算微调的指令中没有涉及相关任务，大模型在新任务上的表现也会优于微调之前。这种方法特别适用于模型需要理解自然语言指令并生成相应输出的情况，其操作过程与上面的操作过程类似。

1）指令设计：精心设计指令，确保它们清晰、具体，并且能够直接指导模型完成所需的任务。

2）数据集构建：根据指令创建数据集，每个样本包含一个指令和对应的正确响应或输出。

3）模型训练：使用构建的数据集对预训练模型进行训练。在训练过程中，模型学习如何根据指令生成正确的响应。

4）上下文融合：指令通常与输入数据一起作为上下文提供给模型，帮助模型更好地理解任务的上下文。

5）迭代优化：在训练过程中，不断迭代指令和数据集，以提高模型对指令的响应质量。

6）性能评估：使用标准化的评估指标来衡量模型对指令的响应质量，如准确率、生成文本的相关性等。

7）实际应用：将训练好的模型部署到实际应用中。

8）持续学习：在模型部署后，持续收集用户反馈和新数据，以便对模型进一步优化和更新。

4. 数据集准备

数据集准备是微调流程中至关重要的一步，它直接影响微调后模型的性能和准确性。在这一步骤中，我们需要完成以下几个关键活动。

1）数据收集和清洗：根据智能化开发的需求，收集足够的数据，确保数据的多样性。清洗数据以去除无效、错误或不相关的信息。例如，移除重复的代码段、修正错误的代码、处理缺失值等。

2）数据标注：对收集到的数据进行标注，以便模型能够学习正确的输入输出关系。在代码生成任务中，标注可能包括将问题描述与正确的代码解决方案进行匹配。

3）数据分割：将数据集分割为训练集、验证集和测试集。通常采用交叉验证等方法来评估模型的泛化能力。

4）数据增强：如果数据量不足，可以通过数据增强技术生成更多的训练样本，如代码的变体或模拟错误。

5）数据格式化：将数据转换为模型可接受的格式，如将代码转换为模型能够处理的向量表示。

6）数据探索性分析：了解数据的分布、特性和潜在的偏差，这有助于后续调整模型和优化算法。

关于这部分内容的技术提升，可参考 4.4 节的内容。

3.4 | 如何选择第三方研发大模型

在选择第三方研发大模型或基础大模型进行微调时，公司需要考量自身的技术能力与资源、数据安全与隐私等特定需求，关注人员技术要求和尽可能避免数据泄露风险，在此基础上，我们再考虑以下几个关键因素。

1）模型性能与适用性：评估大模型在软件开发场景下的表现，选择在软件开发任务上表现良好的模型。除了一些评测指标，我们需要了解其对提示工程的响应情况，这关系到模型微调后的效果，并选择那些在该行业内已展现出优势且具有良好泛化能力的模型，以便更好地适应不同任务和场景。

2）成本效益分析：考虑大模型的获取成本、训练成本以及预期的经济效益。

3）开源与闭源考量：根据公司对模型透明度的需求，以及是否愿意为闭源模型支付额外费用来决定。对于闭源模型，我们需要评估能否得到有效的、持续的技术支持和服务，包括能否满足定制化开发需求。对于开源模型，我们需要考虑大模型背后的社区活跃度和生态系统的完善程度，这有助于问题的快速解决和技术的持续进步。像 DeepSeek R1 采用 MIT 开源协议，人们就乐意选用。

4）迭代速度与更新：选择能够快速迭代和更新的大模型，以适应快速变化的技术和业务需求，这依赖于模型开发团队的实力。

5）硬件兼容性：确保所选大模型能够兼容公司现有的硬件设施（如 GPU/NPU、异构计算架构 CANN），或者在选择大模型时考虑硬件升级的成本。

6）法律与合规性：确保大模型的使用符合相关法律法规要求，特别是在数据保护和用户隐私方面。

以代码大模型为例，基于客观的评测来选择代码大模型，而客观的模型评测依赖于评测数据集。针对代码大模型的"模型性能与适用性"，存在多种评测数据集，我们可以选择其中 2～3 种数据集，针对特定的编程任务进行评测，然后基于评测结果来选择性能更好的模型。以下是一些具体的数据集，可用于对模型进行相对客观的评测。

1）HumanEval 是一个手写的、用于衡量由文档字符串合成程序的功能正确性的模型评估集，它包含 164 个精心设计的编程问题，每个问题都包括一个明确的函数签名、详尽的文档字符串、完整的函数体以及数个针对该函数的单元测试。

2）MBPP 基准测试包含 974 个编程问题，专注于评估模型在给定少量样本的情况下的代码生成性能。

3）APPS 数据集包含 10000 个编程问题，每个问题都配备了多个单元测试。其中 5000 个问题作为训练集，另外 5000 个问题作为测试集。APPS 旨在衡量大语言模型的编程能力。

4）MathQA-Python 基于原始的 MathQA 数据集转换而来，包含 23914 个问题，用于评估模型从更复杂的文本描述中合成代码的能力。

5）CodeApex 是由上海交通大学发布的大模型双语编程评估基准，旨在评估大语言模型的编程理解能力。

6）CodeFuseEval 是一个基于开源数据集与自研的企业级评测数据集构建的代码评测数据集，用于评估多种代码相关任务。

在评测结果对比方面，根据资料，模型的合成性能与其大小呈对数线性关系。最大的模型，即便没有在代码数据集上进行专门的微调，也能通过设计良好的提示词和少量样本学习，解决 MBPP 数据集中 59.6% 的问题。在 MathQA-Python 数据集上，经过微调的最大模型达到了 83.8% 的准确率。

这些数据集和评测结果对比为代码大模型的性能评估提供了量化的视角，帮助研究者和开发者了解不同模型在代码生成任务上的表现和潜在的应用前景。

综合上述因素，企业可以选择最适合自己业务需求和预算的大模型进行微调，以实现最佳业务效果。

3.5 如何选择第三方 API 服务

在软件开发中应用大模型时，若选择第三方 API 服务，需要综合考虑多个因素，包括但不限于性能、成本、服务稳定性、安全性、易用性以及供应商的专业性等。以下是选择第三方 API 服务的具体建议。

1）性能考量：评估 API 的性能，包括响应时间、并发处理能力和准确性。

可以通过试用服务、查看用户评价或参考性能测试报告来了解。

2）成本效益分析：对比不同服务提供商的定价模式和计费标准，选择性价比最高的服务。注意是否有隐藏费用或超出使用限额的高额费用。

3）服务稳定性与可靠性：了解服务提供商的服务质量保证，包括服务水平协议（SLA）和故障恢复能力。

4）安全性与合规性：确保 API 服务提供商能够提供符合国家法律法规的数据保护和隐私保障措施，并确认 API 服务已经通过相关管理办法的备案，确保服务的合规性。

5）易用性与文档：选择提供清晰文档、快速接入指南和强大技术支持的 API 服务，以便快速集成到现有系统中。

6）供应商的专业性与社区支持：选择有良好声誉、有专业团队和活跃社区支持的供应商，这有助于问题的快速解决和技术的持续进步。

7）定制化与扩展性：根据具体业务需求，评估 API 服务是否支持定制化开发和易于扩展。

8）多语言与多模态能力：如果业务需求涉及多语言或多模态交互，选择支持这些功能的 API 服务。

9）算力与资源：考虑 API 服务提供商的算力与资源，是否能够支持大规模的数据处理需求，特别是在需要大量并发请求时。

10）行业应用案例：参考行业内其他企业的应用案例，了解 API 服务在实际应用中的表现。

11）试用与评估：在最终决定之前进行试用评估，亲自体验 API 服务的性能和适用性。

12）长期合作潜力：考虑与 API 服务提供商建立长期合作关系的可能性，以获得更持续的技术支持和服务。

通过上述步骤，可以选择最适合企业特定需求和预算的第三方 API 服务。重要的是要进行综合评估，而不仅仅局限于某一方面。

3.6 | 如何应对安全问题

在软件开发中应用大模型时，安全是一个至关重要的考量。我们可以借鉴过去积累的一些系统安全实践：快速故障转移、资源具备高弹性或韧性；实施严格的访问控制机制，确保只有授权用户才能访问 LLM 的 API 和相关数据；使用版本控制系统来管理大模型的不同版本，这样在出现问题时可以回退到之前的稳定版本。以下是一些应对安全问题的建议。

1）数据隐私保护：这是大家最为关注的，我们应确保所有敏感数据都得到了妥善处理，避免泄露。使用加密技术保护敏感数据的传输和存储，并遵循相关数据保护法规（如我国的《个人信息保护法》和欧盟的 GDPR 等），仅收集和存储业务所必需的数据，避免过度收集用户信息。

2）模型和数据隔离：将敏感数据处理与模型训练隔离，以降低数据泄露风险。

3）数据和模型的备份：定期备份模型参数和训练数据。使用云服务提供商的备份解决方案或本地备份系统，确保在灾难发生时可以快速恢复，利用运维智能体和自动化工具来提高灾难恢复的效率和准确性。智能体可以自动执行复杂的恢复任务，减少人工干预。

4）安全审计：配置日志系统记录关键操作和错误信息，定期进行安全审计，检查 API 使用情况和数据处理流程，确保没有安全隐患，包括定期评估异常检测系统的有效性、根据最新的威胁情报调整检测策略。

5）模型鲁棒性：测试 LLM 以确保其对对抗性输入和潜在攻击具有鲁棒性，防止恶意利用。例如通过引入对抗性样本进行训练，训练模型以识别和抵御对抗性攻击。通过多样化的训练数据提高模型的泛化能力，使其在面对未见过的数据时仍能保持稳定的性能。

6）合规性检查：遵守国家法律法规，如《个人信息保护法》《网络安全法》等，确保软件开发和大模型应用符合法律要求。

7）透明度和可解释性：提高模型的透明度和可解释性，帮助开发者和用户理解模型的行为，及时发现潜在的安全问题。

8）安全培训：对团队成员进行安全意识培训，确保他们了解潜在的安全风险及防范，并要求开发人员采用安全编码实践，避免常见的安全漏洞，如缓冲区溢出、注入攻击等。

9）异常检测和监控：部署异常检测系统，监控 API 使用模式，及时发现并响应异常行为，如 API 滥用、异常访问模式等，利用机器学习算法分析用户行为，识别出偏离正常模式的行为或提高检测的准确性；合理设定阈值，以区分正常波动和真正的异常行为，减少误报。详细记录系统和用户的活动日志，便于事后分析和审计。持续监控模型性能，确保其按预期运行，没有被恶意利用，在检测到异常时，自动化响应系统可以采取措施，如限制访问、触发警报等。建立用户反馈机制，让用户报告可疑行为，作为异常检测的补充。

10）定期更新和补丁管理：定期更新模型和相关软件，应用安全补丁，防止利用已知漏洞的攻击。

11）灾难恢复计划：制定灾难恢复计划和备份策略，确保在数据泄露或其他安全事件发生时可以快速恢复。

12）第三方安全评估：考虑聘请第三方安全专家对 LLM 应用进行评估，查找可能的安全隐患。

13）用户身份验证：实施强大的用户身份验证机制，如多因素认证（MFA），增加安全性。

14）最小权限原则：遵循最小权限原则，确保用户和系统组件只拥有完成其任务所必需的最小权限。

15）供应链安全：定期检查第三方模型和组件的安全性，避免使用已知存在安全问题的模型，确保所有第三方模型、组件及其依赖都是安全的，并且来自可信的源。

16）安全配置：确保所有系统和服务都按照最佳安全实践进行配置，包括定期对系统进行加固和更新防火墙的配置、采用强密码策略、设定账户锁定机制和遵守最小权限原则。

17）应急响应计划：制定并实施应急响应计划，以便在发生安全事件时迅速采取行动，关键业务流程可以持续运行或迅速恢复。

18）法律和伦理考量：确保LLM的应用符合法律和伦理标准，特别是在生成内容或提供决策支持时。

19）持续监控：持续监控安全态势，及时了解最新的安全威胁和漏洞信息。

通过综合这些措施，可以大大降低在软件开发中应用大模型的安全风险。重要的是持续关注安全领域的最新动态，并适时更新安全策略和措施。

第 4 章 软件工程 3.0 的核心能力建设

在第 2 章中，我们探讨了软件工程 3.0（SE 3.0）时代的软件研发新范式，即模型驱动开发和运维。这要求我们首先要训练、部署好自己的大模型，然后才能进行需求分析、设计、编程和测试等工作，因此，在 SE 3.0 时代，掌握大模型应用能力非常重要。大模型应用能力其实就是 SE 3.0 的核心能力，除了大模型自身的性能，我们还可以通过提示工程、知识增强、数据增强等方法提升整体模型能力。本章将讨论如何构建 SE 3.0 的核心能力。一旦建设好这些核心能力，基于 LLM 的软件研发将水到渠成，也能更明显地看到 LLM 带来的效益。

那么，软件工程 3.0 的核心能力包括哪些方面呢？我们可以从简单且见效快的技术入手，逐步深入更复杂的技术。因此，我们将软件工程 3.0 的核心能力或技术分为以下几类。

- 提示工程能力

- RAG 技术

- 智能体技术

- 数据治理能力

- 模型工程能力

- 安全治理能力

接下来，我们将逐一讲解这些能力，以构建大模型应用的坚实基础。

4.1 提示工程能力：高效驾驭大模型

提示词是指在与大模型进行交互时向模型提供的输入信息，用于引导模型输出。它可以是一个问题、一段描述、一个指令或其他形式的文本，旨在激发模型响应并生成所需的答案或相关内容。例如，当我们向大模型提出"今天天气怎么样？"这个问题时，"今天天气怎么样？"就是一个提示词，它引导模型提供当天的天气信息。

提示工程是指设计和优化提示词的一系列框架、方法和实践，促使模型生成更相关、准确或更具创意和洞察力的内容，从而提升大模型的性能和输出质量。提示工程的目标是通过选择合适的提示词、组织提示词的结构和顺序、使用适当的语言表达方式等，引导模型更好地理解用户的意图，提供更准确、有用的回答。它涉及对任务需求的理解、对模型能力的认识以及对提示词的精心构建和调整。

提示工程在大模型应用中扮演着基础而关键的角色，其重要性主要体现在以下几个方面。

1）引导模型输出，增强模型可控性。提示词是与大模型交互的关键，它决定了模型的思考方向和输出内容。通过精心设计的提示词，可以引导模型生成符合预期的回答，解决特定问题或完成特定任务，同时最大限度减少 token 数、降低成本。

2）提高模型性能。合理的提示词可以充分发挥大模型的能力，提高模型的准确性、可靠性和效率。通过优化提示词，可以减少模型的困惑和误解，增强模型的泛化能力和适应性。

3）拓展模型应用场景。提示工程可以使大模型应用于更多领域和场景。通过为不同任务和需求设计相应的提示词，模型能够完成文本生成、语言翻译、问答系统、情感分析等多种任务。

4）改善用户体验。清晰、准确的提示词可以帮助用户更有效地与大模型交互，获得满意的答案和解决方案。良好的提示工程能够提高用户对大模型的信任和满意度，促进大模型的广泛应用。

5）探索模型能力边界。通过尝试不同的提示词和提示工程方法，可以深入了解大模型的能力和局限性。这有助于研究人员和开发者不断改进和优化模型，推动大模型技术的发展。

4.1.1 提示词要素与框架

一般而言，提示词可以用自然语言表达，只要能够清晰地传达意图，就能通过大模型获得基本结果。但是，这些结果可能不够准确，格式也可能不尽如人意，或多或少存在一些缺陷。为了获得更优的结果，我们需要理解提示词的结构与要素，在实际应用中可以将其设置为合适的模板，从而更方便和快捷。例如，提示词通常包含以下四个基本元素（ICIO），如图4-1所示。

1）指令（Instruction）：这是大模型执行具体任务的指示或说明，明确告诉大模型要完成的任务，由用户显式输入。在软件工程领域，如代码生成、代码解释、测试生成等具体要求，为大模型提供了相应的方向和重点。

2）上下文（Context）：这是对当前具体问题背景的描述，包括与大模型之前交互的内容，不需要在提示词中说明，大模型具备一定的短记忆能力，可以视为隐式的上下文。在软件工程领域，上下文可能包括代码调试时相关变量的值和状态、错误修复时控制台输入的错误日志和堆栈信息等。

3）输入数据（Input Data）或少样本示例：提供输入、输出示例。通过提供若干具体的输入和输出示例，可以让大模型更好地理解任务的要求和期望的输出形式，从而提高结果的准确性和质量。

4）输出指标（Output Indicator）：对输出内容格式等的要求，例如要求以Markdown格式或表格形式输出。

以上要素构成了ICIO框架，它主要关注任务的明确性和输出的格式，适用于需要明确指导大模型完成特定任务的场景。我们再列举几个应用在不同场景下的常用框架。

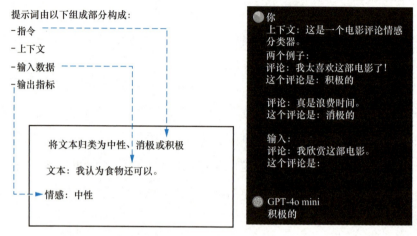

图 4-1　提示词框架 ICIO 示意图

1. CRISPE 框架

CRISPE 框架由 6 个单词的首字母构成，分别代表下列 6 个要素。

- 技能和角色（Capacity and Role）：指定大模型要扮演的角色以进行互动，如架构师、开发人员、测试工程师或业务系统中的用户角色等。

- 背景（Insight）：大模型扮演该角色的背景，如扮演网上商城系统的买家，目的是从商场购买商品等。

- 任务陈述（Statement）：明确大模型要执行或完成的任务。

- 个性化（Personality）：指导大模型以何种风格、方式、格式回答。

- 实验（Experiment）：请求大模型提供多个输出结果或示例（可选）。

CRISPE 更注重大模型扮演的角色、背景和多样化输出，特别适用于挖掘用户使用场景，生成用例图、用户故事及其验收标准等，因为用户行为需要基于明确且特定的角色，从而获取更专业的答案。此外，通过模拟不同角色，可以拓宽思路，产生更多可能的结果（多样化输出），有助于提升覆盖面和挖掘更多潜在信息。

> **提示词：**
>
> - Capacity and Role：作为一个网上商场（如京东商城）的 Plus 买家；
> - Insight：Plus 买家有一个特别优惠的价格和其他一些福利（如每月免 6 次运费）；
> - Statement：针对购物环节，写出用户故事及其验收标准；
> - Personality：验收标准用场景、GWT 格式来表达，整个结果用表格输出；
> - Experiment：输出两次结果。

> **GPT-4o mini**
>
> 以下是针对网上商场（如京东商城）Plus 买家购物环节的用户故事及其验收标准，采用场景和"给定、当、然后"（GWT）格式呈现。

用户故事	验收标准
作为一个 Plus 买家，我希望能够享受特别优惠的价格，以便我能以更低的成本购买我需要的商品。	**场景**：Plus 买家在商品页面查看价格。\<br\> **给定**：Plus 买家已登录账户且为 Plus 会员。\<br\> **当**：Plus 买家浏览商品页面时，\<br\> **然后**：系统显示的价格应为 Plus 买家专属的优惠价格，且与普通买家价格有明显区别。
作为一个 Plus 买家，我希望能够享受一个月免运费的福利，以便我可以节省运费。	**场景**：Plus 买家在结账时选择配送方式。\<br\> **给定**：Plus 买家在一个月内未使用过免运费的优惠。\<br\> **当**：Plus 买家选择结账并进入支付页面时，\<br\> **然后**：系统应自动应用免运费优惠，并在运费栏显示"免运费"字样。

用户故事	验收标准
作为一个 Plus 买家，我希望能够轻松找到所有适用于 Plus 会员的商品，以便我能利用我的会员权益。	**场景**：Plus 买家在首页浏览商品。\<br\> **给定**：Plus 买家已登录账户。\<br\> **当**：Plus 买家在首页选择"Plus 专享"分类时，\<br\> **然后**：系统应展示所有适用于 Plus 会员的商品，并标注"Plus 专享"标签。
作为一个 Plus 买家，我希望能够在购物车中看到我的会员优惠信息，以便我确认我获得的优惠。	**场景**：Plus 买家查看购物车。\<br\> **给定**：Plus 买家已将商品添加到购物车。\<br\> **当**：Plus 买家进入购物车页面时，\<br\> **然后**：系统应显示每个商品的会员优惠信息，包括优惠后的价格和运费信息。

2. ROSES 框架

再来看 ROSES 框架。它适合于软件工程的其他场景应用,将交互细分为 5 个核心部分,以确保清晰、有目的的交流。

1)角色(Role):与 CRISPE 框架中的 Capacity and Role 相同。

2)目标(Objective):描述想要实现的目标或大模型需要完成的任务。

3)场景(Scenario):提供与请求相关的背景信息或上下文。

4)预期解决方案(Expected Solution):描述期望的解决方案或结果。

5)步骤(Steps):询问实现解决方案所需的具体步骤或操作。

> **你**
>
> Role:假设你是一位软件开发团队的架构师,负责系统的技术架构设计
> Objective:完成某证券机构的私有云系统的架构设计
> Scenario:这个私有云上要部署股票交易系统,要支持 2000 万用户的使用
> Expected Solution:期望这个私有云具有良好的性能、韧性和可伸缩性
> Steps:请给出完成这个私有云系统的架构设计具体步骤,包括每个步骤的注意事项和交付成果
>
> **GPT-4o mini**
>
> 以下是为某证券机构设计私有云系统架构的具体步骤,包括每个步骤的注意事项和交付成果。
>
> **步骤 1:需求分析**
> - 注意事项:
>   - 确定系统的功能需求(如交易、查询、报告等)。
>   - 识别非功能需求(如性能、可用性、安全性等)。
>   - 与利益相关者沟通,确保需求的准确性和完整性。
> - 交付成果:
>   - 需求文档,包含功能和非功能需求的详细描述。

步骤 2：架构设计
- 注意事项：
  - 选择合适的架构风格（如微服务架构、事件驱动架构等）。
  - 确保架构设计支持高可用性和负载均衡。
  - 考虑数据存储方案（如关系型数据库、NoSQL 等）。
- 交付成果：
  - 架构设计文档，包含系统组件、数据流、服务接口等图示。

步骤 3：技术选型
- 注意事项：
  - 选择适合的云平台和虚拟化技术（如 OpenStack、VMware 等）。
  - 确定编程语言、框架和工具（如 Spring Boot、Docker、Kubernetes 等）。
  - 考虑安全性和合规性要求。
- 交付成果：
  - 技术选型文档，列出所选技术及其理由。

步骤 4：性能和可伸缩性设计
- 注意事项：
  - 设计负载均衡策略，确保系统能够处理高并发请求。
  - 规划自动扩展机制，根据流量动态调整资源。
  - 进行性能测试，识别瓶颈并优化设计。
- 交付成果：
  - 性能和可伸缩性设计文档，包含负载均衡和扩展策略。

步骤 5：安全设计
- 注意事项：
  - 设计身份验证和授权机制，确保用户数据安全。
  - 考虑数据加密和传输安全（如 SSL/TLS）。
  - 进行安全审计和合规性检查。
- 交付成果：
  - 安全设计文档，包含安全策略和实施细节。

步骤 6：部署和实施计划
- 注意事项：
  - 制订详细的部署计划，包括时间表和资源分配。
  - 确保系统的监控和日志记录机制到位。
  - 进行灾难恢复和备份策略的设计。
- 交付成果：

○ 部署和实施计划文档，包含步骤、时间表和责任分配。

步骤 7：文档和培训

- 注意事项：
  ○ 编写用户手册和技术文档，确保团队成员能够理解系统。
  ○ 提供培训和支持，帮助用户熟悉新系统。
- 交付成果：
  ○ 用户手册和技术文档，培训材料。

步骤 8：监控和优化

- 注意事项：
  ○ 实施监控工具，实时跟踪系统性能和用户行为。
  ○ 定期评估系统性能，进行必要的优化和调整。
- 交付成果：
  ○ 监控报告和优化建议文档。

通过以上步骤，可以确保私有云系统的架构设计具备良好的性能、韧性和可伸缩性，满足 2000 万用户的使用需求。

类似的框架比较多，数量接近 20 个。感兴趣的读者可以在线搜索相关资源。

4.1.2 提示词的思维链和思维树

思维链（Chain of Thought，CoT）是大语言模型提示工程中的一个重要概念，旨在通过引导模型逐步推理和生成答案，提升其处理复杂任务的能力。CoT 通过将问题分解为一系列逻辑步骤或推理过程，帮助模型在生成最终答案前逐步思考和推导。这种方法模仿了人类的思维过程，使模型能够更深入地理解问题的上下文和细节。具体应用时，主要关注以下 3 个要点。

1）分解问题：将复杂问题拆解为多个简单的子问题，逐步引导模型进行思考。例如，在解决数学问题时，可以先询问模型每一步的计算过程。

2）提供示例：在提示中包含示例，展示如何通过思维链进行推理。这有助于模型学习如何处理类似问题。

3）使用明确的指令：在提示中使用清晰的语言，指示模型按照特定的步骤进行推理。例如，可以使用"首先""接下来""最后"等词汇来引导模型的思考顺序。

你

计算24点扑克牌游戏：随机抽出4张牌（即4个数字），用加减乘除来计算出24点，但每张牌都要用上且只能用一次。思维链（CoT）是：现在抽出的4张牌是（4,9,10,13）。首先用其中两张牌（两个数字）做减法：13-9=4，再用另外两张牌做减法（10-4=6），最后我们就能得出4×6=24，满足24点要求。但不同的数字，加减乘除的次序是不一样的。

现在给出新的4张牌（1,3,7,9），请计算出24。

GPT-4o mini

为了用（1,3,7,9）这4张牌计算出24点，并且每张牌都只能用一次，我们可以通过以下思维链（CoT）进行逐步推理。

思维链推理过程

1. **观察牌面数字**：我们有1，3，7，9这4张牌
2. **选择运算方式**：
   - 进行除法：9÷3=3
   - 然后，将剩下的数字进行加法：1+7=8
3. **结合结果进行乘法**：
   - 最后，将两个结果相乘：3×8=24

最终得出的方法

整理下来，我们通过以下步骤计算出24点：

1. 9÷3=3
2. 1+7=8
3. 3×8=24

因此，使用这4张牌确实可以得到24点！

思维链不仅适用于解决数学问题，也可用于处理逻辑问题，思维链可以引导模型逐步分析条件和结论之间的关系。在复杂的文本理解任务中，思维链可以帮助模型逐步提取信息，形成更准确的理解。例如，在利用因果图生成测试

用例时，我们可以设计一个 CoT 提示词模板来辅助测试人员提供有效的提示词。因果图生成地铁充值程序测试用例的思维链如下。

> 🔵 **你**
>
> 　　1）首先明确原因（有哪些条件）以及条件之间的关系：例如只接收 5 元或 10 元纸币，两个条件还是排斥的；还有第 3 个条件，即插入正确的充值卡。
> 　　2）再找出所有结果：只有卡正确且塞入 5 元或 10 元纸币时，充值成功，否则（卡不对或纸币数额不对）吐出纸币且充值失败、超时充值失败。
> 　　3）通过条件与结果之间的"是、非、或、与"等关系，明确条件和结果之间的关系，即找出什么样的输入条件组合会出现哪种输出结果，画出因果图。
> 　　4）把因果图转换成判定表（决策表）。
> 　　5）为判定表中每一列表示的情况设计测试用例。
> 　　上面是因果图设计测试用例的思维链，请为地铁充值程序设计测试用例。
>
> 🟢 **GPT-4o mini**
>
> 　　为地铁充值程序设计测试用例，我们可以依照所提供的思维链，逐步进行详细的条件与结果分析。以下是整个过程的分解。
>
> **1. 明确原因以及条件之间的关系**
>
> 条件：
>
> - 条件 A：插入正确的充值卡（正确/错误）
> - 条件 B：插入 5 元纸币（是/否）
> - 条件 C：插入 10 元纸币（是/否）
>
> 条件关系：
>
> - 充值必须满足：充值卡正确且至少插入 5 元或 10 元纸币。
> - 条件 B 和条件 C 是排斥的（不能同时插入 5 元和 10 元纸币）。
> - 如果充值卡不正确，或者纸币数额不对，即使插入了正确面额的纸币也会导致充值失败。
>
> **2. 找出所有结果**
>
> 结果：
>
> - 结果 1：充值成功
> - 结果 2：吐出纸币且充值失败（卡不对或纸币数额不对）
> - 结果 3：超时充值失败（如超出限制时间未完成操作）
>
> **3. 因果图（条件与结果的关系）**
>
> 　　在因果图中，我们可以表示如下：

- 条件A（插入正确的充值卡）：
  - 是 -> 继续判断
  - 否 -> 结果2（吐出纸币且充值失败）
- 条件B和条件C：
  - 纸币5元（条件B）：
    - 是 -> 结果1（充值成功）
    - 否 -> 继续判断
  - 纸币10元（条件C）：
    - 是 -> 结果1（充值成功）
    - 否 -> 结果2（吐出纸币且充值失败）
- 超时（与条件无关，额外的失败情况）：
  - 如果在操作过程中超时 -> 结果3（超时充值失败）

4. 转换成判定表（决策表）

条件/结果	A（正确卡）	B（插入5元）	C（插入10元）	充值成功	吐出纸币且充值失败	超时充值失败
1	是	是	否	是	否	否
2	是	否	是	是	否	否
3	是	否	否	否	是	否
4	否	是	否	否	是	否
5	否	否	是	否	是	否
6	否	否	否	否	是	否
7	是	超时	-	否	否	是
8	否	超时	-	否	否	是

5. 为判定表中的每一列设计测试用例

- 测试用例1：输入正确充值卡，插入5元纸币（期望结果：充值成功）
- 测试用例2：输入正确充值卡，插入10元纸币（期望结果：充值成功）
- 测试用例3：输入正确充值卡，不插入纸币（期望结果：吐出纸币且充值失败）
- 测试用例4：输入错误充值卡，插入5元纸币（期望结果：吐出纸币且充值失败）
- 测试用例5：输入错误充值卡，插入10元纸币（期望结果：吐出纸币且充值失败）
- 测试用例6：输入错误充值卡，不插入纸币（期望结果：吐出纸币且充值失败）
- 测试用例7：输入正确充值卡，未完成操作导致超时（期望结果：超时充值失败）
- 测试用例8：输入错误充值卡，未完成操作导致超时（期望结果：超时充值失败）

通过以上步骤，我们设计了一套全面的测试用例，以确保地铁充值程序在不同条件下的正确性和鲁棒性。

思维链（CoT）和少样本学习（Few-Shot Learning）是两种不同的提示工程策略，它们都旨在提高 LLM 的性能，但在应用方式和目的上存在显著差异。

- CoT 是一种提示策略，通过引导模型逐步推理和生成答案，展示出推理的每一步。它强调逻辑推理过程（通常会包含多个推理步骤），通过逐步推理，CoT 帮助模型更好地理解问题的上下文，使模型能够适应复杂任务，在复杂任务中更清晰地理解问题，减少错误，进而提高模型在复杂推理任务中的准确性和透明性（使推理过程更加可追溯，我们更容易理解模型是如何得出结论的）。

- 少样本学习是一种学习策略，模型在处理新任务时通过少量的示例（通常是 1～5 个），使模型能够快速适应新任务或新领域，帮助模型理解任务的格式和期望的输出。通过提供少量示例，模型可以学习如何处理特定类型的问题，而无需进行大量的训练。

CoT 是一种解决问题的方法，通过引入一系列连贯的语言序列（即思维链）来连接问题的输入和输出，以实现较好的效果。CoT 简单直观，能够应用到不同的领域，具有很高的通用性。然而，CoT 也存在一些局限性。

- 缺乏全局规划：只考虑单一推理路径，没有全局规划、前瞻或回溯能力，对于需要探索多种可能性或进行复杂规划的任务，其表现可能不佳。

- 对语义复杂问题表现不佳：对于语义较为复杂的问题，CoT 可能难以直接将其转化为数学方程，例如在某些数学问题中，模型可能难以直接根据语义生成正确的方程。

- 性能受模型规模影响：CoT 在小模型上的效果不佳，只有在较大规模的模型上才能发挥作用,且性能提升有限。

鉴于这些局限性,我们可以探索更强大的方法,如思维链(CoT)和强化学习(RL)的融合、思维树、思维图。由于思维图较为复杂,这里不作详细介绍,我们将重点介绍思维树。

CoT 和 RL 的融合可以提升模型的推理、反思和纠错能力,如新的推理模型(如 OpenAI 的 o 系列模型、DeepSeek R1、阿里巴巴的开源多模态推理模型 QwQ 等)都展现了强大的推理、反思或纠错能力,这些能力对于软件开发、测试等任务具有重要意义。

- ReAct(Reasoning and Acting)是一种将推理和行动相结合的方法。模型在每个步骤中先进行推理,然后根据推理采取行动,例如查询外部知识库、与环境交互等。通过这种方法,模型可以不断学习和适应环境,从而提高解决问题的能力。

- Reflexion 是一种通过自我反思来提高模型能力的方法。模型在每次尝试解决问题后会反思自身行为,并将反思的知识用于指导未来的行动。这种方法在需要试错和调试的任务中尤为突出,显著提高了模型的效率。

思维树(Tree of Thought,ToT)是一种允许 LM(语言模型)探索多个推理路径的范式。它将问题表示为对树的搜索,其中每个节点代表一个状态,即部分解决方案。思维树是一种全局规划(Global Planning)方法。除了思维树,还有一种名为"DME 框架"的全局规划方法。DME 框架通过"审议 – 调解 – 执行"(Deliberation-Mediation-Execution)三阶段建模,增强了 LM 的全局规划能力。其中,审议阶段负责生成多个候选方案,调解阶段评估和选择最佳方案,执行阶段则将选定的方案转化为具体行动。思维树有类似的过程,涉及 4 个基本问题。

- 问题分解：根据问题性质设计和分解中间思想步骤。

- 思维路径生成：从当前状态生成多个候选思维路径。有两种策略，一是从 CoT 提示中采样（适用于创造性写作等场景），二是使用"提议提示"（Propose Prompt）顺序提出（当思维空间受约束时）。前者在更大的自由空间中带来多样性，后者则在相同语境中提出不同想法，避免重复。

- 状态评估：评估候选思维路径对解决问题的贡献度。有两种策略，一是独立评估每个状态的值（基于前瞻模拟和常识，通过"价值提示"（Value Prompt）来评估状态并生成一个标量值或分类），二是跨状态投票（根据在投票提示中对不同状态的比较，选出一个"好"的状态）。

- 搜索算法：包括广度优先搜索（BFS）和深度优先搜索（DFS）。

ToT 能够分解复杂问题，并探索多个推理路径（即同时考虑多个潜在的可行计划）。通过回溯（提供价值估计）和前瞻进行更具全局性的决策，ToT 能做出更优的决策，如图 4-2 所示。ToT 同样具有灵活性、适应性和通用性。关于思维链、思维树和思维图（Graph of Thought，GoT）的对比，详见表 4-1。更多详细内容，可以参考本书参考资料提供的论文。

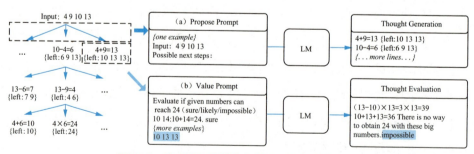

图 4-2　参考资料 [2] 给出的 24 点游戏的例子

表 4-1 思维链、思维树和思维图的对比

方法	优点	缺点
思维链（CoT）	• 引入了中间步骤的推理，显著增强了语言模型解决问题的能力 • 相对简单直观，易于理解和实现	• 只考虑单一的推理路径，缺乏对不同推理路径的探索 • 没有全局的规划、前瞻或回溯能力
思维树（ToT）	• 可以考虑多个不同的推理路径，通过回溯和前瞻进行更具全局性的决策 • 能够对问题进行更深入的探索，有助于找到更优的解决方案 • 相对灵活，可以根据问题的性质选择合适的搜索算法	• 树结构可能会限制推理的多样性，某些情况下可能无法充分探索所有可能的路径 • 可能需要更多的计算资源来进行搜索和决策
思维图（GoT）	• 能够建模任意图结构，实现更强大的提示能力，如聚合、提炼和生成等思维转换 • 可以结合中间解决方案的优势，消除劣势，适用于可自然分解为较小子任务并合并结果的问题 • 在延迟和吞吐量的权衡上表现出色，具有低延迟和高吞吐量的优势	• 实现和应用相对复杂，需要更精细的设计和管理 • 在某些情况下，可能会引入过多的复杂性，导致难以理解和解释

4.1.3 软件研发中的提示工程实践

在软件研发中，设计提示词时须结合各项工作的特点，正如我们经常说的：你是一个开发高手或测试高手，则你更能驾驭大模型为开发或测试服务，输出更符合期望的结果。提示工程是一个人机交互、不断优化改进的过程，使用越频繁，设计或输入的提示词就越有效。

以下是一些积累下来的大模型提示工程的优秀实践。

- 需要对任务进行深入分析，明确任务的目标、要求和限制。了解任务的背景和相关领域的知识，有助于设计更有效的提示词。
- 结合领域知识和专家经验，提供更有针对性的提示信息，有助于模型更好地理解任务的背景和要求，提高输出的质量和准确性。
- 从一个简单而简短的提示词开始，并从此进行迭代，包括使用输出片段来迭代和优化提示词。
- 尽可能在前面给出明确的、充分的上下文信息。
- 清晰、明确地表达，避免模糊的描述和指令。
- 将指令放在提示词的开头或结尾。在处理长上下文时，模型会应用各种优

化来防止注意力复杂度呈二次方增长。这可能会使模型更关注提示词的开头或结尾，而不是中间。

- 将指令与它们所应用的文本明确分开。
- 控制响应的长度和细节，对任务和期望的结果（格式、长度、风格、语言等）进行具体和描述性的说明。
- 调整风格和语气，倾向于使用说明"做什么"的指令，而不是那些说"不做什么"的指令。
- 通过为模型写出第一个单词（甚至第一句话）来"引导"输出朝着正确的方向发展。
- 尝试不同的措辞、不同的组合或顺序，观察哪些风格的提示词效果更好，从而改进提示词。
- 使用诸如少样本学习和思维链等先进技术。
- 对提示词进行版本控制并跟踪其性能。

下面分别以用户故事生成（需求）、序列图生成（设计）、代码生成（编程）等几种典型场景为例，阐述在软件研发的不同环节中常见提示词的应用，涵盖之前介绍的提示词结构、思维链和优秀实践等在实际场景中的具体应用方式。同样的提示词在不同大模型上的表现效果不一样，这里选择 GPT-4o mini 大模型。

1. 用户故事生成

 你

角色：你是一位资深的业务分析师。

上下文：正在开发在线教育 App，即课程讲师开设并提供课程，学生订阅课程学习。

输出要求：按照模板"我作为 ... 角色，通过做 ... 达到 ... 目的"，尽可能输出不同的用户故事，并合并成一张表格。

指令：生成课程讲师和学生互动的相关用户故事。

 GPT-4o mini

以下是关于课程讲师和学生互动的相关用户故事，按照模板"我作为 ... 角色，通过做 ... 达到 ... 目的"进行描述，并合并成一张表格。

角色	用户故事
课程讲师	我作为课程讲师,通过创建和发布课程内容,达到吸引更多学生订阅和学习的目的。
课程讲师	我作为课程讲师,通过与学生进行在线问答互动,达到提高学生对课程内容理解和参与度的目的。
课程讲师	我作为课程讲师,通过定期发布课程更新和补充资料,达到提升学生学习体验和满意度的目的。
课程讲师	我作为课程讲师,通过收集学生反馈和评价,达到优化课程内容和教学方法的目的。
学生	我作为学生,通过浏览课程讲师的个人资料和课程介绍,达到选择最适合自己的课程的目的。
学生	我作为学生,通过参与课程讨论区与讲师和其他学生互动,达到加深对课程内容理解的目的。
学生	我作为学生,通过查看课程讲师的直播讲座,达到实时获取知识和解答疑问的目的。
学生	我作为学生,通过在课程结束后提交反馈,达到帮助讲师改进课程质量和内容的目的。

这些用户故事涵盖了课程讲师和学生之间的互动,展示了他们对在线教育 App 的不同需求和目标。

2. 序列图生成

角色:你是一位资深的设计工程师。

上下文:正在开发在线教育 App,即课程讲师开设并提供课程,学生订阅课程学习。

输出要求:以 PlantUML 格式输出结果。

指令:生成课程讲师和学生互动的序列图,先按步骤进行分析,如考虑参加交互的人和系统组件,然后分析他们最常见的互动方式,再生成最终内容,一步一步地进行逻辑推理,确保结果正确。

GPT-4o mini

为了生成课程讲师和学生互动的序列图,我们将按照以下步骤进行分析。

步骤 1:确定参与者

在这个场景中,主要参与者包括:

- 课程讲师
- 学生
- 在线教育 App(系统)

步骤 2：确定交互方式

我们需要考虑课程讲师和学生之间的常见互动方式，包括：

1. 课程讲师创建课程
2. 学生浏览课程
3. 学生订阅课程
4. 课程讲师发布课程更新
5. 学生参与课程讨论
6. 课程讲师回答学生问题

步骤 3：确定交互顺序

根据上述交互方式，我们可以确定以下顺序：

1. 课程讲师创建课程并提交到在线教育 App
2. 在线教育 App 确认课程创建并通知课程讲师
3. 学生浏览课程列表
4. 学生选择课程并订阅
5. 在线教育 App 确认订阅并通知学生
6. 课程讲师发布课程更新
7. 学生查看课程更新
8. 学生在课程讨论区提问
9. 课程讲师回答学生的问题

步骤 4：生成 UML 序列图

根据以上分析，我们可以生成以下 UML 序列图内容：

```
@startuml
actor 课程讲师
actor 学生
participant 在线教育App

课程讲师 -> 在线教育App: 创建课程
在线教育App -> 课程讲师: 确认课程创建

学生 -> 在线教育App: 浏览课程列表
学生 -> 在线教育App: 选择并订阅课程
在线教育App -> 学生: 确认订阅

课程讲师 -> 在线教育App: 发布课程更新
在线教育App -> 学生: 通知课程更新

学生 -> 在线教育App: 提问
在线教育App -> 课程讲师: 转发问题
课程讲师 -> 在线教育App: 回答问题
在线教育App -> 学生: 显示回答
@enduml
```

3. 代码生成

代码补全（Code Completion）的提示词结构（黑色部分为自然语言，蓝色部分为变量，需要工具动态提取）如下：系统设定、任务提示、上下文输入、示例样本、用户指令等，如图 4-3 所示。

You are an expert programmer working on a {language} project in VSCode editor.	系统设定（System Prompt）
Given the following code before and after the cursor position, your task is to write a complete code snippet that is best suited to be placed between the existing code before and after the cursor. After inserting your code at the cursor, the whole code must be syntactically correct and directly executable without any modifications. No additional explanations or markdown symbols like ``` should be included.	任务提示（Task Prompt）
The code after the cursor: \`\`\`{language} {below_code} \`\`\` The code before the cursor: \`\`\`{language} {above_code} \`\`\` Here are some relevant code snippets from other files of the project: {% for snippet in local_similar_snippets %} \`\`\`{snippet.language} // filepath: {snippet.file_path} {snippet.code} \`\`\` {% endfor %}	上下文输入（Contextual Input）
Here are some similar code snippets: {% for snippet in local_similar_snippets %} \`\`\`{snippet.language} {snippet.code} \`\`\` {% endfor %}	示例样本（Few-shot Example）
Complete the exsiting code by inserting the code you write at the cursor (NEVER repeat the code after the cursor!): \`\`\`{language}	用户指令（User Instruction）

图 4-3　代码补全的提示词结构

4. 测试生成

一般来说，测试工作须规范严谨，逻辑清晰，具备良好的可解释性及高覆盖率。因此，我们可要求大模型展示完整过程，以生成更规范的测试结果。相应地，我们的提示词应包含更丰富的描述，对测试结果施加更多约束。下面是一个示例。

> 请遵守下列字段格式生成用例，尽可能采用不同的设计方法生成不重复的测试用例，从而达到高覆盖率：

| 用例 ID | 关联需求 | 标题 | 前置条件 | 输入数据 | 操作步骤 | 预期结果 | 优先级 | 测试方法 | 依赖用例 ID|

- 用例 ID：前三位是“BCM”，后 3 位从“001”开始自增。
- 关联需求：填写“催收策略制定与分配”。
- 标题：对本测试用例的概括，体现测试点、测试场景等。
- 前置条件：用例执行之前必须满足的条件。
- 输入数据：如果操作步骤一样，但输入数据不一样，在此列出。
- 操作步骤：测试执行的操作步骤，按先后次序描述。
- 预期结果：执行上述操作步骤后，期望得到的结果，不同的期望结果对应不同的输入。
- 优先级：取值范围为[1、2、3]，越能找到缺陷，优先级越高，最高为 1，最低为 3。
- 测试方法：采用的测试设计方法，如等价类划分、边界值分析、条件组合等。
- 依赖用例 ID：本用例的执行依赖于某用例的成功执行，这里列出“某用例”的用例 ID。

```

生成的结果如图 4-4 所示。

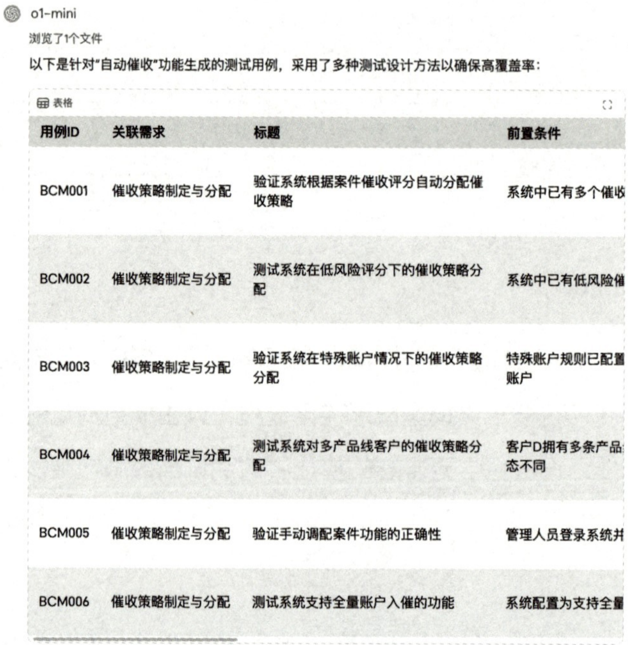
o1-mini

浏览了1个文件

以下是针对“自动催收”功能生成的测试用例，采用了多种测试设计方法以确保高覆盖率：

表格

| 用例ID | 关联需求 | 标题 | 前置条件 |
|---|---|---|---|
| BCM001 | 催收策略制定与分配 | 验证系统根据案件催收评分自动分配催收策略 | 系统中已有多个催收 |
| BCM002 | 催收策略制定与分配 | 测试系统在低风险评分下的催收策略分配 | 系统中已有低风险催 |
| BCM003 | 催收策略制定与分配 | 验证系统在特殊账户情况下的催收策略分配 | 特殊账户规则已配置账户 |
| BCM004 | 催收策略制定与分配 | 测试系统对多产品线客户的催收策略分配 | 客户D拥有多条产品态不同 |
| BCM005 | 催收策略制定与分配 | 验证手动调配案件功能的正确性 | 管理人员登录系统并 |
| BCM006 | 催收策略制定与分配 | 测试系统支持全量账户入催的功能 | 系统配置为支持全量 |

图 4-4　生成结果（1）
```

把上述表格右边完全展示出来，如图 4-5 所示，达到我们事先所要求的格式。

前置条件	输入数据	操作步骤	预期结果	优先级	测试方法	依赖用例ID
系统中已有多个催收评分模型配置	案件A的评分结果为高风险	1. 进入自动催收模块 2. 系统读取案件的评分 3. 根据评分自动匹配催收策略 4. 将案件A分配到相应催收队列	系统正确匹配高风险催收策略，并将案件A自动分配到对应的高风险催收队列	1	等价类划分	无
系统中已有低风险催收策略配置	案件B的评分结果为低风险	1. 进入自动催收模块 2. 系统读取案件的评分 3. 根据评分自动匹配催收策略 4. 将案件B分配到相应催收队列	系统正确匹配低风险催收策略，并将案件B自动分配到对应的低风险催收队列	2	边界值分析	BCM001
特殊账户规则已配置，案件C属于特殊账户	案件C的账户类型为特殊账户	1. 进入自动催收模块 2. 系统识别案件C为特殊账户 3. 根据特殊账户策略自动分配催收策略 4. 将案件C分配到特殊催收队列	系统识别特殊账户并正确应用特殊催收策略，将案件C分配到特殊催收队列	1	条件组合测试	BCM001
客户D拥有多条产品线，且各产品线状态不同	客户D的多账户信息	1. 进入自动催收模块 2. 系统读取客户D的所有账户信息 3. 根据各账户的评分与策略匹配催收策略 4. 合并案件并分配到适当催收队列	系统正确处理多产品线客户，根据各账户评分综合匹配催收策略，将客户D的所有账户合并分配到适当的催收队列	3	等价类划分	BCM001
管理人员登录系统并具备手动调配权限	需要调配的案件E	1. 管理人员进入催收管理模块 2. 选择案件E 3. 手动选择催收策略或催收员 4. 确认分配	系统允许管理人员手动选择并正确分配催收策略或指定催收员	2	功能测试	BCM001
系统配置为支持全量账户入催	客户F的所有账户均符合入催条件	1. 启动全量账户入催功能 2. 系统扫描并识别所有符合条件的账户 3. 自动将符合条件的账户加入催收队列	系统成功将所有符合条件的账户自动加入催收队列，且每个账户均显示在催收工作台中	1	边界值分析	BCM001

图 4-5　生成结果（2）

提示工程并非单纯的自动化流程，而是人机协作和深度融合的过程。人类的直觉和判断力可以在提示词设计和优化中发挥重要作用，与模型能力相互补充，提高整体性能。例如，在需求分析相关任务中，需要我们引导大模型逐步细化，不断分解特性和功能，此时人的引导作用很重要。

总之，提示工程在大模型应用中起着至关重要的作用。它是我们与大模型进行有效交互的关键，有助于提升大模型性能并拓展应用场景。

4.2 | RAG 技术：利用已有数字资产

大语言模型在处理特定领域或知识密集型任务时仍然存在一些显著的局限性。例如，当面对超出其训练数据或需要查询即时信息时，这些模型容易产生"幻觉"，同时还面临过时知识和不可追溯生成过程等问题。检索增强生成（Retrieval-Augmented Generation，RAG）技术能够有效地解决这些问题，提高大模型输出的准确性和可靠性，因此得到了广泛应用。

RAG 技术通过计算语义相似性，从外部知识库检索相关文档块，以此增强大语言模型的准确性，有效缓解了大模型产生幻觉（生成不正确内容）的问题。

近年来，RAG 技术迅速发展，并呈现出几个明显的演化阶段特征。最初，RAG 的兴起与 Transformer 架构的发展密切相关，专注于通过预训练模型（PTM）来增强大语言模型。伴随着大语言对话模型的出现，LLM 展现了强大的上下文学习（ICL）能力，RAG 研究逐渐转向在推理阶段为 LLM 提供更优质的信息，以应对更复杂的、知识密集型任务。

4.2.1 RAG 介绍

RAG 技术结合了信息检索和生成模型的优势，通过从外部知识库检索相关文档块，增强大语言模型的生成能力。其基本流程包括两个主要步骤：首先，利用检索模型从知识库中获取相关信息；其次，将这些信息输入生成模型，以生成更为准确和上下文相关的回答。图 4-6 展示了 RAG 技术的工作流程。

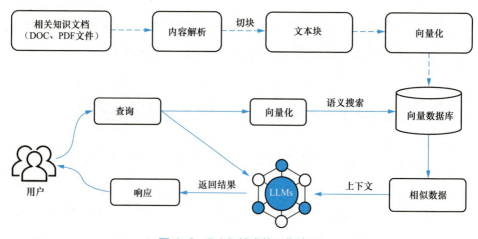

图 4-6　RAG 技术的工作流程

在大模型中，向量化或称向量表示，指的是将某种类型的输入数据（如文本、图像、声音等）转换为在高维向量空间中的数值表示（通常是浮点数数组）。向量中的每个维度代表输入数据的某种抽象特征或属性，高维意味着分辨率高，能区分细微的语义差异。向量化的目的是将实际的输入转化为一种格式，以便计算机能够更有效地处理和学习。

对于大型文档或者超长代码函数，直接处理可能会因为模型的输入限制（如 token 数量限制）而变得不可行。在这种情况下，需要将大文档分割成更小的部分，也就是"切块"，其目的是使每块文本的大小适合模型处理，同时文本块（Text Chunk）应尽可能保持语义的完整性，尽量减少上下文信息的丢失。通过切块将文本或者代码函数分块转化为向量，这些向量能更好地展示深层次的语义信息，以便文本和代码之间的比较、分析和搜索。

RAG 技术的有效性依赖于多个关键环节的优化，包括内容解析方法、文本切块策略、向量化方法、向量数据库的选择和用户反馈机制。合理设计并实施这些环节，可以显著提升 RAG 系统的性能和用户体验。

1）已有的数据资产（即原始数据）可能是各种需求文档、设计文档等，我们需要对输入文档进行解析，以提取文本内容。针对不同格式的文件，可采用相应的解析库（如 Apache Tika、PDFBox、Docx4j、BeautifulSoup、lxml 等），从文档中提取文本、元数据等信息。对于扫描的文档或图像格式文件，则运用 OCR 技术将图像中的文字转化为可编辑的文本。

2）将解析后的文本分割成较小的文本块，以便后续处理和检索。每个文本块可独立进行向量化（Embedding）和检索，包括建立索引。切块有不同的策略，包括将文本按照段落、句子、固定长度（如每块 200 个字符）、文本中识别出来的主题或语义单元等进行切块。还可采用递归分块，即使用一组分隔符，以分层和迭代的方式将输入文本划分为更小的块。

3）将文本块转换为向量表示。这一步通常使用预训练的语言模型，将文本块转化为高维向量，并存储于向量数据库中，从而支持高效的相似性检索（相似性计算），即向量数据库能够快速查找与查询向量相似的文本块。

4）用户输入查询时，系统通过将查询转化为向量，进行相似性检索，找到最相关的文本块。若对知识进行拆分和组织，可进一步提高检索效率；而采用多库推荐、精细检索与规则校验，则能提升检索的准确性和效果。

5）以检索到的文本块作为上下文，生成最终响应或答案。系统将生成的结果返回给用户。

其中向量化是比较关键的技术，向量化技术的发展也促进了大模型的发展，如图4-7所示，目前主要使用如下向量化技术。

- 使用预训练的词向量化模型（如Word2Vec、GloVe）将文本块中的单词转换为向量，然后通过平均或加权求和得到文本块的向量表示。例如GPT（Generative Pre-trained Transformer，生成式预训练变换器）能够生成高质量的文本，适用于文本生成和理解任务。

- 传统稀疏向量化（Traditional Sparse Embedding），即词汇匹配（Lexical Matching），是将文本映射成一个高维向量（维度一般指词汇空间大小），向量的大部分元素都是0，非零值表明token在特定文档中的相对重要性，只为那些输入文本中出现的token计算权重。典型模型如BM25（对TF-IDF的改进），非常适合关键词匹配任务。

- 密集向量化（Dense Embedding）将文本映射到一个相对低维的向量，所有维度均非零。相比传统稀疏向量化，其维度要低很多。例如基于BERT（Bidirectional Encoder Representations from Transformers）模型，默认维度为1x768，通过双向上下文理解生成文本的上下文向量，Sentence-BERT则使用句子向量化模型将整个文本块转换为向量，能够更好地捕捉句子的语义信息。典型模型如BGE-v1.5，所有维度均非零，包含丰富的语义理解信息，因此特别适用于语义搜索任务。

- 多向量检索（Multi-vector Retrieval）通过使用多个向量来表示一段文本，作为对密集检索（Dense Retrieval）的一种扩展，如 ColBERT 能够更全面地捕捉文本的多维信息。这些技术的结合与发展，显著提升了信息检索系统的准确性和效率。

- 学习型稀疏向量化（Learned Sparse Embedding）则融合了传统稀疏向量化的精确度与密集向量化的语义丰富性，通过深度学习模型"学习"相关词元的重要性，即便是未曾出现过的词元，也能生成"学习型"稀疏表示，从而有效地捕捉查询和文档中的关键词。

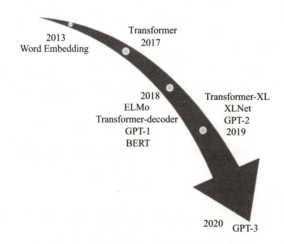

图 4-7　向量化技术发展的简要历史

向量数据库用于存储和检索嵌入向量，其内容可以简单概括为 {key, value} 这种形式，其中 key 是指向量化后的向量，value 是指需要返回的数据。因此，在确定好 key 之后，value 可以根据需要自行决定。例如在文本搜索中，key 往往是文本片段，value 则可以是整篇文章。这样就满足了搜索输入时是片段描述，返回的是最相似的文章的需求。向量数据库通过比较向量之间的距离来判断它们的相似度。其主要思想是通过两种方式提高搜索效率：①减小向量大小，如降维或者缩短表示向量值的长度等；②缩小搜索范围，通过构建树形或图形结构并限制搜索范围。如下是常见的向量数据库。

- Annoy（Approximate Nearest Neighbors Oh Yeah），由 Spotify 开发的近似最近邻搜索库，适用于快速检索。

- Chroma，开源向量数据库，可以基于 Python 和 JavaScript 快速构建内存级 LLM 应用。

- Faiss（Facebook AI Similarity Search），一个高效的相似性搜索库，支持大规模向量检索，适用于高维数据。

- FlashRAG，作为一个开源框架，被认为是目前最全面且搭建最快速的 RAG 解决方案。

- Milvus，开源向量数据库，支持大规模向量存储和检索，适用于 AI 应用。

- Pinecone，云原生向量数据库，提供高效的向量检索服务，适合实时应用。

- Qdrant，面向下一代的生成式 AI 向量数据库，也具备云原生的特性。

- Weaviate，开源向量数据库，可以存储对象、向量，支持将向量搜索、结构化过滤与云原生数据库容错和可拓展性等能力相结合。支持 GraphQL、REST 和各种语言的客户端访问。

4.2.2　RAG 技术实践

在软件研发中，除了文档内容的切分，代码的切分方式也须特别关注。代码切分可以选择整体向量化，因为现在向量模型的 token 限制可以达到 1024 个，这对代码来说在 200 行左右，能够覆盖绝大多数函数体，在保证函数完整性的前提下可以直接进行全量向量化。对于超过 1024 个 token 的函数，可以自动截断，也可以按行切分成不同大小的函数片段，构建集合。对代码搜索来说，key 可以是代码片段，value 是整个代码函数。这在代码 RAG 中尤为常见，因为这里的 RAG 主要发挥 few-case 的作用，即通过少量的示例代码片段来引导模型生成完整的代码函数。

1. 向量化模型安装

目前国内较为通用的向量化模型主要有 M3E（Moka Massive Mixed Embedding）、BGE（BAAI General Embedding，基于 BERT 的语义向量模型）、BCE（Bilingual and Crosslingual Embedding）、GTE（General Text Embedding，一款多语种文本嵌入模型）等，均可以满足中英文场景下的向量化需求。

例如，GTE 的目标是能够生成跨语言对齐、适用于多种下游任务的高质量文本向量表示。这可以通过在多语种并行语料或大规模语义相似语料上进行对比学习来实现，让相似文本在向量空间中相互靠近，不相似文本则远离。同时，通过对 Transformer 的输出（token embedding）进行适当的池化（如 Mean-Pooling 或使用 [CLS] token 等），可以获得全局句子级或段落级的嵌入，以用于后续相似度计算或检索。这里以 M3E 作为参考进行流程介绍。

首先确保已经安装了 Docker 并下载了 M3E 向量化模型，然后进行下列操作。

1）构建 Docker 镜像：打开终端或者命令提示符，执行如下指令。

```
docker build -t m3e-embedding-server:latest.
```

这里的 m3e-embedding-server 是镜像的名称，latest 是标签，"."表

示当前目录。

2）运行 Docker 镜像：

```
docker run --gpus all -itd -p 10175:10201 \
--dns=8.8.8.8 --name your-image-name \m3e-embedding-server:latest
```

这里将宿主机端口 10175 映射到容器端口 10201。

3）测试服务：

```
POST http://ip:port/m3e/embedding
{
  "query": [" 你的名字是什么 "]
}
```

我们会收到一个包含 768 维向量的 JSON 响应。

2. 向量数据库安装

这里以 Qdrant 为例进行说明。首先确保已经安装 Docker 环境。

1）拉取 Qdrant 镜像：打开终端并执行以下命令，从 Docker Hub 上拉取最新的 Qdrant 镜像。

```
docker pull qdrant/qdrant
```

2）运行容器：基于已经拉取的镜像启动一个新的容器。

```
docker run -p 6333:6333 qdrant/qdrant
```

3）验证安装：打开一个新的终端并运行如下指令。

```
curl http://localhost:6333
```

如果收到 JSON 响应，就代表安装成功。

3. 搜索服务的实现

搭建搜索服务需要将上述向量化服务和数据库服务等功能串联起来，其工作流程如图 4-6 所示，将查询输入向量化后，在向量数据库中进行搜索，返回的搜索结果作为上下文，再与查询中的提示词（Prompt）结合，提交给大模型，获得大模型的输出（响应）。对于代码 RAG，通常的输入是函数名、函数描述、函数片段等内容，将搜索出来的结果按照一定的顺序添加到提示词中合适的位置。

除了基础的搜索架构，RAG 服务还包含搜索后处理过程，如对搜索结果的重排序。常见的重排序算法有加权排序、倒数排名融合、专门的重排序模型（Re-ranking Model）等方式。其中加权排序和倒数排名融合更加倾向于将基于不同搜索方式的结果进行融合排序，常见于向量搜索和关键字搜索能力的融合。而重排序模型更适用于衡量搜索结果与输入之间的差异，该模型会将用户的查询和上下文作为输入，直接输出相似分数，即重排序模型输出的结果与查询之间相似程度的评分。

让搜索结果在大模型中发挥作用，最好是增加阈值设置，只对超过该阈值的搜索结果加以利用。我们往往会根据使用场景不同而设置不同的阈值范围，这里需要用户自行实践和判断。

4.3 | 智能体技术：构建行动与反馈之闭环

LLM 类似人的大脑，具备丰富的知识储备以及思维和推理能力，能输出内容，但不能实施动作，无法调用之前的开发工具或已有的 API，这导致 LLM 难以与传统的 CI/CD 流水线进行有效集成。为了充分利用已有的工具和工程能力，我们有必要引入智能体（AI Agent）。

智能体是人类长期以来努力构建的一类代理或实体，它们具备感知环境、制定决策并自主执行预设目标的能力。这些智能体的主要特征包括自主性、交互性和反应性，使其能够在多种操作和控制场景中协助人类完成各种复杂任务。智能体需要具备类似人类的智能特征和行为能力，如学习、推理、决策和执行能力，以便根据当前环境、状态和未来预期结果调整自身的行为策略，从而达成既定的目标。智能体相当于人类的手脚，其工作流程如图 4-8 所示。

图 4-8　智能体的工作流程

由图 4-8 可知，智能体的工作流程由"感知、规划、行动"循环构成，在感知阶段，智能体从环境中收集信息并从中提取知识。然后利用这些知识，针对特定目标进行规划，做出决策，用以指导行动。同时智能体在行动的过程中获得反馈，这种反馈可以是正向的，也可以是负向的，都是后续调整的依据。

4.3.1　基于 LLM 的智能体

可见，一个完整的智能体一定是与环境充分交互的。基于 LLM 构建智能体时，LLM 充当智能体的大脑，这意味着智能体可以借助 LLM 来理解用户的需求，并拥有足够的知识储备和一定的推理能力，获得做出合理决策的有力支持。智能体的行动则依赖于工具的使用。工具使用的核心理念是借鉴了"人类之所以是人类，因为他会使用工具"的观点。同样地，智能体也应当具备借助外部工具来扩展自身功能的能力，从而使其能够处理更加复杂多样的任务。因此，在基于 LLM 构建的智能体中，存在若干关键组件（如规划、记忆、工具使用等），它们通过协作完成复杂任务，如图 4-9 所示。

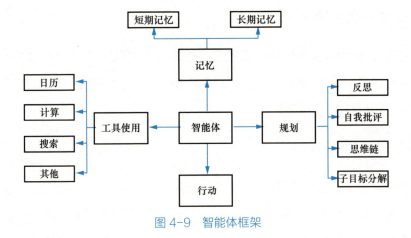

图 4-9　智能体框架

1. 规划（Planning）

前文介绍过思维链，下面介绍其他三个组件。

子目标分解：智能体通过将大目标或任务拆解为较小的、可管理的子目标，以便更有效地处理复杂的任务。这种方法不仅简化了任务执行的流程，还提高了任务完成的效率和准确性。

反思与自我批评：智能体能够对其历史行为进行反思和自我批评，从中汲取教训，并在随后的步骤中加以改进，从而提高最终结果的质量。这种自我调整机制使得智能体在处理类似任务时能不断优化表现。

2. 记忆（Memory）

短期记忆：上下文学习是利用模型的短期记忆来实现的，即通过最近的上下文信息进行学习和推理，从而在任务执行过程中保留和使用相关信息。

长期记忆：智能体具有保留和召回长期信息的能力，通常通过外部向量存储和检索机制来实现。借助这种机制，智能体能够在需要时访问和利用历史信息，从而增强任务处理能力。

3. 工具使用（Tool Use）

智能体通过调用外部 API 获取额外信息来弥补模型权重中缺失的信息。这些额外信息包括当前信息、代码执行能力和专有信息源的访问等，从而增强智能体的知识获取和执行能力。

4. 行动（Action）

行动模块是智能体实际执行决策或响应的部分。面对不同的任务，智能体系统拥有一套完整的行动策略集，可在决策时选择需要执行的行动，如记忆检索、推理、学习、编程等。灵活运用这些行动策略，智能体可高效、准确地完成各类任务。

4.3.2 示例：AutoGPT

目前，基于 LLM 的智能体构建已经取得了一定的成果。许多研究成果和实践证明，智能体在软件开发中可以扮演各种各样的角色。

- 在管理层面，可作为任务分解者、解释者、计划者、决策者、团队组织者。

- 在需求分析与定义阶段，可充当产品经理、分析师、需求工程师、干系人、作者、协调者、评审人员。

- 在设计阶段，主要可作为架构师、UI/UX 设计者。

- 在开发阶段，可充当程序员、调试人员、代码评审员、代码优化师、Bug 再现者、Bug 修复者。

- 在测试阶段，可作为测试设计者、执行人员、评审人员、评估人员等，并可进行系统操作、接口调用、数据库访问。

下面以 AutoGPT 为例，介绍基于 LLM 构建智能体的实践与应用。

AutoGPT 可以被视为基于 LLM 的智能体鼻祖，它可以实现用于搜索和收集信息的互联网接入、长期和短期内存管理、访问网站和平台来执行特定任务等功能。AutoGPT 的工作依赖以下几个模块。

- 基础框架：AutoGPT 基于 GPT-4 和 GPT-3.5，之所以由两个模型驱动，是为了平衡性能与效率。GPT-4 被称为"聪明模型"，GPT-3.5 被称为"快速响应模型"，根据不同任务的需要，AutoGPT 会适时选择合适的模型，保持高性能的同时尽量提高效率。

- 自主迭代：AutoGPT 从最原始的任务列表（Task List）出发，将任务投入 LLM 中生成更细化的任务列表。任务被逐项完成，结果被保存下来。每次结果会被选择性地放回 LLM 中再迭代生成回应，形成一个自主迭代的闭环。

- 内存管理：AutoGPT 默认使用一种向量数据库来存储对话上下文，这些数据保存在 auto-gpt.json 文件中。这种方法使得 LLM 能够实现长期记忆，并在最大程度上减少 token 的使用，防止输入限制超标并降低使用成本。除了本地向量数据库，它还可以利用 Redis 来保存上下文信息，以进一步提升性能。

- 多功能部件：AutoGPT 配备了多种工具，涉及本地 shell 的执行权限、本地文件的读取和写入功能、Google 搜索能力及 Python 脚本的执行能力等。这不仅增强了 AutoGPT 的联网能力，还赋予其一定的本地操作权限，从而大幅拓宽了它的应用范围和功能。

综上所述，智能体的设计与实现不仅依赖于 LLM 的强大语言能力，还须结合感知、规划、反馈和工具使用等关键组件，以形成完整的智能决策循环。通过这些能力，智能体能够自主完成复杂任务，并不断优化自身的行为策略。

4.3.3　多智能体

多智能体（Multi-Agent）由一系列相互作用的智能体组成，其内部的各个智能体之间可以通过相互通信、合作、竞争等方式，完成单个智能体不能完成的、大量而又复杂的任务。多智能体具备以下特点。

1）自主性：多智能体系统中的每个智能体都能够独立管理其行为，并在需要时自主进行合作或竞争。

2）协作性：多智能体系统中的智能体能够通过适当的策略进行相互协作，以实现整体目标。

3）容错性：当多智能体系统中的个别智能体发生故障时，其他智能体也能自主适应新环境，继续运作，从而避免整个系统的故障。

4）灵活性与可扩展性：在多智能体系统中，智能体具有高度内聚和低耦合的特性，具备出色的灵活性和可扩展性。

由此可见，与单一智能体相比，多智能体系统将多个 LLM 专业化为在不同领域各自具备出色能力的智能体，各智能体之间可进行交互，通过协作参与规划、讨论决策，模拟了人类群体在解决实际问题时的合作特性，即"能力互补，通力协作"。

因此，我们需要讨论基于 LLM 构建的多智能体的四个关键要素：环境、配置、通信和能力获取等。

1. 环境

环境定义了 LLM-MA（Large Language Model-Multi-Agent，大语言模型多智能体）系统部署、交互和工作的特定上下文，如软件开发、算法竞赛、游戏等。LLM-MA 感知和与环境交互的方式（即环境接口）包括物理环境接口和沙盒环境接口等。

沙盒环境接口是由人类构建的模拟或虚拟环境，智能体在其中尝试各种行动和策略。这种环境接口广泛应用于软件开发（如代码解释器）和游戏（使用游戏规则作为模拟环境）。

物理环境接口指的是智能体与现实物理实体进行互动，执行能够产生直接物理结果的行动，并遵守现实世界的约束和接收相应的反馈。这种接口常用于机器人领域。例如，在扫地任务中，机器人智能体须根据物理环境的反馈和约束，调整执行的动作。

2. 配置

在 LLM-MA 系统中，各智能体由其特征、行为和技能定义，这些要素根据目标和角色量身定制。例如，在游戏场景中，智能体可能扮演不同角色的玩家；在软件开发领域，智能体可能承担项目经理、开发工程师、测试工程师等角色。

智能体的配置方法包括以下三种。

1）预定义（Predefined）：由系统设计者明确定义智能体的特征、行为和技能。在系统设计初期，设计者会详细规划和设定智能体的配置。这种配置具有很强的控制力和适用性，设计者完全掌控智能体的行为和特征，适用于特定任务或情境，能精确满足系统需求；但智能体在运行时灵活性低，难以有效应对动态变化的环境。

2）模型生成（Model-Generated）：借助模型（如 LLM）来创建智能体的配置。通过训练和使用模型生成智能体的特征、行为和技能，使其具备良好的自主性和适应能力，而且能生成多样化的智能体配置，探索更多可能性和解决方案，这种方法特别适合软件研发等复杂环境，用于构建具有较强自主性和适应性的开发智能体、测试智能体等。但该方法的复杂度较高，需要大量数据和计算资源支持，结果可能不完全可控。

3）数据驱动（Data-Driven）：基于预先存在的数据集构建智能体配置。通过分析和挖掘数据，提取有用信息和模式，进而定义智能体的特征、行为和技能。这种方法适应性强，因为智能体能从数据中学习和优化自身行为，但该方法同样复杂度较高，而且依赖大量的高质量数据的支持。在客户服务系统中，通过分析大量客户交互数据，可构建客户服务智能体，优化服务策略和响应方式，提高客户满意度。

3. 通信

LLM-MA 系统中智能体间的通信是支持集体智能的关键基础，涉及通信范式（智能体之间互动的风格和方法）、通信结构（多智能体系统内通信网络的组织和架构）和通信协议（如 MCP）。

通信范式：可以是我们熟悉的同步通信、异步通信、批处理方式等，而目前 LLM-MA 系统主要采用以下三种通信范式，即合作、辩论和竞争范式。

1）合作范式：智能体交换信息、建言献策，共同完成集体解决方案，实现共享目标。

2）辩论范式：智能体之间进行争论，提出并捍卫各自观点和解决方案，并批评其他智能体的方案。

3）竞争范式：智能体努力实现与其他智能体目标可能冲突的自身目标。

通信结构：典型通信结构有链式结构、分层（Layered）通信、去中心化（Decentralized）通信、集中式（Centralized）通信和共享消息池（Shared Message Pool），其中后四种通信结构如图 4-10 所示。

- 链式结构：模型输出直接作为下一个模型的输入。

- 分层通信（层次结构）：每个层级的智能体扮演不同角色，主要在本层或与相邻层级互动。

- 去中心化通信（网格结构）：在点对点网络上运行，智能体直接相互通信。

- 集中式通信（星型结构）：涉及一个中央智能体或一组中央智能体协调系统通信，其他智能体主要通过中心节点互动。

- 共享消息池：维护一个消息池，智能体在其中发布和订阅相关消息。

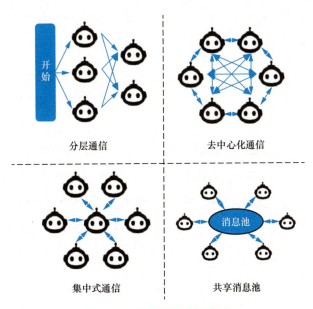

图 4-10　四种典型通信结构

通信协议：提供了统一的，用于将模型与智能体、资源、工具和开发环境进行连接的标准，如模型上下文协议（MCP）。

4. 能力获取

能力获取是 LLM-MA 中的关键环节，它使得智能体能够实现动态学习和进化。这需要重点解决两个问题：智能体应学习何种类型的反馈来增强能力？智能体如何调整策略以有效解决复杂问题？

反馈是智能体关于其行动结果的关键信息，有助于智能体了解行动的潜在影响，并适应复杂和动态的问题，包括来自环境、其他智能体和人类等不同来源的反馈。

为了增强能力，LLM-MA 系统中的智能体可通过以下三种方法进行调整。

1）记忆：将先前互动和反馈的信息存储在记忆中，执行行动时检索相关有价值的记忆。

2）自我进化：通过改变初始目标和规划策略进行自我修改，根据反馈或通信日志自我训练。

3）动态生成：系统可在运行过程中动态生成新的智能体，处理当前的需求和挑战。

综上所述，多智能体系统通过自主性、协作性、容错性、灵活性和可扩展性，实现了单个智能体无法完成的复杂任务。通过环境定义、智能体配置、通信方式和能力获取等关键要素的有效设计，多智能体系统可以在不同应用场景中灵活地应对挑战，体现出"能力互补，通力协作"的优势。最终，多智能体系统不仅模拟了人类群体的合作特性，还大幅提升了任务执行的效率和效果。

4.3.4 智能体框架

当前，各种流行的智能体框架百花齐放，如 ChatDev、MetaGPT，以及第 5 章介绍的流程式 AI 编程工具 Cursor、阿里云发布的 AI 程序员等，这里无法一一进行介绍。我们先简单看一下 ChatDev，然后再详细介绍 MetaGPT。

ChatDev 是一个由 LLM 驱动的多智能体协作框架，它借助多个智能体将软件研发瀑布模型的几个阶段集成到一个连贯的通信系统中，具有组织通信目标的聊天链（Chat Chain）和解决编码幻觉的去幻觉功能，如图 4-11 所示。其结果展示了多智能体借助聊天链就能实现协同工作，揭示了"语言"在更广泛应用中的深远影响，并突出了多轮通信在软件优化中的益处，旨在推动基于 LLM 的智能体向更高的自主性方向发展。

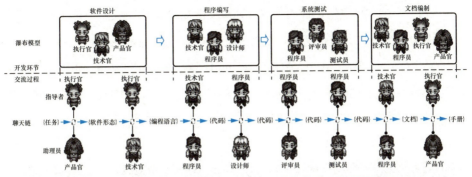

图 4-11 ChatDev 多智能体在软件研发中协同工作的示意图

其中关键的实现如下。

1）聊天链：遵循瀑布模型的核心原则，将软件开发过程分为设计、编码和测试三个阶段，每个阶段进一步细分子任务。在每个子任务中，指导者（I）和助理员（A）通过多轮对话紧密合作，提出和验证解决方案，直至达成共识，完成子任务。这种双智能体通信设计简化了沟通，促进了自然语言和编程语言子任务的平滑衔接，并提供了软件开发过程的透明视图。

2）代理机制：通过初始提示机制（Inception Prompting Mechanism）保证智能体通信的稳健和高效，该机制由指导者系统提示（P_I）和助理员/助手系统提示（P_A）组成，通过系统消息分配实现角色定制。

3）记忆：根据聊天链的性质，将智能体的上下文记忆基于阶段进行分割，分为短期记忆和长期记忆，以解决 LLM 上下文长度有限的问题。短期记忆用于维持单个阶段内对话的连续性，长期记忆用于保存跨阶段的上下文意识。

4）交流去幻觉：LLM 幻觉会引发软件开发中的编码幻觉，如代码不完整、不可执行或不符合要求等。为了解决此问题，引入了交流去幻觉（Communicative Dehallucination）机制，助理员在给出正式响应前主动向指导者寻求更具体的信息，以减少编码幻觉。

基于 ChatDev 框架，我们更容易理解多智能体框架 MetaGPT。MetaGPT 在多智能体协作方面提出了一种有效的范式，创新性地将 SOP（Standard Operating Procedure，标准操作程序）编码为智能体的设计规范和协议，从而实现了领域知识的自动嵌入，如图 4-12 所示。这一进展为理解和模拟人类工作流程提供了新的途径，并提升了自主智能体在各种任务中的表现和适应性。

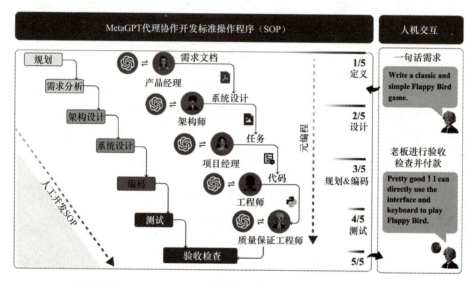

图 4-12　MetaGPT 和现实世界人类团队之间的软件开发 SOP

MetaGPT 框架将 SOP 的概念融入角色专业化、共享消息池的通信机制、结构化输出和迭代式的可执行反馈机制中。

- 角色专业化。通过明确定义的角色分工，将复杂的工作拆解为更小、更具体的任务。不同角色被初始化为不同的目标、约束和专业技能，如图 4-13 所示。例如，产品经理角色可以利用网络搜索工具，工程师角色则负责执行代码。每个角色默认遵循 ReAct 行为模式。角色专业化使得每个智能体能够专注于特定领域的任务，从而提升了 LLM 的输出质量。在软件开发中，角色之间的流转巧妙地实现了从自然语言到编程语言的对齐。

- 共享消息池的通信机制。即基于消息共享的发布-订阅机制（Publish-

Subscribe Mechanism），允许智能体直接交换消息，任何智能体都可以透明地访问其他智能体的消息，无须询问和等待响应。该机制使智能体更倾向于接收与自身任务相关的信息，避免被无关细节干扰。同时，每个智能体可以从共享消息池中检索所需信息，形成自我记忆。

- 结构化输出。自然语言虽然具备丰富的语义，但其非结构化特性常致信息在传递时出现扭曲或丢失。为解决这一问题，MetaGPT 框架规定智能体通过结构化输出（包括文档和图表）进行协作，以提升信息传递的清晰度和完整性。MetaGPT 论文中设计了多种软件开发任务，通过生成代码的可执行性和生产力指标，验证了结构化输出在协作中的关键作用。

- 可执行反馈。智能体依据环境反馈进行自我优化和主动更新，体现其自主意识。在软件开发任务中，MetaGPT 为工程师智能体设计了可执行反馈机制，以自动优化代码质量。具体而言，工程师编写并执行相应的单元测试用例，通过观察执行结果，递归地进行决策和自我提示，实现自动调试。"设计 - 测试 - 反馈"的迭代过程持续进行，直到单元测试通过或达到最大重试次数。

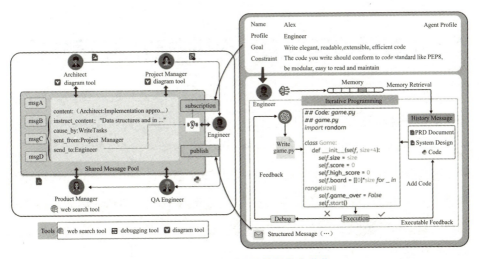

图 4-13　MetaGPT 的角色专业化

实验证明，MetaGPT 在模型性能方面表现十分出色。在 HumanEval 和 MBPP 基准测试中，MetaGPT 分别取得了 85.9% 和 87.7% 的成绩，相较于 GPT-4，MetaGPT 在 HumanEval 数据集上的表现提升了 28.2%，加入可执行反馈机制后，MetaGPT 在 HumanEval 和 MBPP 上的表现分别提升了 4.2% 和 5.4%。在 SoftwareDev 数据集上，MetaGPT 在可执行性上的得分为 3.75，同时所需运行时间仅 503 s；生成的代码行数相对于基线框架增加了 2.24 倍，而单位代码行数所消耗的 token 数下降了 50%。这些结果突显了 SOP 在多智能体协作中对效率提升的重要作用。

综上所述，MetaGPT 代表了一种创新的多智能体框架，融合了元编程理念，并通过嵌入标准操作程序（SOP），提升了 LLM 在多智能体协作中的效能。其主要特点包括角色专业化、工作流管理以及灵活的消息传递机制，从而具有高度的通用性和可移植性。值得注意的是，MetaGPT 还整合了迭代反馈机制，在多项基准测试中展现出卓越的性能表现。通过引入人类社会实践中的 SOP，MetaGPT 不仅为未来多智能体社会的研究与探索提供了新思路，还作为基于 LLM 的多智能体框架优化的早期尝试，具有重要的学术和实践意义。

4.4 数据治理能力：兵马未动，粮草先行

人们常说"garbage in, garbage out"，即"输入垃圾，输出垃圾"。这句话特别适合机器学习模型（包括大语言模型）训练，如果输入的数据质量差，那么模型再怎么训练也难以产出好结果。这意味着，在大模型训练中，数据（语料）的质量对模型的性能和泛化能力至关重要，大模型的能力依赖训练数据。无论是基础模型的预训练，还是后期领域大模型的精调和微调，都需依赖高质量语料（数据）的持续供给。因此，在软件工程 3.0 时代，数据治理能力也是软件团队不可缺少的。

4.4.1 数据质量标准

在数据治理或数据清洗之前，我们首先要明确数据质量标准，有了这个标准，我们就知道如何对数据进行清洗，从而获得模型训练所要求的质量。数据质量标准可以概括为下列 8 项要求。

1）准确性：数据应当真实、准确，能够真实反映业务领域或任务的实际情况，避免错误或误导性信息，以免干扰模型决策和输出。

2）完整性：数据应当尽可能全面，覆盖所需领域信息，无关键部分缺失或遗漏。缺失数据会导致模型能力受限。

3）一致性：不同部分和时间段内的数据应保持一致。例如，同一主题的不同描述应保持语义的一致性，避免混淆。

4）可靠性：数据来源应可靠，具备高可信度和稳定性。

5）时效性：数据应当及时更新，特别是在快速变化的领域（如科技和工程），过时的数据可能导致模型无法适应当前情况。

6）相关性：数据应与模型的目标任务高度相关。无关或低相关数据会增加噪声，影响训练效果。

7）多样性：数据应呈现多视角和多样本，涵盖不同用例、风格和语境，以增强模型的泛化能力。

8）无偏性：数据应尽量避免偏见和歧视，对不同的群体和情况应具有公平性和代表性。

例如，以下是针对代码大模型的数据质量要求。

1）代码的正确性：数据中的代码应能够正确编译和运行，没有语法错误或逻辑错误，不包含恶意成分或有安全漏洞的代码。

2）无敏感信息：代码数据中不包含员工信息、邮箱、IP 等敏感信息。

3）代码的规范性：代码应符合相应的编程规范和最佳实践，具有良好的可读性和可维护性。

4）无重复代码：重复代码会降低训练效率，数据中应不包含重复代码。

5）代码的多样性或完整性：应涵盖各种不同类型和功能的代码，以提高模型的泛化能力。

6）代码的注释和文档：应配备适当的注释和文档，有助于模型理解代码的功能和用途。

7）数据的来源和可靠性：代码数据来源应可靠，如知名的开源项目、经过验证的代码库等。不建议使用废弃、不维护的代码。

8）测试覆盖：数据集中应包含测试代码，以确保代码的正确性和稳定性。模型可以通过学习这些测试代码来改进代码生成和验证过程。

总之，高质量数据对大模型训练至关重要，能够提升模型的性能和准确性、可靠性。在训练代码大模型时，需要特别关注数据的质量要求，以确保模型能够学习到正确和有用的知识。

4.4.2 数据清洗

数据清洗是指过滤掉数据中的低质量内容，提升训练数据的质量。数据清洗的目标是识别和纠正数据中的错误、不一致和冗余，保证数据的准确性、完整性和一致性。数据清洗是确保数据质量达到数据质量标准的关键步骤，对大模型训练至关重要。以下是数据清洗的一般步骤和具体工作。

1）数据评估：一般先检查数据的来源、格式和内容，了解数据的特点和潜在问题，然后确定数据的完整性、准确性、一致性和可靠性等方面的问题。

2）数据预处理：一般包含下列几项工作。

- 处理缺失值：识别数据中的缺失值，并根据具体情况选择合适的处理方法，如删除包含缺失值的记录（如行或列）、填充缺失值（如对数值型数据使用平均值、中位数、众数等；对分类数据使用最近邻填补）或使用模型预测缺失值。

- 处理异常值：检测数据中的异常值，这些异常值可能是由错误数据录入或异常情况导致的。可以使用统计方法（如 Z-Score 或 IQR）、可视化工具或领域知识来识别异常值，并选择删除、修正或标记这些异常值。

- 数据转换：根据需要对数据进行转换，如数据类型转换、标准化和归一化等，以确保数据在模型训练中具有可比性和可用性。如统一日期格式为 YYYY-MM-DD、字符串转换为小写以消除大小写敏感等。

3）数据清理：一般包含下列几项工作。

- 去除重复数据：检查数据中是否存在重复的记录（如重复行），并删除重复的部分（同时一般会选择保留一个副本），以确保数据的唯一性。

- 纠正错误数据：根据数据的规则和约束，纠正数据中的错误，如格式错误、逻辑错误等。

- 处理噪声数据：噪声数据是指与数据主体无关的或干扰性数据，可以通过滤波、平滑等方法来减少噪声的影响。

4）文档记录和元数据管理：创建数据治理文档，将清洗过程记录下来，包括之后的记录变更，以便复查和后续的数据治理。

5）数据验证：对清洗后的数据进行验证，确保符合数据质量标准，如核查数据在不同字段和数据集之间的一致性、验证外键完整性、数据范围和数据间的逻辑一致性。可以使用数据验证工具、统计分析或人工检查来验证数据的质量。

6）数据标注（可选项）：如果数据需要进行标注，如分类、标记等，确保标注的准确性和一致性。可以使用人工标注或自动标注工具，并进行质量检查和验证。

以一个用于训练自然语言处理模型的文本数据集为例，数据清洗工作细化如下。

1）检查文本中是否存在乱码、特殊字符或格式错误，并进行清理和修正。

2）处理文本中的缺失值，例如某些文本记录缺少关键信息，可以考虑删除这些记录或尝试从其他渠道补充信息。

3）识别和处理文本中的异常值，如明显不符合语言逻辑或主题的文本，可以选择删除或进行进一步的审查和修正。

4）去除重复的文本记录，确保数据的唯一性。

5）纠正文本中的拼写错误、语法错误或用词不当之处。

6）执行文本分词、词性标注等预处理操作，以便模型更好地理解和处理文本。

7）如果数据集包含多语言文本，可能需要进行语言识别和统一处理。

8）验证清洗后的数据是否符合预期的质量标准，如文本的清晰度、连贯性和相关性等。

通过以上数据清洗步骤，可以提高数据的质量，减少噪声和错误对大模型训练的影响，从而提高模型的性能和准确性。需要注意的是，具体数据清洗应根据数据的特点和需求进行定制化处理，提升数据的可靠性和适用性，确保数据能够满足大模型训练要求。例如，在对代码大模型训练数据集进行数据过滤时，存在一些特有的实践，具体如下。

1）过滤掉低质数据。代码文件中存在很多空白文件、超长文件、自动生成和语法错误的数据，可优先使用正则表达式或基于专家规则的过滤器来识别和删除这些数据。例如代码文件中全是数字、配置等信息，有效信息太少会影响训练效率，此类数据就可以删除以保证数据的信息密度。开源代码仓的 star 数量在一定程度上可反映该代码的质量或重要性，可依据 star 数量对数据进行划分，优先使用 star 数量高的数据。

2）程序分析过滤。例如代码有严格的编程规范，如变量命名、注释行等要求，但是开源代码仓在这方面的质量参差不齐，可使用代码规范检查工具进行检查和处理。进一步地，我们还可以使用语法解析器或抽象语法树（AST）等技术来分析代码中的语法错误并进行过滤，借助漏洞扫描工具服务对漏洞进行识别和清洗。

3）代码去重。很多代码经 clone、copy 和 fork 之后再进行修改，虽不会完全相同但差异较小，须使用近似方法（如基于 MiniHash 等方案）去重。对于去重级别，由于代码上下文依赖比较大且会大量引用代码仓内的其他代码，因此文件内去重方案较少采用，而是在代码仓级去重，这时需要将代码仓内所有文件拼接成一个字符串，再进行去重。

4）代码中敏感信息过滤。代码中的敏感信息包括 API 密钥、访问令牌、密钥对等敏感凭证，以及个人身份信息（PII，包括姓名、员工 ID、电子邮件地址、身份证号码、电话号码等）、内部 URL 和 IP 地址、源代码控制元数据（Git 提交哈希、开发者信息等元数据）、内部加密算法和 IT 系统资源编号等。通常会采用正则表达式、规则或模型等手段对敏感信息进行清洗，如果没有更优方案，就采用人工审查、识别来替换或删除。

4.4.3 数据增强

数据增强是一种通过对原始或现有数据执行有意义的变换和扩充来生成新

数据样本的技术。数据增强可以为模型提供更多样化和丰富的训练样本，进而提高其泛化能力和鲁棒性，主要应用于微调阶段。这里以代码数据为例，其他业务领域数据、测试数据也可以按照类似方法处理。常见的代码数据增强方案包括注释增强、代码上下文增强、数据数量和多样性增强等。

1）注释增强。好的注释可增强代码可读性，对大模型训练也极为有益。可通过人工或者已有模型在代码中新增注释，模拟真实代码中的注释场景。如果能构建"代码段－注释"对这样的语料（相当于标注的语料）来进行微调（强化学习），训练后的模型在代码生成、代码解释方面的能力会显著提升。

2）代码上下文增强。微调时语料主体包括指令、输入和输出。对于智能化任务，生成内容除了依赖简单指令，还特别依赖上下文信息。为了进一步提升模型效果，在做数据准备时，可将函数及其调用关系、上下调用的函数、依赖的外部对象和方法等信息加入微调语料。一些团队借助工具来获取代码的抽象语法树信息并加入微调语料，有效提升了训练效果。

3）数据数量和多样性增强。训练数据的数量、多样性、创造力对模型效果影响深远。目前开源领域有诸多增强多样性的方法，如 Self-Instruct[7]、OSS-Instruct[8] 和 Self-OSS-Instruct[9]。

4.5 模型工程能力：量体裁衣，释放潜能

"模型工程能力"涵盖模型构建和优化过程中所涉及的一系列技术和能力，包括数据处理、模型设计、训练优化、评估和部署等环节。其中，预训练和微调是模型工程的重要阶段，如图 4-14 所示。然而，在软件工程实践中几乎不涉及基础大模型的预训练，而是在它的基础上进行微调。为了追求更好的效果，通常采用有监督的微调（SFT）。SFT 是指在特定任务的小规模标注数据集上，对预训练模型进行深入训练，使其适应特定应用。例如在开源基础大模

型 Llama 3.1 上使用"代码段 – 注释"文本对这样的标注数据进行微调，以便适用于代码生成、代码解释、代码评审等任务。

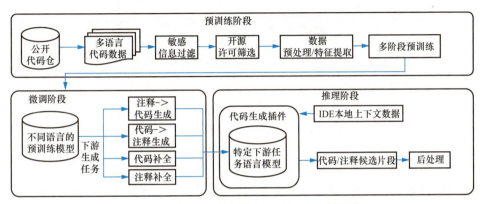

图 4-14　软件研发应用 LLM 的三大关键阶段

以预训练基础大模型为起点，利用已有领域数据和知识，可以减少训练时间和降低数据需求，使其更快地适应新任务，更好地理解特殊领域术语或上下文，并提高输出的准确性和可靠性。

4.5.1　模型微调技术

通过微调（通常指有监督的微调，即 SFT），可在预训练模型的基础上，针对特定任务对模型参数及其权重进行微调，以提升模型在该任务上的性能。在微调时，学习率是非常重要的参数，合理调整学习率能确保训练的稳定性和效率。通常选用较小的学习率值，以防模型参数大幅改变而丢失在预训练阶段积累的知识，即避免模型的通用能力下降。我们通过前向传播计算预测、后向传播计算梯度并更新权重，同时应用如 Dropout、权重衰减等正则化技术来防止过拟合。学习率只是其中一个超参数，超参数调优是找到模型最优性能配置的过程。在这个过程中，我们需要考虑计算资源的限制，避免不必要的计算开销，在模型性能和计算成本之间寻求平衡，并为每个超参数定义一个涵盖所有潜在取值的搜索空间，采用网格搜索、随机搜索、贝叶斯优化等技术进行优化。在调优过程中实时监控模型性能，以便及时调整搜索策略。

- 网格搜索：通过遍历给定的参数网格，找到最佳超参数组合。
- 随机搜索：随机选择超参数组合进行搜索，相比网格搜索更为高效。
- 贝叶斯优化：使用概率模型来指导超参数的搜索，通常比网格搜索和随机搜索更高效。
- 自动化调优：使用自动化工具如 Hyperopt、Optuna 等进行超参数搜索。

当指令微调数据集规模较大时，直接对整个模型参数进行微调的成本较高，可以尝试参数高效微调方法（PEFT，只更新模型的一小部分参数），如 Lora、Adapter 和 Prefix-tuning 等。这些方法只优化少量参数，既能实现近似整体微调的效果，又能显著降低计算开销。在某些情况下，可以选择固定预训练模型的某些层，只对顶层进行微调，以降低训练过程中的过拟合风险。

在这个阶段，我们需要构造人们可能会向大语言模型提出的各种问题及其答案（问答对）。这可以采用人工标注或者 LLM 驱动标注，其中 LLM 驱动标注即通过构造提示词，让 LLM 对一些种子问题进行改写并作答。随后，使用构造好的数据（问答对），在基础模型上进行训练、学习各类回答模式。在训练过程中，我们需要关注损失曲线并对中间结果进行同步测评，以监测训练效果。如果训练效果不佳，可能需要对超参数进行调整。

对于需要训练多种下游任务的情形，我们仍需关注语料间的平衡，如代码大模型涉及许多使用场景，核心任务包括代码补全、函数级代码生成、单元测试生成、代码解释、代码注释、研发问答等。虽然这些核心下游任务都与研发相关，但是实际场景大相径庭。比如，代码补全和单元测试生成这两个任务属于基于代码生成代码（code2code）；代码解释和代码注释这两个任务则是基于代码生成文本（code2nl）；研发问答可能是基于文本生成文本，也可能是基于文本生成代码。下游任务之间的差别要求我们应采用不同的训练手段进行增强。

首先需要评估基础模型在这些下游任务上的表现能力，并基于评估报告对下游任务进行难度分类。对于难度高的任务，我们需要引入更多、更广的训练数据进行定向增强。

在 SFT 阶段，数据的质量以及与下游任务的对齐程度决定了模型最终效果。通常情况下，规模较大的模型具有更高的能力上限；同时 SFT 语料的数量与质量决定了模型能力的下限。在构建 SFT 语料时，除了前面提到的数据清洗与预处理，还可借鉴如 Evol-Instruct[10] 的数据扩增方式，从多个维度扩展数据，如图 4-15 所示。

- 深化（Deepening）
- 增加推理（Increase Reasoning）
- 添加约束（Add Constraints）
- 具体化（Concretizing）
- 以公式方式复杂化输入（Complicate Input with Formula）
- 广度上演化（In-Breadth Evolving）
- 以代码方式复杂化输入（Complicate Input with Code）
- 以表格方式复杂化输入（Complicate Input with Table）

另外，多样化的数据配比也会对 SFT 后的模型最终表现产生影响，对于研发垂直领域的数据构建，可参考 OSS-Instruct[8] 等工作的数据配比，如图 4-16 所示。

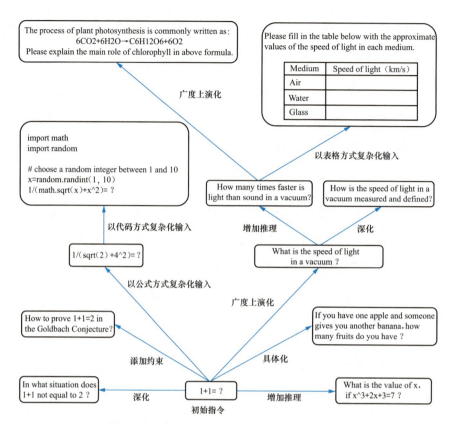

图 4-15 Evol-Instruct 数据扩增的不同方式

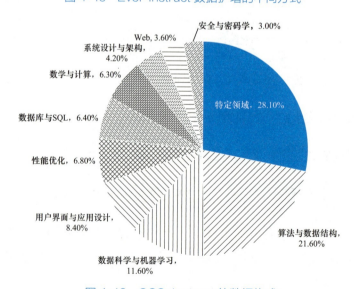

图 4-16 OSS-Instruct 的数据构成

不同数据配比和基础模型类型对 SFT 结果的影响显著，在实际工作中，须进一步探索适合实际业务场景的数据配比，并不断完善数据质量。除了前面讨论的内容，在 SFT 实际工作中，还有一些经验可供参考。

1）在微调时，重点关注生成代码的质量和最佳实践。如果任务特定于某种编程语言，需要模型对这种语言的特性有充分的学习，确保模型对编程语言和代码结构都有深入的理解。

2）指令微调：在适用情况下，使用指令微调技术，通过示例教导模型如何响应特定指令。

3）全参数微调：加载预训练模型的所有参数（即更新模型所有权重），作为微调的起点，适用于计算资源丰富的情形，该过程与参数高效微调大致相似。

4）多任务微调：当模型须同时执行多个开发任务时，可采用多任务微调。对所有任务同步训练，使模型在不同任务之间共享知识，并使用多个任务的评估指标来衡量模型的整体性能，确保模型不会偏向于特定任务，保持任务之间的平衡。

5）安全性和伦理考量：确保生成的代码符合安全和伦理标准，确保生成的代码没有安全漏洞，避免潜在的误用。

6）持续评估与迭代：在训练过程中定期保存模型的权重，以便在出现更好性能时可以恢复训练；在训练过程中持续评估模型性能，依据反馈进行迭代优化。

4.5.2 微调中的强化学习

通过 SFT，大模型已初步具备服从人类指令并完成各类任务的能力。然而，SFT 需要大量的指令及与之对应的标准回复，而获取大量高质量的回复需要耗费大量的人力和时间成本。此外，SFT 通常采用交叉熵（Cross Entropy）损失函数，主要通过调整参数使模型输出与标准答案完全一致，无法从整体上对模型输出质量进行判断。因此，模型难以适应自然语言的多样性，而且对模型输入的微小变化过于敏感。

强化学习（RL）将模型输出的文本视为一个整体，通过生成回复并接收反馈来学习，进而实现优化目标，即生成高质量的回复。强化学习方法不依赖人工编写的高质量回复，因为模型根据指令生成回复后，奖励模型会对回复质量进行判断；模型还可生成多个答案，奖励模型会对其质量进行排序。强化学习方法更适合生成式任务，是大模型构建中不可或缺的关键步骤。

目前，大模型的强化学习方法主要有基于人类反馈的强化学习（Reinforcement Learning from Human Feedback，RLHF），并利用近端策略优化（Proximal Policy Optimization，PPO）算法进行优化，或者进行直接偏好优化（Direct Preference Optimization，DPO）。

PPO 是一种流行的策略梯度强化学习（Policy Gradient Reinforcement Learning，PGRL）算法。与传统的值函数方法（如 Q-Learning 和 DQN）不同，PGRL 通过直接优化策略函数来解决强化学习问题。策略梯度方法直接学习一个策略，该策略定义了在给定状态下采取某个动作的概率分布。PPO 是由 OpenAI 提出的一种简单而有效的策略优化方法，通过限制每次策略更新的幅度，确保新策略与旧策略之间的变化不会过大，从而提高学习的稳定性。PPO 引入了一个剪切（Clipped）目标函数，以防止策略更新过大。

DPO 是一种稳定、高效且计算轻量的算法。与其前身 RLHF 不同，DPO 不需要拟合奖励模型或进行大量的超参数调整，这使得 DPO 更加简单易用。同时，在控制生成文本情感、提高摘要和单轮对话的质量方面，DPO 的表现甚至超过了基于 PPO 的 RLHF 方法。

4.5.3 模型推理部署

模型推理部署是指将训练好的大模型部署到生产环境，并将推理功能集成到应用程序或服务中以供用户实际使用的过程。在智能化研发场景中，用户和大模型的交互是实时的，属于在线推理，对推理服务的时延和并发量都有较高的要求。所以这一过程非常重要，它直接关系到模型性能和用户体验。

推理服务由推理框架和服务框架两部分组成。推理框架在后端负责加载和执行大模型，处理输入数据并生成输出结果。它通常提供优化的推理引擎，以提升模型的推理速度和效率，并支持多种硬件（如 GPU、TPU 等）加速，如 vLLM/TensorRT-LLM、华为的 MindIE-LLM 等。而服务框架在前端负责构建和管理推理服务的 API 接口，处理客户端请求，进行负载均衡和服务监控。它通常提供 RESTful 或 gRPC 接口，使得应用程序能够方便地与推理服务进行交互，如业界 Triton Inference Server/Ray Serve、华为的 MindIE-Service 等。为了提升推理框架的推理性能，框架侧会集成以下一些推理算法。

- Continuous Batching：对 Batch 的时序进行优化，消除空隙，从而提高 GPU/NPU 的利用率和吞吐量。

- FlashAttention：优化注意力机制的计算效率，降低内存占用。

- PagedAttention：通过将键值缓存分块，实现高效的内存利用和共享，可有效减少显存占用和提高吞吐量。

- KV Cache：即键值缓存，可提升自回归模型的推理速度。

- 投机采样推理：在推理过程中进行多路径预测，以加快响应速度。

上述算法或技术可以显著提升大模型推理服务的推理速度和吞吐量，提高计算资源的利用率，从而提升用户在智能开发场景下的体验。模型推理部署过程大致可以归纳为以下 6 步，但实际情况可能会比这个更为复杂。

1）模型导出：将训练好的模型导出为适当的格式，如 ONNX (Open Neural Network Exchange)、TensorFlow SavedModel、PyTorch Script (TorchScript)、Hugging Face 模型格式（如 safetensors）等。

2）环境配置：设置推理环境，包括必要的库、框架和依赖项。

3）服务构建：创建 API 接口，使应用程序能够与推理服务进行通信。常用的框架有 Flask、FastAPI、TensorFlow Serving 等。

4）评测与验证：对模型进行全面的评测，确保模型的各项能力符合预期。

5）发布与迭代：通过蓝绿部署或滚动更新等策略发布新版本，确保服务的连续性与稳定性。

6）监控与日志：监控推理服务的性能，收集日志信息以便后期分析和故障排查。

模型推理一般部署在云平台，涉及容器化技术、编排工具、均衡负载器、发布策略等，需要考虑的关键因素主要有模型的准确性、延迟、吞吐量、成本和可扩展性，以及确保模型和推理服务的安全性（如数据加密、访问控制等），同时要实时监控推理服务的性能和健康状况。模型的推理时延是比较敏感的指标，一般控制在几十至几百毫秒内，以提供良好的用户（开发者）体验。如果时延比较大，可采取以下措施来提升大模型的吞吐能力，降低时延。

- 算子融合：通过对多个算子的操作进行融合，即将多个连续的计算操作合并成一个更高效的操作，减少数据在 CPU 和 GPU/NPU 之间的搬运（减少数据传输和内存访问），从而提升推理效率。

- 量化：将模型权重及 KV 缓存从 FP16 量化至 INT8 或 INT4，减少运算量和显存占用。

- 压缩：对模型权重进行稀疏化或知识蒸馏，减少整体参数量。

- 并行化计算：通过张量并行将模型分布到多张 GPU/NPU 上，提升整体推理速度，使其能够处理更大规模的模型。

模型推理部署是一个综合性过程，涉及模型处理、环境配置、监控和持续迭代等多个方面。通过合理选择框架和遵循优秀实践，可以确保模型在生产中高效运行，满足用户需求并进一步推动业务的发展。在实际操作中，注意事项也至关重要，能够帮助团队识别潜在风险并进行有效管理。

4.5.4 模型评测与改进

一方面，我们需要全面了解模型的能力（如模型性能和准确性等），扬长避短，选择合适的模型；另一方面，我们还需要持续提升模型能力，了解模型有哪些弱点，并针对性地加以改进，以不断提升模型价值。这些都离不开对模型的评测。无论是传统的机器学习模型，还是当下的大模型，构建评测指标体系和评测数据集都是模型评测的关键点。

1. 构建评测指标体系

不同领域模型有不同的评测指标体系，对于基础大模型，其评测的指标主要有计算、逻辑与推理、代码、生成与创作、知识与百科、角色扮演、上下文对话、语义理解与抽取、安全等，如图 4-17 所示。

对研发大模型/代码大模型或智能化开发工具的评测，主要从端到端（E2E）交付场景、平台能力和专项等几个维度开展，后两项可以参照软件工程 2.0（CI/CD 或 DevOps 工具链）的方式开展评测，这里侧重讨论 E2E 交付场景的评测，包含模型效果评测、RAG 评测集及客户端插件的评测。

在模型效果评测方面，通常从纵向和横向两个方向进行，纵向评测只关注模型在演化过程中性能是否得到改进、改进的幅度多大；横向评测则是与同类模型的竞品进行对比测试。对于大模型的评估，我们可从生成内容质量、性能、稳定性等方面进行评估，还可以从上下文理解能力、推理能力和泛化能力方面进行评估，这样我们大致可以列出以下评估指标。

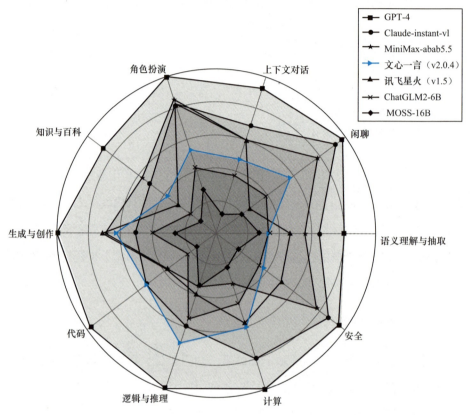

图 4-17　通用大模型评测指标示意图

1）准确性：即生成的内容是否正确、是否符合事实或预期，以评估模型的推理效果。

2）连贯性：即生成内容的逻辑是否连贯、是否易于理解，以评价模型的逻辑思维能力。

3）多样性：即生成内容的多样性，在领域内是否覆盖足够的范围，且是否能避免重复。

4）理解能力：对提示词，特别是上下文的理解程度。

5）性能：模型响应、生成内容所需的时间或消耗的资源，以评价模型的推理速度和效率，这不仅与模型有关，而且与算力等因素相关。

6）安全性：验证模型对外部攻击、敏感信息等的过滤和拦截能力，保证推理结果无有害信息。

7）鲁棒性：验证模型在面对对抗性输入（错误或非标准用语、异常、干扰或恶意攻击等）时的稳定性和准确性。

8）泛化能力：验证模型在新数据上的推理性能。

在软件研发领域，针对代码大模型的评测，上述这些指标基本都是有效的，包括准确性、多样性、性能、安全性、鲁棒性等。此外，还有一些特定的评测指标，具体如下。

1）采纳率：生成代码中被采纳的部分占所有生成代码的比重，采纳率越高越好。

2）可读性：生成代码是否遵循良好的编程规范，是否易于理解。

3）Bug 识别与修复：模型识别和修复代码漏洞的能力。

4）代码优化能力：模型优化现有代码的有效性和效率。

5）注释与文档生成：模型生成的代码注释和 API 文档的质量和完整性。

2. 构建评测数据集

基于这些指标，可针对性构建评测数据集。不同的评测目的须对应不同的数据集，例如，我们会构建软件开发知识问答评测数据集、代码生成能力评测数据集、对齐评测数据集、安全评测数据集等，然后再基于评测数据集来完成相应的大模型评测。

以构建专门用于软件开发知识问答大模型的数据集为例。该数据集需要包含不同编程语言任务的样本数据，需要准备的数据比较多，主要涵盖不同领域、不同难度层次的问答配对数据。

- 涵盖不同领域：包括不同编程语言（如 Python、Java、C++ 等）的语法、特性和应用场景；算法和数据结构（如排序算法、链表、树等）的原理、实现和应用；软件开发工具（如集成开发环境、版本控制系统等）的使用方法和功能介绍；软件设计模式（如单例模式、工厂模式等）的概念、优缺点和适用场景；软件工程原则（如敏捷开发、瀑布模型等）的流程和实践要点等。

- 不同难度层次：从基础知识问题，如"Python 中如何定义一个函数"到更复杂的问题，如"如何在分布式系统中实现数据一致性"，涵盖不同难度级别，以全面评估模型对软件开发知识的掌握程度。

- 准确、详细的答案。答案应涵盖问题的关键要点，解释清晰，逻辑连贯。例如，对于上述 Python 函数定义的问题，答案可能是："在 Python 中，可以使用 def 关键字来定义一个函数，后面跟着函数名和括号，括号内可以定义参数。函数体在缩进的代码块中编写。"对于复杂问题，答案可能需要包括原理分析、多种解决方案以及示例代码等。

- 相关参考资料记录。记录每个问题和答案的参考资料，如书籍名称和章节、网站链接、学术论文标题等。这有助于验证答案的准确性和权威性，同时也为用户提供进一步学习和研究的资源。例如，某个关于软件设计模式的问题答案参考了《设计模式：可复用面向对象软件的基础》一书的相关章节。

对于代码大模型，常见的评测集有 HumanEval、MBPP（Mostly Basic Programming Problems）、CodeXGLUE、APPS 等。若自行构造评测集，需要考虑以下几点。

- 聚焦与代码相关的任务：如代码生成、代码补全、代码理解和调试等，问题和任务设计围绕代码的语法、语义、逻辑结构以及算法实现。例如，评测集 HumanEval 的问题涵盖了多种编程概念和算法，包括数据结构、算法设计、字符串处理、数学计算等。

- 代码上下文和环境因素：代码通常是在特定的上下文和环境中运行的，因此数据集构建要考虑代码的上下文信息，如项目结构、依赖关系、运行环境配置等。

- 代码质量和风格要求：除了代码的功能正确性，数据集还可能涉及对代码质量和风格的评估。这包括代码的可读性、可维护性、遵循的编程规范和最佳实践等方面。

- 有对应的测试脚本：生成的代码都需要检验，除了编译器和运行程序检验，还需要相应的测试用例（测试脚本、测试代码）来进行测试验证。通过测试来评估模型的性能。

构建此类数据集的一般流程如下，供大家借鉴参考。

1）问题收集和整理。

- 确定来源：从软件开发教材、在线课程、技术博客、论坛讨论、软件开发文档及专业人士经验总结等多渠道收集软件开发知识问题。

- 筛选和分类：对收集到的问题进行筛选，去除重复、模糊不清或过于简单（如常识性问题且已被广泛知晓）的问题。然后根据问题所属的软件开发知识领域进行分类，如编程语言类、算法数据结构类、工具使用类等。

2）答案编写和审核。

- 编写答案：由软件开发领域专家或具有丰富经验的工程师编写问题的答案。确保答案准确、完整，符合行业标准和最佳实践。

- 审核答案：对编写好的答案进行审核，审核人员可以是其他专家或团队成员。审核过程中要检查答案的准确性、完整性、逻辑性以及语言表达的清晰度。如有必要，对答案进行修改和完善。

3）数据标注和格式化。

- 标注问题和答案：对问题和答案标注所属领域、难度级别、知识点关键词等信息，便于后续使用和分析数据集。

- 格式化数据：将问题和答案按照统一的格式进行整理，例如，每个问题和答案可以存储为一个文本文件，文件中问题和答案有明确标识，或者存储在数据库中，设置相应的字段来存储问题、答案以及标注信息。

构建评测数据集时，还须注意以下几点。

1）知识的准确性和权威性。确保问题和答案所涉及的软件开发知识准确无误，符合行业标准和最新的技术发展趋势。避免出现错误或过时的知识，以防误导模型学习和评估。

2）问题的多样性和平衡性。问题应全面涵盖软件开发知识，避免某领域过度集中而其他方面缺失。同时，要平衡不同难度层次问题的比例，既要有足够的基础问题来测试模型的基础知识掌握情况，也要有适量的复杂问题来考查模型的深入理解和应用能力。

3）答案的完整性和一致性。答案应尽可能完整地回答问题，不遗漏重要信息。对于一些有多种解决方案的问题，要全面介绍各种可行的方法，并说明它们的适用场景和优缺点。同时，要确保不同问题的答案在风格和表达方式上保持一致，以便于模型更好地学习和理解。

4）数据的可扩展性和更新维护。考虑到软件开发领域知识的持续更新，数据集应具备可扩展性，方便后续添加新的问题和答案。同时，要定期更新和维护数据集，检查问题和答案是否仍然准确有效，及时删除或修改过时内容，补充新知识和技术相关的问题和答案。

3. 大模型评测方法

大模型的评测方法丰富多样，有人工评测，也有自动评测；有任务导向的评测，也有可靠性、安全性等专项测试，具体的评测指标和方法应根据具体应用场景、模型类型和任务需求而定。评测分为自动评测和人工评测两种，而使用标准数据集进行评测是前提，如 GLUE、SuperGLUE、SQuAD 等。这些数据集提供了多种自然语言处理任务的标准评测基线，便于不同模型之间的比较。

1）自动评测：使用自动化指标来评估大模型性能。例如，BLEU（Bilingual Evaluation Understudy，双语评估替补）是常见的机器翻译评测指标，所谓替补就是代替人类来评估机器翻译的每一个输出结果，它通过比较模型生成的句子与参考句子之间的相似度来评估模型的表现。其他常见的自动评测指标包括 ROUGE（Recall-Oriented Understudy for Gisting Evaluation，面向召回的要点评估辅助指标）和 METEOR（Metric for Evaluation of Translation with Explicit Ordering，带有显式排序的翻译评估指标）等。

2）人工评测：由人类评审者来评估大模型性能。这通常涉及人类评审者对模型生成的句子进行评分或排名，虽成本高、评测时间长，但评测结果可能更准确。这种评测也包括通过人机对话方式进行测试，即通过与大模型进行对话来评估其对话能力。评测者与模型对话，并评估模型回答是否合理、准确和流畅，从不同维度给出评分。这种测试可以评估模型在实际对话场景中的表现。

人工评测需要建立打分标准。以评测大模型的"代码解释"能力为例，我们通过大模型对代码解释的可接受度进行评估，通常从安全性、正确性、完整性、相关性、可读性等维度进行评估，具体评分要求如表 4-2 所示。

表 4-2 代码解释能力的评分标准

得分	能力项分项要求
0 分	文字解释内容存在安全风控红线问题
1 分	文字解释与源代码毫无关系，解释令人费解，不能解释用户需求
2 分	文字解释可读性较差，解释内容包含源代码的部分信息，但大部分与源代码无关，用户需要的解释内容大部分没有给出
3 分	文字解释基本可读，所需要的解释内容基本可以给出，但关键部分仍存在遗漏
4 分	• 文字解释易读，用户所需要的解释内容几乎没有遗漏，包含代码的功能、目的、使用场景、主要逻辑等，但少部分非关键解释仍存在遗漏或错误 • 文字解释内容安全可控，不存在攻击性、种族歧视、隐私、政治敏感等风险内容
5 分	文字解释完全准确，基本没有错误和遗漏，通俗易懂且安全可控，能完全按照用户要求给出

我们将评测模型不同方面的能力，包括在零样本（Zero-Shot）、少样本（Few-Shot）和大量样本情况下评测大模型的表现，以衡量其泛化能力。此外，我们还会开展如下一些专项评测。

- 评测模型在不同群体（如性别、种族、年龄等）上的表现差异，检测潜在的偏见，从而确保模型公平性。

- 对模型进行对抗性测试，观察其对输入扰动（如拼写错误、语序变化等）的稳定性，以评估模型在不理想条件下的表现。

- 在实际应用环境中，评测模型的推理速度和资源（内存、GPU 等）使用效率等。

我们也会借助一些评估工具或平台来进行评测。例如，OpenCompass 是一个开源的大模型评测平台，构建了包含学科、语言、知识、理解、推理五大维度的通用能力评测体系，支持了超过 50 个评测数据集和 30 万道评测题目，支持零样本、少样本及思维链评测。通常意义上的大模型自动化评测平台会拥有一系列模型评测的工程能力，如模型管理、数据集管理、Prompt 配置、评测管理、评测报告生成等，通过这样的平台可以快速进行新的模型评估。

- 模型管理：集成了一系列标准接口的开源模型和商用模型，用户可以直接调用已有模型或者自定义模型。

- 数据集管理：集成了一系列公开评测数据集，并转换为评估框架可以使用的数据范式；同时还提供了数据集导入能力。

- Prompt 配置：针对不同的场景类型和任务类型，提供可定制的标准 Prompt 模板，以支撑各种模型评测工作。

- 评测管理：集成了评测任务的管理，包含评测任务的创建、启停、复制及运行查看等相关能力。集成了一系列常用的评测算法，以应对不同任务的自动评测。

- 评测报告生成：提供了评测分析结果、详细评测指标项及报告下载能力。

4.6 | 安全治理能力：行稳致远

研发大模型在生成文档、代码时，可能会产生一些安全风险。例如，生成的代码具有安全漏洞，这些漏洞可能会被利用来对软件供应链进行攻击；生成的代码还可能引发版权、敏感信息泄露等问题。在整个基于大模型的研发环境中，可能存在以下诸多威胁。

- 编程、测试等智能助手中个人知识或隐私信息、访问权限等受到攻击。

- 内部数据湖或工具中的任何敏感信息可能通过大模型被窃取。

- 通过提示词注入可能会暴露模型的一些弱点从而被利用，以及改变智能体的执行位置、执行方式或执行内容等。

- 借助大模型提供的 API 服务可以访问一些受限的工具或资源。

- 直接访问内部大模型的攻击者可能会拥有非凡的能力，如能获取最敏感的数据、发现战略计划、篡改知识库等。

因此，大模型的安全治理至关重要。过去在软件工程 2.0 的 SaaS 应用和服务上已经积累了很好的安全治理实践，其中大部分都可以应用于大模型训练和服务，如工具链自身安全、完整性保护、存储隔离机制、权限约束及访问控制、定期安全检查与评估等，形成了 MLOps（机器学习模型运维）。许多安全治理思路和方法是相通的，但大模型也有自己的一些特点，主要体现于对数据安全、模型安全的关注。

- 数据开发安全：确保数据（训练语料、知识、提示词等）来源可信、可溯源，检测敏感信息及核心资产，确保数据内容和版权合规，管理数据领域标签等。对于模型微调训练的语料安全管理，应遵循一般业务数据或代码安全管理原则，如数据采集时受管控的数据仅从可信仓库获取、数据处理时需要过滤敏感信息等。

- 模型开发安全：进行模型安全评估，支持模型安全标识、领域隔离强化训练，甚至支持任务隔离。

- 模型运行安全：重点关注 Prompt 和知识库等的数据安全、模型推理 API 安全（如支持 HTTPS 访问及严格的访问控制），并防范模型资源滥用（如支持单个请求资源使用、上下文窗口长度、请求数量、响应操作数量上限等配置）。

- 模型应用安全：确保模型使用合规（如对输入/输出内容进行敏感信息或安全检测），实施领域性安全风控（如业务领域隔离、代码安全质量保障、版权合规），防范 AI 应用攻击等。

第 5 章

SE 3.0 实践场：重塑软件开发生命周期

在软件工程 3.0 的核心能力支撑下，我们具备了强大的大模型驱动能力，从而实现模型驱动需求定义、设计、开发、测试、运维，即借助模型能力来完成软件开发全生命周期的各项主要工作。

- LLM 驱动需求定义：LLM 能够理解用户需求，突破智能工程的瓶颈。LLM 通过与用户对话能够提取业务需求、用户需求和系统的功能/非功能性需求，从而进一步生成清晰、结构化的需求文档。

- LLM 驱动设计：LLM 可以根据系统的功能/非功能性需求提出架构、模块划分与接口等设计建议，也可以分析现有代码库和设计模式，提供相应的设计建议，并通过与设计工具集成，帮助我们创建 UML 视图、流程图等。

- LLM 驱动编程：LLM 在编程方面应用广泛，包括代码补全、函数级的代码生成、代码解释、代码注释行生成、单元测试生成、代码评审、代码修复或优化等。

- LLM 驱动测试：LLM 可以基于需求和功能描述进行测试分析，生成高效的测试用例或脚本，并且可以根据代码变更调整测试用例。它还能帮助我们分析测试结果、识别失败原因，并提供修复建议，提升测试反馈效率。

- LLM 驱动运维：LLM 可以帮助运维人员分析系统日志，诊断故障原因并提供解决方案。此外，LLM 还可以基于过往的运维案例经验，识别系统瓶颈并推荐优化措施，为运维团队节省时间和成本。

LLM 不仅在上述主要开发和运维工作上发挥重要作用，而且可以与我们进行持续交互，收集反馈信息并进行分析，为产品迭代提供依据。在整个开发过程中产生的数据、文档和知识可由 LLM 整理和归档，形成知识库，供未来项目参考。

通过将 LLM 与现有的开发工具和流程相结合，我们真正迈入软件工程 3.0——智能软件工程时代。软件研发将变得更加智能化与自动化，能够更快响应市场需求，提升软件质量，从而更好地满足市场和用户的需求。

5.1 需求获取、分析与定义：循序渐进、水到渠成

过去，尽管有推动"智能软件工程"的想法，但计算机系统无法理解业务和需求。如今，大模型突破了这一瓶颈，开始能够理解业务和需求。虽然目前许多企业更多地将精力投入在代码生成、代码补全上，但实际上，在需求获取、分析和定义方面，大模型带来的价值和作用更大。因为生成的代码要求极高的准确性，差一个符号都不行，而对需求就没有那么严格的要求，只要能正确地表达内容即可。甚至我们还需要大模型的泛化能力和"幻觉"，以拓宽我们的思路，发现一些潜在的用户需求。此外，大模型生成文档的能力也很强，不仅速度快，而且文字通顺、格式规范，在需求文档生成方面，可以为我们节省大量时间。

LLM 不仅可以在我们的引导下细化需求、生成需求文档，而且可以帮助我们获取和挖掘需求。LLM 能准确地理解我们的意图，从而从更广阔的互联网空间获取并加工信息，帮助我们获取更清晰、更具体的需求。同样，LLM 能够帮助我们识别需求中的关键要素和用户角色，进一步将其分解为用户角色需求，生成用户故事及其验收标准，定义明确的需求规格。

5.1.1 RAG+ 智能体助力需求分析

要借助 LLM 做好需求工作，需要用到上一章构建的核心能力，如提示工程、RAG 技术、智能体、SFT 等。其中关键在于利用 SFT，以业务领域知识为语料，训练出能理解特定业务的领域大模型。例如，越来越多的金融

大模型被开发出来以满足行业特定需求，如 BloombergGPT、FinQwen、LightGPT、AntFinGLM 等，这些大模型能更好地理解金融业务，应用于一线金融业务，并助力完成业务分析。

然而，业务领域大模型相对封闭，很难被我们所用，因此，可暂时采用 RAG+ 智能体的方式来帮助基础大模型更好地理解业务。虽然它在业务推理方面会弱一些，但通过交互方式，能与我们协同完成需求获取、分析和定义等工作。

豆包、智谱清言、文心一言、通义千问等大模型都支持智能体的创建。其中，智谱清言不仅支持智能体创建，还可以载入相关知识库（如图 5-1 所示）和增加一些调用工具或外部 API 接口的能力（如图 5-2 所示），从而构建出更专业、更有能力的智能体。

知识库			
为智能体提供个性化的知识输入，更好的解决问题		上传URL　+上传文件　授权内容	
全选 共26个文件			删除文件
2024-金融科技企业调查报告	pdf	约2.52万字	2024.10.02
地方资产管理	pdf	约6372字	2024.10.02
业务分析管理	pdf	约1.06万字	2024.10.02
商业银行行业分析	pdf	约4489字	2024.10.02
金融租赁行业分析	pdf	约3805字	2024.10.02
消费金融行业分析	pdf	约3245字	2024.10.02
基于 SysML 的载人登月可靠性安全性分析	pdf	约2.05万字	2024.02.18
基于深度强化学习的作战概念能力需求分析_	pdf	约1.57万字	2024.02.18
业务需求分析与业务建模	pdf	约7.30万字	2024.02.18
软件系统分析	pdf	约2.24万字	2024.02.18
问题驱动的方法	pdf	约2.17万字	2024.02.18
管理信息系统开发	pdf	约2.39万字	2024.02.18
需求分析	pdf	约2.84万字	2024.02.18
软件需求分析和软件需求规格	pdf	约2.30万字	2024.02.18
发布智能体不影响数据解析，解析完毕后可进行知识库调用			

图 5-1 知识库配置示例

创建一个智能体，我们还需要配置一些基本信息，包括角色名称、简介、身份（类似岗位职责）、主要能力，其中细节描述可以包含具体技能、业务处理流程等，如图 5-3 所示。

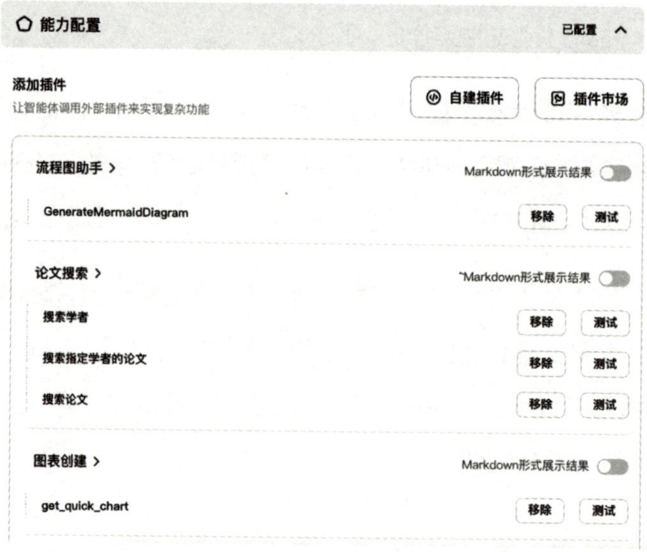

图 5-2　能力配置示例

图 5-3　基本配置示例

5.1.2 业务需求收集与获取

过去，我们运用机器学习、社会网络分析和反馈机制等技术，从开源社区的问题报告和聊天平台中挖掘隐秘的用户需求。我们甚至采用基于深度多任务学习的方法和基于双向 LSTM 结构的上下文感知对话模型，来提升需求获取的能力。这些探索在某些应用场景中是非常有意义的。然而，随着大模型技术的发展，我们现在可以通过检索增强技术（RAG）和智能体，向基于大模型的工具或系统提出明确需求，系统就会搜索相关网络资源并实时整理出所需内容反馈给我们，从而帮助我们挖掘用户需求。

这里就有一个生动的例子，针对银行开发一个智能催收管理系统，让大模型协助收集需求，可以看到它会尽可能搜索网络资源，然后进行总结，如图 5-4 所示。

如果我们认为上述获得的需求还不够，可以进一步要求 LLM 继续挖掘"智能催收管理系统"的业务需求。如下所示，可以看到又新增了 13 项业务需求，涵盖合规性、安全性、系统集成、升级维护、移动端支持等各类业务需求。如果我们把 5why 方法用在这里，是不是还可以再挑战一下 LLM，让它帮忙挖掘出更多的业务需求呢？

> ↳ 提示词
>
> 基于上述获取的"建立范围覆盖全行授信全部产品及业务全生命周期的智能催收管理系统"，还有哪些业务没有考虑到的？再仔细想一想，帮忙补充完整。

> ↳ 智能体"业务分析师（BA）"的回答
>
> 在建立覆盖全行授信全部产品及业务全生命周期的智能催收管理系统时，除已考虑的需求外，还应考虑以下业务需求：
> 1. **多语言支持**：考虑到银行客户群体的国际化，系统应支持多种语言，以便与不同语言背景的客户进行有效沟通。
> 2. **文化敏感性**：不同国家和地区的文化背景不同，系统应具备文化敏感性，避免使用可能引起误解或不适的语言和沟通方式。

3. **法律遵从性**：不同国家和地区有不同的法律法规，智能催收系统应能够根据不同地区的法律要求调整催收策略和流程。
4. **数据隐私保护**：在处理客户数据时，应严格遵守数据保护法规，确保客户隐私不被泄露。
5. **用户权限管理**：系统应具备严格的角色权限管理，确保只有授权人员才能访问和操作敏感数据。
6. **系统集成**：智能催收系统应能够与其他银行系统（如信贷管理系统、客户关系管理系统等）无缝集成，实现数据共享和流程协同。
7. **用户体验优化**：系统界面应简洁易用，提供丰富的帮助文档和培训材料，确保用户能够高效使用系统。
8. **灵活的报表和分析工具**：系统应提供灵活的报表和分析工具，帮助管理层实时监控催收效果，及时调整策略。
9. **移动端支持**：随着移动设备的普及，系统应支持移动端访问，方便催收人员在外出时也能及时处理催收任务。
10. **风险控制与预警**：系统应具备风险控制和预警机制，及时发现潜在的坏账风险，并采取相应措施。
11. **系统安全性**：系统应具备高度的安全性，包括数据加密、访问控制、入侵检测等，以防止黑客攻击和数据泄露。
12. **持续的系统升级和维护**：系统应能够持续升级和维护，以适应不断变化的市场环境和业务需求。
13. **客户反馈机制**：系统应建立有效的客户反馈机制，以便及时收集和处理客户对催收服务的意见和建议。

通过综合考虑这些业务需求，可以确保智能催收管理系统在提高催收效率的同时，也能满足法律法规要求，保护客户隐私，并提升用户体验。

我们也可以针对其中一项业务需求，让 LLM 帮忙澄清或进行详细说明。例如，"全程协同作业链"业务需求提到"多种案件导入方式、分案策略、灵活的催收方式、多维案件管理"，我们可以让 LLM 帮忙列出导入方式、分案策略、催收方式以及不同维度等。我们自己整理可能要花几十分钟，而大模型仅需 1～2 分钟就能清晰地列出，如下所示。我们也可以询问 LLM 扮演的"业务分析师"，关于智能催收管理系统中的"全流程管理"业务需求会涉及全流程中的哪些环节，它能迅速列出全流程中共有 12 个环节，此处暂不列出，留给读者思考，看看你能否在几分钟内完成。通过这一过程，LLM 不仅能比较完整地帮助我们获取需求，而且输出的文字内容规范，十分出色。

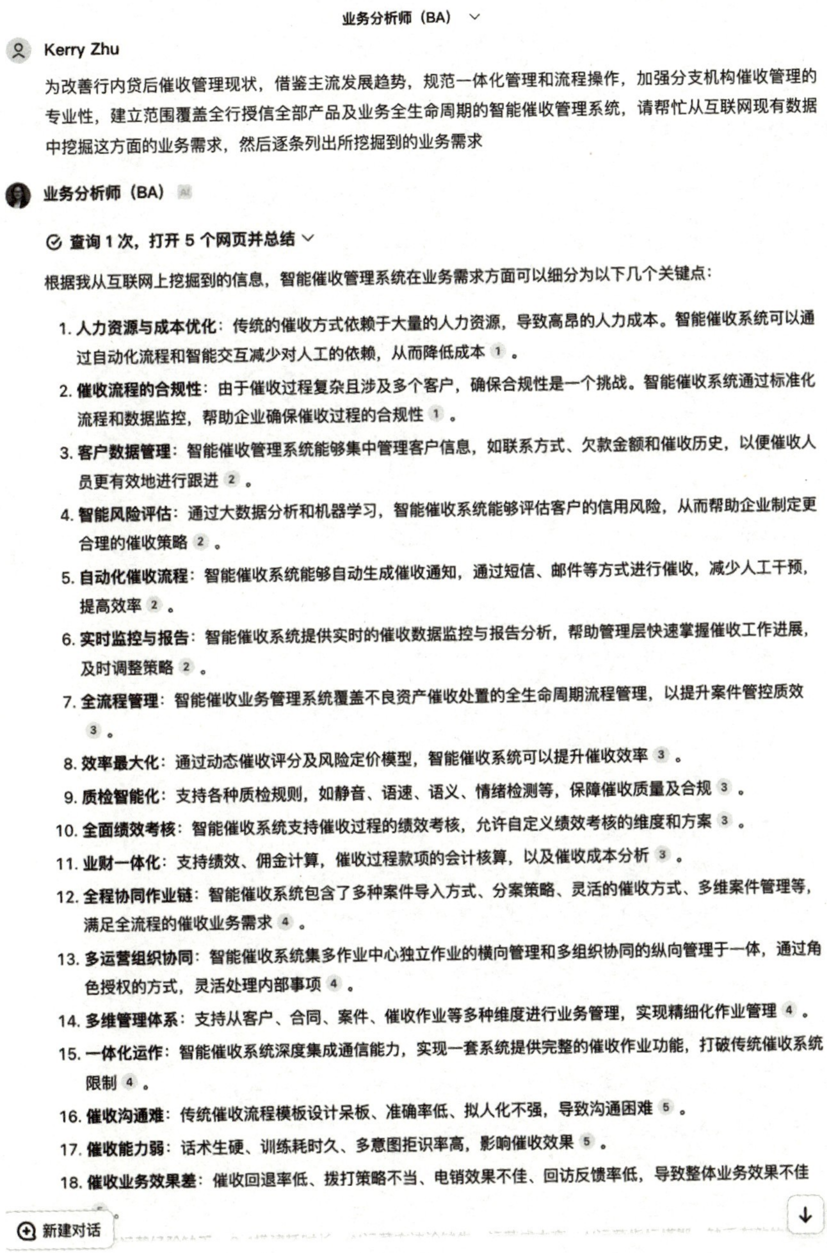

业务分析师（BA） ∨

Kerry Zhu

为改善行内贷后催收管理现状，借鉴主流发展趋势，规范一体化管理和流程操作，加强分支机构催收管理的专业性，建立范围覆盖全行授信全部产品及业务全生命周期的智能催收管理系统，请帮忙从互联网现有数据中挖掘这方面的业务需求，然后逐条列出所挖掘到的业务需求

业务分析师（BA） AI

✓ 查询 1 次，打开 5 个网页并总结 ∨

根据我从互联网上挖掘到的信息，智能催收管理系统在业务需求方面可以细分为以下几个关键点：

1. **人力资源与成本优化**：传统的催收方式依赖于大量的人力资源，导致高昂的人力成本。智能催收系统可以通过自动化流程和智能交互减少对人工的依赖，从而降低成本 [1]。
2. **催收流程的合规性**：由于催收过程复杂且涉及多个客户，确保合规性是一个挑战。智能催收系统通过标准化流程和数据监控，帮助企业确保催收过程的合规性 [1]。
3. **客户数据管理**：智能催收管理系统能够集中管理客户信息，如联系方式、欠款金额和催收历史，以便催收人员更有效地进行跟进 [2]。
4. **智能风险评估**：通过大数据分析和机器学习，智能催收系统能够评估客户的信用风险，从而帮助企业制定更合理的催收策略 [2]。
5. **自动化催收流程**：智能催收系统能够自动生成催收通知，通过短信、邮件等方式进行催收，减少人工干预，提高效率 [2]。
6. **实时监控与报告**：智能催收系统提供实时的催收数据监控与报告分析，帮助管理层快速掌握催收工作进展，及时调整策略 [2]。
7. **全流程管理**：智能催收业务管理系统覆盖不良资产催收处置的全生命周期流程管理，以提升案件管控质效 [3]。
8. **效率最大化**：通过动态催收评分及风险定价模型，智能催收系统可以提升催收效率 [3]。
9. **质检智能化**：支持各种质检规则，如静音、语速、语义、情绪检测等，保障催收质量及合规 [3]。
10. **全面绩效考核**：智能催收系统支持催收过程的绩效考核，允许自定义绩效考核的维度和方案 [3]。
11. **业财一体化**：支持绩效、佣金计算，催收过程款项的会计核算，以及催收成本分析 [3]。
12. **全程协同作业链**：智能催收系统包含了多种案件导入方式、分案策略、灵活的催收方式、多维案件管理等，满足全流程的催收业务需求 [4]。
13. **多运营组织协同**：智能催收系统集多作业中心独立作业的横向管理和多组织协同的纵向管理于一体，通过角色授权的方式，灵活处理内部事项 [4]。
14. **多维管理体系**：支持从客户、合同、案件、催收作业等多种维度进行业务管理，实现精细化作业管理 [4]。
15. **一体化运作**：智能催收系统深度集成通信能力，实现一套系统提供完整的催收作业功能，打破传统催收系统限制 [4]。
16. **催收沟通难**：传统催收流程模板设计呆板、准确率低、拟人化不强，导致沟通困难 [5]。
17. **催收能力弱**：话术生硬、训练耗时久、多意图拒识率高，影响催收效果 [5]。
18. **催收业务效果差**：催收回退率低、拨打策略不当、电销效果不佳、回访反馈率低，导致整体业务效果不佳

+ 新建对话

图 5-4 LLM 获取业务需求的一个示例

> ↘ 提示词

关于之前谈到智能催收管理系统中的"全程协同作业链"业务需求，提到"多种案件导入方式、分案策略、灵活的催收方式、多维案件管理"，请详细列出哪几种导入方式、哪些分案策略、哪些催收方式、哪些维度的案件管理等。

> ↘ 智能体"业务分析师（BA）"的回答

在智能催收管理系统中，实现"全程协同作业链"的业务需求，需要考虑以下几个方面：

1. **多种案件导入方式：**
   - 手动输入：催收人员可以直接在系统中手动输入案件信息。
   - 文件导入：支持从 Excel、CSV 等文件格式导入案件数据。
   - 系统对接：与其他银行系统（如核心业务系统、信贷系统等）对接，自动导入案件信息。
   - 外部数据接入：接入第三方数据服务，如信用报告、客户行为分析等，以丰富案件信息。

2. **分案策略：**
   - 风险等级分案：根据客户的风险等级进行案件分配。
   - 金额大小分案：根据欠款金额的大小进行案件分配。
   - 地域分案：根据客户的地理位置进行案件分配。
   - 产品类型分案：根据客户所欠贷款的产品类型进行案件分配。
   - 催收历史分案：根据之前的催收记录和结果进行案件分配。

3. **灵活的催收方式：**
   - 电话催收：通过电话与客户直接沟通，进行催收。
   - 短信/邮件催收：通过发送短信或邮件提醒客户还款。
   - 书面催收：发送正式的催收信函或法律文件。
   - 在线催收：通过在线聊天或社交媒体与客户沟通。
   - 第三方催收：对于难以催收的案件，可以委托给专业的第三方催收机构。

4. **多维案件管理：**
   - 客户信息维度：管理客户的个人信息、联系方式、账户信息等。
   - 催收进度维度：跟踪每个案件的催收进度和状态。
   - 催收结果维度：记录每个案件的催收结果，如还款情况、坏账情况等。
   - 风险评估维度：定期对案件进行风险评估和更新。
   - 合规性维度：确保催收活动符合相关法律法规和银行内部政策。

5.1.3 业务需求建模与分析

在获取业务需求之后，我们可以让 LLM 整理需求。下面这个示例就是基于上述的需求获取内容，让 LLM 帮忙整理需求。从整理的结果来看，这并非简单的叠加或合并，而是真正的整理（重新生成内容），使得需求层次更清晰。

> ↘ **提示词**
>
> 基于上面两个展示的案例，请认认真真地细化、深度挖掘"智能催收管理系统"的业务需求，然后全面地按层次阐述其业务需求。

> ↘ **智能体"业务分析师（BA）"的回答**
>
> 在深度挖掘智能催收管理系统的业务需求时，我们可以从以下几个层次进行阐述：
>
> 1. **基础层需求：**
>   - **数据录入与整合**：系统应能快速准确地录入和整合各类催收案件信息，包括客户基本信息、账户信息、交易记录等。
>   - **数据查询与检索**：提供强大的查询和检索功能，方便催收人员快速找到所需案件信息。
> 2. **策略制定层需求：**
>   - **风险评估**：系统应具备自动评估客户风险等级的能力，根据风险等级制定不同的催收策略。
>   - **催收策略定制**：允许催收人员根据案件特点定制个性化的催收策略，包括催收方式、频率和沟通内容等。
> 3. **任务执行层需求：**
>   - **任务分配与管理**：系统应能根据催收策略和催收人员的能力，智能分配催收任务。
>   - **催收执行跟踪**：支持多种催收方式，如电话催收、短信催收、邮件催收等，并能记录催收过程和结果。
> 4. **风险控制层需求：**
>   - **风险控制**：系统应能及时发现和预警潜在的坏账风险。
>   - **法规遵从**：确保催收活动符合相关法律法规和银行内部政策。

5. 客户服务层需求：
   - **客户沟通**：系统应支持与客户的沟通，包括电话、短信、邮件等多种方式。
   - **客户满意度**：通过多种方式提高客户满意度，如个性化服务、及时响应等。
6. 系统管理层需求：
   - **权限管理**：对系统用户进行权限管理，确保信息安全。
   - **数据安全**：对系统数据进行加密和备份，防止数据丢失和泄露。
7. 系统扩展层需求：
   - **接口对接**：与其他银行系统、第三方数据服务等进行接口对接，实现数据共享和业务协同。
   - **系统升级**：系统应能持续升级和优化，以适应不断变化的市场环境和业务需求。

在以上总结的基础上，可以让 LLM 尽可能细化业务需求，生成思维导图，以 Markdown 格式输出，然后再导入 XMind 等类型工具，完成思维导图的制作，如图 5-5 所示。

生成的思维导图还只是对业务需求的初步整理，还须进一步分析，如去伪存真、需求建模。一方面，可人工评审这个思维导图，检查是否存在问题，针对思维导图的评审相对快捷、有效；另一方面，也可借助大模型来分析这张思维导图，识别哪些内容需要剔除或增加。为了更深入地分析，可以开始进行需求建模，包括制作 UML 和业务流程图等。例如在进行 UML 建模分析时，以生成系统层次的用例图为例，可以让 LLM 列出本业务系统所涉及的用户角色。

然后再生成 PlantUML 格式的用例图，导入工具，就能生成用例图。其中用例图的描述包括 3 部分：角色（actor）、用例（use case）和关系，如图 5-6 所示。首次生成的用例图虽然没有语法问题，导入工具就能自动生成，但布局有问题，需要优化。可以告知大模型，要求用例控制在中间矩形区域内，用户角色需要分列左右两边，然后进行优化，重新生成 PlantUML 格式的内容，导入工具，生成相对完整的用例图，如图 5-7 所示。

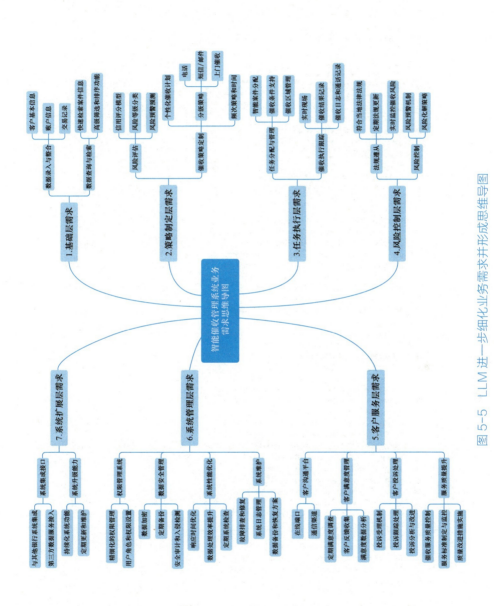

图 5-5　LLM 进一步细化业务需求并形成思维导图

> 🧑 业务分析师（BA）

将上述用例图的内容转换为PlantUML格式，可以得到以下代码：

```plantuml
@startuml
'# 智能催收管理系统用例图'
'角色:'
actor 催收员 as Collector
actor 催收经理 as Manager
actor 风险分析师 as Analyst
actor 系统管理员 as Admin
actor 法律顾问 as Legal
actor 客户服务代表 as CSR
actor 数据分析师 as DataAnalyst
actor 业务分析师 as BA
actor 产品经理 as PM
actor IT支持人员 as IT
actor 财务人员 as Finance
actor 合规人员 as Compliance
'用例:'
use case 案件录入 as CaseEntry
use case 风险评估 as RiskAssessment
use case 催收策略制定 as CollectionStrategy
use case 催收执行 as CollectionExecution
use case 催收记录与跟进 as CollectionRecord
use case 催收效果评估 as CollectionEvaluation
use case 系统维护与升级 as SystemMaintenance
use case 客户反馈处理 as CustomerFeedback
use case 数据分析和报告 as DataAnalysis
use case 法规遵从性监控 as ComplianceMonitoring
'关系:'
Collector ->> CaseEntry : 执行
Collector ->> RiskAssessment : 执行
Collector ->> CollectionStrategy : 执行
Collector ->> CollectionExecution : 执行
Collector ->> CollectionRecord : 执行
Collector ->> CollectionEvaluation : 执行
Manager ->> CaseEntry : 管理
Manager ->> RiskAssessment : 管理
Manager ->> CollectionStrategy : 管理
Manager ->> CollectionExecution : 管理
Manager ->> CollectionRecord : 管理
Manager ->> CollectionEvaluation : 管理
Analyst ->> RiskAssessment : 执行
Admin ->> SystemMaintenance : 执行
Admin ->> ComplianceMonitoring : 执行
CSR ->> CustomerFeedback : 执行
DataAnalyst ->> DataAnalysis : 执行
BA ->> CollectionStrategy : 执行
PM ->> CollectionStrategy : 管理
IT ->> SystemMaintenance : 执行
Finance ->> CollectionEvaluation : 执行
Compliance ->> ComplianceMonitoring : 执行
@enduml
```

这个PlantUML代码定义了一个智能催收管理系统的用例图，包括角色和用例，以及它们之间的关系。您可以在支持PlantUML的编辑器或在线工具中运行此代码，以生成相应的用例图。

图 5-6 PlantUML 格式的用例图描述

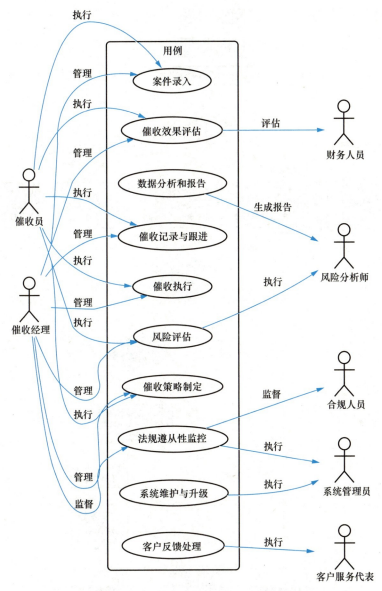

图 5-7　UML 生成的催收系统用例图（经过多次交互优化）

为了更好地理解业务，我们可以利用大模型生成业务流程图。通常，可以让 LLM 输出 Mermaid 格式内容，然后将其导入相应的工具中以生成图形。如果流程图不完整或布局不合理，还可以与 LLM 交互，优化输出内容。图 5-8 就是 LLM 生成的催收系统业务流程图的示意图。

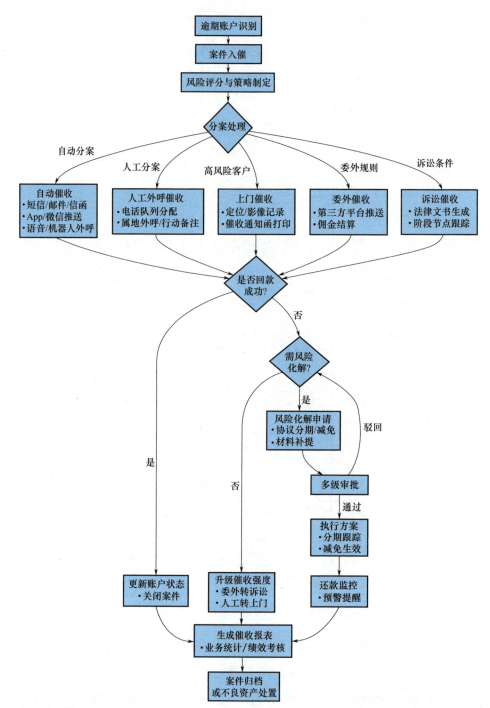

图 5-8　LLM 生成的催收系统业务流程图的示意图（经过多次交互优化）

1）首先根据逾期风险来判断逾期级别：风险小的触发"自动催收"方式，风险中等的触发"人工外呼催收"方式，风险高的触发"上门催收"方式。

- 自动催收：通过互联网、短信、信函、邮件、自动语音外呼等渠道进行催收。

- 人工外呼催收：电话催收，并记录催收过程，处理投诉和转案。

- 上门催收：通过发送催收通知函、电话风险排查和现场风险检查等方式进行催收。

2）根据催收结果决定是否确认还款或采取进一步的催收策略：将"进一步催收策略"细分为委外催收和诉讼催收，分别展示每种策略的详细步骤。例如，委外催收会将案件交给外部催收公司，并跟踪进度和效果；而诉讼催收会通过法律手段进行催收，包括诉讼阶段管理、材料管理和费用管理。

需求分析不仅限于建模分析，LLM 还可以协助我们进行竞品分析，帮助我们更好地了解现有系统的优点，从而扬长避短，开发出更优质的产品。以下展示了 LLM 所做的具体工作。

> ↘ **提示词**
>
> 目前已经有哪些智能的催收系统？并进行对比分析。

> ↘ **智能体"业务分析师（BA）"的回答**
>
> ⊘ **查询 1 次，打开 7 个网页并总结** ⌄
>
> 针对该目前市场上存在多种智能催收系统，每种系统都有其独特的功能和优势。以下是一些主要的智能催收系统及其特点的对比分析：
>
> 1. **新一代智能催收业务管理系统**：这种系统利用大数据和人工智能技术，提供全栈式一体化作业，包括人工电催、机器人催收、短信催收等多种方式。它的特点包括全流程管理、流程自动化、效率最大化、质检智能化和全面绩效考核。此外，它还支持业财一体化，可以进行绩效、佣金计算和催收过程款项的会计核算。

2. **云催收系统**：这是一种基于云计算技术的债务催收管理平台，特点包括高效便捷、智能精准、合规安全和数据分析与决策支持。云催收系统可以实现全天候不间断的催收服务，操作简单便捷，同时利用大数据和人工智能技术，对债务人的信息进行全面分析和评估，制定精准的催收策略。

3. **智能催收系统（Zetronic）**：这种系统基于人工智能和大数据分析，旨在帮助企业自动化处理债务催收过程。其关键组成部分包括数据分析、自动化催收和个性化策略。智能催收系统可以提高催收效率、降低成本，同时提升客户体验。

4. **新火种 AI 催收系统**：这个系统利用 AI 技术，实现高效、智能的催收匹配工作。AI 催收的效率极高，可以 24 小时工作，同时避免暴力催收和低素质催收的情况。此外，AI 催收还持有专业的案件流转手法，以应对各式各样的催收业务。

5. **中科汇联智能催收解决方案**：这个解决方案基于自然语言处理、深度学习、知识图谱等技术，为银行提供智能外呼、智能交互、还款引导等功能。它支持催收任务管理，机器人可自动拨打客户电话进行催收，并提供智能催收质检和客户画像分析等功能。

6. **云融科技智能催收系统**：这个系统提供全流程的催收功能，基于先进的工作流引擎的派单策略部署。它支持多种催收方式，如短信、邮件、信函、电话等，并强调产品的标准化、合规化、策略化、智能化和移动化。此外，它还具备牢固的数据安全体系。

> ↳ 提示词

从这些已有系统中获得哪些启示？若我们开发智能催收系统，可以吸收哪些优点？

> ↳ 智能体"业务分析师（BA）"的回答

从这些现有的智能催收系统中，我们可以获得以下几点启示，并在开发智能催收系统时吸收这些优点：

1. **技术融合**：智能催收系统应融合大数据、人工智能、云计算等多种先进技术。例如，利用大数据分析客户数据，利用人工智能进行催收策略的智能化制定，利用云计算提供强大的计算和存储能力。

2. **全流程管理**：系统应实现催收全流程的自动化和智能化管理，包括案件录入、分配、跟进和结案等环节。这有助于提高催收效率，减少人为错误。

3. **个性化催收策略**：系统应能够根据客户的行为数据和还款意愿，制定个性化的催收策略。这不仅能提高催收成功率，还能提升客户体验。

4. **合规与安全**：系统必须严格遵守国家法律法规和行业规范，确保催收行为的合规性。同时，应采用先进的安全技术保护客户数据和隐私。
5. **高效催收手段**：智能催收系统应集成多种催收手段，如短信、邮件、电话、外访等，同时支持自动和人工催收的结合，以适应不同情况的需求。
6. **数据驱动决策**：系统应能够对催收数据进行深入分析和挖掘，为金融机构和企业提供全面的数据分析报告和决策支持。
7. **用户友好界面**：系统应具备友好且现代化的界面和操作性，便于用户使用和管理。
8. **灵活性和可扩展性**：系统应具有良好的可维护性和可扩展性，能够适应不断变化的市场和业务需求。
9. **性能和稳定性**：系统在设计时应考虑到高性能和稳定性，确保在高峰期也能保持高效的运行。
10. **集成与协作**：智能催收系统应能够与其他系统（如信贷系统、客户关系管理系统等）集成，实现数据共享和流程协同。

5.1.4 需求定义（生成需求文档）

在完成需求整理和需求建模与分析之后，接下来可以生成需求文档，从而完成需求定义。如果按照软件工程 1.0 的规范，须生成包含典型用例的市场需求文档（MRD）或产品需求文档（PRD）；如果按照软件工程 2.0 的规范，则须生成用户故事及其验收标准。鉴于目前大部分企业都处于软件工程 2.0 时代，并逐步向软件工程 3.0 过渡，我们就重点介绍如何生成用户故事。对于功能和非功能的定义，大模型可以轻松应对。笔者[①]在"软件工程 3.0 时代"公众号上曾发表文章"软件工程 3.0 实践之路（五）：LLM 驱动需求工程与软件设计"，本书将附送 OpenAI o1 模型定义的较完整的功能/非功能电子资料，供读者参考。

以银行智能催收系统为例，探讨如何借助大模型来生成用户故事。用例图在此过程中极具价值，因为它明确了用户角色和用例（尽管较为粗略），思维导图也可作为参考，可依据思维导图逐步细化内容。因此，建议将之前 LLM 生成的结果（最好是经过业务人员评审后的结果）合并至一个文件中，将该文件作为上下文，以助 LLM 更好地理解业务背景，缓解其短记忆问题，再让

[①] 这里指作者之一朱少民老师。——编辑注

LLM 协助生成用户故事，效果更佳。

首先，让 LLM 生成用户故事，因为是第一次，可以看作初步的（基本的）用户故事，如下所示，共生成 8 个用户故事。

> ↘ **提示词**
>
> 根据前面的讨论和上传的文档，就用户角色"催收员"，生成与这个角色相关的用户故事。
>
> 智能催收管理系统的初步…
> DOCX 241.6KB

> ↘ **智能体"业务分析师（BA）"的回答**
>
> 我将根据之前的讨论和您提供的文档，为"催收员"角色生成相关的用户故事。以下是针对催收员角色的用户故事。
>
> 1. 作为催收员，我希望能够快速、准确地录入和整合各类催收案件信息，包括客户基本信息、账户信息、交易记录等。
> 2. 作为催收员，我希望能够通过系统查询和检索功能快速找到所需案件信息，以便进行有效的催收工作。
> 3. 作为催收员，我希望能够根据系统提供的风险评估结果，制定个性化的催收策略，包括催收方式、频率和沟通内容等。
> 4. 作为催收员，我希望能够根据系统分配的任务，通过电话、邮件、短信等方式与客户进行沟通，执行催收策略。
> 5. 作为催收员，我希望能够记录催收过程中的所有沟通和操作，包括客户反馈、还款情况等，并持续跟进未解决的案件。
> 6. 作为催收员，我希望能够实时查看催收效果，包括回收率、成本效益等，以便不断优化催收策略。
> 7. 作为催收员，我希望能够通过系统与客户进行沟通，包括电话、在线聊天等，提高沟通效率和客户满意度。
> 8. 作为催收员，我希望能够通过系统接收和处理客户投诉，及时解决问题，维护客户关系。

大模型需要一些提示或激励，如这里强调"催收员"角色是本系统的主要角色，应该有更多的用户故事，因此 LLM 又增加了 12 个用户故事。

> ↳ 提示词
>
> "催收员"角色是本系统的主要角色,应该有更多的操作行为,不止 8 个用户故事,请补充其他用户故事。

> ↳ 智能体"业务分析师(BA)"的回答
>
> 了解了,我将为"催收员"角色补充更多的用户故事,以涵盖其在智能催收管理系统中的主要操作行为。以下是补充后的用户故事[1]。
>
> 9. 作为催收员,我希望能够查看分配给我的催收任务,了解每个任务的基本信息和优先级。
> 10. 作为催收员,我希望能够通过系统与客户进行沟通,包括电话、短信、邮件等,以提高沟通效率和客户满意度。
> 11. 作为催收员,我希望能够记录催收过程中的所有沟通和操作,包括客户反馈、还款情况等,以便后续跟进。
> 12. 作为催收员,我希望能够通过系统接收和处理客户投诉,及时解决问题,维护客户关系。
> 13. 作为催收员,我希望能够实时查看催收效果,包括回收率、成本效益等,以便不断优化催收策略。
> 14. 作为催收员,我希望能够根据系统提供的风险评估结果,制定个性化的催收策略,包括催收方式、频率和沟通内容等。
> 15. 作为催收员,我希望能够查看和更新催收记录,包括电话记录、短信记录等,以便跟踪催收进度。
> 16. 作为催收员,我希望能够通过系统接收和处理客户的还款请求,确保及时入账。
> 17. 作为催收员,我希望能够通过系统查询客户的信用记录和还款历史,以便更好地了解客户情况。
> 18. 作为催收员,我希望能够通过系统接收和处理客户的还款计划申请,并对其进行评估。
> 19. 作为催收员,我希望能够通过系统接收和处理客户的息费减免申请,并对其进行评估。
> 20. 作为催收员,我希望能够通过系统接收和处理客户的债务重组申请,并对其进行评估。

我们也可以补充需求文档,让它生成额外的用户故事,因此又增加了 10

---

[1] 这个回答仍有局限性,个别项存在重复,读者还可以进行优化处理。

个用户故事,这样总共生成了 30 个用户故事。这样是不是比较完整地覆盖了"催收员"这个用户角色的需求?

> **提示词**
>
> 给你补充了需求文档,请为"催收员"生成额外的一些用户故事。
>
> 某银行催收系统业务需求…
> DOCX 36.63KB

> **智能体"业务分析师(BA)"的回答**
>
> 了解了,我将根据您提供的补充需求文档,为"催收员"角色生成额外的用户故事。以下是补充后的用户故事。
>
> 21. 作为催收员,我希望能够通过系统查看每个客户的逾期账单信息,包括逾期金额、逾期天数等,以便了解客户的具体情况。
> 22. 作为催收员,我希望能够通过系统对逾期账户进行分类,如普通逾期、严重逾期等,以便制定针对性的催收策略。
> 23. 作为催收员,我希望能够通过系统查询和统计逾期账户的分布情况,包括逾期账户数量、逾期金额等,以便进行资源分配和催收策略调整。
> 24. 作为催收员,我希望能够通过系统查看和更新催收任务的状态,如已联系、已协商、已还款等,以便跟踪催收进度。
> 25. 作为催收员,我希望能够通过系统查看和更新催收任务的优先级,以便优先处理高风险或逾期严重的账户。
> 26. 作为催收员,我希望能够通过系统查询和统计催收任务的完成情况,包括回收金额、回收率等,以便评估催收效果和调整催收策略。
> 27. 作为催收员,我希望能够通过系统查看和更新催收任务的反馈信息,包括客户反馈、投诉情况等,以便及时处理问题和优化催收策略。
> 28. 作为催收员,我希望能够通过系统查看和更新催收任务的沟通记录,包括电话记录、短信记录等,以便跟踪催收过程和提高催收效率。
> 29. 作为催收员,我希望能够通过系统查看和更新催收任务的催收结果,包括还款金额、还款方式等,以便记录催收成果和分析催收效果。
> 30. 作为催收员,我希望能够通过系统查看和更新催收任务的催收成本,包括催收人员成本、通信成本等,以便评估催收成本和优化催收策略。

我们还可以让 LLM 根据用户故事的价值和发生频率对已生成的用户故事进行排序。在这方面，ChatGPT-4o 表现更好一些，逻辑也更清晰，会先对频率和价值进行估计并说明原因，以选择合适的用例，并在最后做出解释。

- 高频次和价值的用户故事：优先排列，以确保催收员的日常工作能够高效进行。

- 中频次和价值的用户故事：紧随其后，以确保催收工作的全面支持。

- 低频次和价值的用户故事：排在最后，但仍然重要，以保证系统的完整性和功能性。

这样大模型的可解释性会得到改善。下面是 ChatGPT-4o 从它生成的结果中对用户故事进行排序的部分内容。

> **大模型输出（部分内容）**
>
> 1. 用户故事：查看催收任务
>   - 频率：非常高
>   - 价值：非常高
>   - 原因：催收员需要每天查看并处理分配的催收任务。
> 2. 用户故事：记录催收情况
>   - 频率：非常高
>   - 价值：非常高
>   - 原因：每次催收联系后都需要记录客户反馈和催收结果。
> 3. 用户故事：自动分配催收任务
>   - 频率：非常高
>   - 价值：非常高
>   - 原因：系统自动分配任务能够极大提高工作效率。
> 4. 用户故事：查看实时风险评分
>   - 频率：高
>   - 价值：非常高

- 原因：风险评分能够帮助催收员判断优先级和策略。
5. 用户故事：实时查看还款情况
   - 频率：高
   - 价值：非常高
   - 原因：了解客户的还款情况对催收策略的调整至关重要。

再进一步，我们可以为用户故事生成验收标准，LLM 做得非常规范，并同时给出了 Gherkin 风格的输出，如下所示。如图 5-9 所示是 BDD 中 GWT 格式的输出。

大模型输出

用户故事：查看催收任务

验收标准（Acceptance Criteria）

场景：催收员查看分配的催收任务

背景（Given）：
- 催收员已成功登录智能催收管理系统。

事件（When）：
- 催收员导航到催收任务页面。

结果（Then）：
1. 催收员能够看到分配给自己的所有催收任务。
2. 每个任务的详细信息（如客户姓名、欠款金额、逾期天数、联系方式等）正确显示。
3. 催收任务列表能够根据不同的字段（如欠款金额、逾期天数等）进行排序。
4. 催收任务列表能够根据不同的状态（如新任务、跟进中、已完成等）进行筛选。
5. 催收任务页面响应迅速，加载时间不超过 2 秒。
6. 系统能够显示任务总数及不同状态的任务数量。

如果我们觉得生成的场景不够全面，可以使用提示词如"这个用户故事应该还有其他应用场景，请补充"，LLM 便会补充更多的场景。

如果觉得逐个生成用户故事的验收标准比较慢，我们也可以让 LLM 生成一批用户故事的标准，并以表格形式呈现，如图 5-10 所示，这样我们可以将其保存在 Excel 文件中。

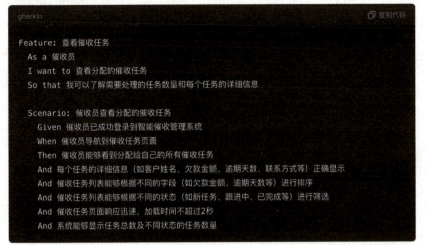

图 5-9　BDD 中 GWT 格式的输出

序号	用户故事	验收标准编号	场景	Given	When	Then
2	执行电话催收	US-002-01	催收员执行电话催收	催收员已成功登录到智能催收管理系统，并有待处理的催收任务	催收员点击任务列表中的电话催收按钮	系统拨打客户电话并显示客户账务信息和个人信息
2	执行电话催收	US-002-02	客户无法接通	催收员已成功登录到智能催收管理系统，并有待处理的催收任务	催收员拨打客户电话	系统记录拨打记录并允许催收员进行下一个任务
2	执行电话催收	US-002-03	客户接通但拒绝支付	催收员已成功登录到智能催收管理系统，并有待处理的催收任务	催收员拨打客户电话并接通	系统记录客户的拒绝情况并提供处理建议
3	记录催收情况	US-003-01	催收员记录催收情况	催收员已成功与客户沟通	催收员在系统中输入客户反馈和催收结果	系统保存记录并显示成功提示
3	记录催收情况	US-003-02	输入信息不完整	催收员已成功与客户沟通	催收员尝试保存记录但未填写所有必填项	系统提示错误信息，要求催收员填写所有必填项
3	记录	US-	查看历史	催收员已成功保存当	催收员查看历	系统显示催收员的历史

图 5-10　LLM 成批生成用户故事的验收标准（部分截图）

5.1.5 需求评审与优化

我们可以让 LLM 先评审需求文档、指出问题，然后再让 LLM 帮助优化。例如，我们让它评审 PRD 一类的需求文档，如下所示。

> **提示词**
>
> 针对这个业务需求文档，请分析并找出问题，包括二义性、模糊的描述、需求缺失、前后不一致的问题、格式问题、错别字等。
>
> 某银行催收系统业务需求...
> DOCX 36.63KB

> **智能体"业务分析师（BA）"的回答**
>
> 在分析您提供的智能催收管理系统业务需求文档时，我注意到了一些问题，包括二义性、模糊的描述、需求缺失、前后不一致的问题、格式问题以及错别字等。以下是我发现的一些问题。
>
> 1. 二义性：
>   - 在描述"全程协同作业链"时，文档中并未明确说明不同角色如何协同工作，以及他们之间的交互流程。
> 2. 模糊的描述：
>   - 一些功能模块的描述过于宽泛，如"催收报表"模块，没有具体说明需要哪些类型的报表。
>   - "风险化解"模块中，关于"息费减免申请"的具体操作流程和审批流程不够清晰。
> 3. 需求缺失：
>   - 文档中未明确指出系统是否需要支持催收任务的批量分配和批量处理功能。
>   - 在"系统功能维护"部分，缺乏对系统备份和恢复功能的具体需求描述。
> 4. 前后不一致的问题：
>   - 文档中提到了多种催收渠道，如互联网渠道、短信、信函等，但在后续描述中并未明确这些渠道的具体实现方式和交互流程。
>   - "风险化解"模块中提到的"申请操作由发起人发起后，操作员可新增一个风险化解案件"，这里的操作员和发起人的角色职责不明确。

5. 格式问题：
   - 文档中存在一些段落结构混乱，导致阅读理解困难。
   - 部分功能模块的标题和内容之间缺乏明确的逻辑关系。
6. 错别字和语法错误：
   - 文档中存在一些错别字和语法错误，如"系统功能维护"部分中"菜单维护"应为"菜单管理"。

可以针对某一类问题，让大模型给出具体的例子。

> **提示词**

针对上述"模糊的描述"，给出上述文档中更多、更具体的例子。

> **智能体"业务分析师（BA）"的回答**

在您提供的智能催收管理系统业务需求文档中，确实存在一些模糊的描述。以下是一些具体的例子。

1. 催收报表模块：
   - 文档中提到需要设计不同岗位、不同功能、不同用途、不同报告路径的监控报表模板，但并未具体说明这些报表的具体内容和格式。
2. 风险化解模块：
   - 关于"息费减免申请"的描述过于简略，未明确说明申请的具体流程、审批流程以及申请条件等关键信息。
3. 系统功能维护：
   - 文档中提到了对"菜单""机构""权限""系统参数""数据字典"等的维护，但未详细说明这些维护的具体内容和操作流程。
4. 催收渠道：
   - 文档中提到了多种催收渠道，如互联网渠道、短信、信函等，但未明确这些渠道的具体实现方式和交互流程。
5. 风险评估与分类：
   - 文档中提到了需要进行风险评估和分类，但未明确说明评估的具体标准和方法，以及分类的具体等级和标准。

明确了需求文档中的问题，我们就可以让大模型帮忙优化文档，下面有两个示例。

示例一：澄清各种报表。

> **提示词**
>
> 请纠正"催收报表模块"中"模糊的描述"问题，给出正确描述的示范。

> **智能体"业务分析师（BA）"的回答**
>
> 针对"催收报表模块"中的模糊描述问题，我们可以对其进行以下修正和细化。
>
> 修正后的描述：
>
> "催收报表模块"应包括一系列报表，用于监控和分析催收活动的效率和效果。这些报表应包括但不限于：
>
> 1. **催收活动概览报表**：提供催收活动的整体情况，包括催收任务总数、完成任务数、逾期账户数等关键指标。
> 2. **催收绩效报表**：展示催收人员的绩效，包括催收成功率、回收金额、催收成本等，用于评估催收人员的绩效。
> 3. **催收策略效果报表**：分析不同催收策略的效果，如电话催收、短信催收、互联网催收等，以优化催收策略。
> 4. **逾期账户分析报表**：对逾期账户进行分类分析，如逾期天数分布、逾期账户的行业分布等，以识别高风险账户和行业。
> 5. **催收成本分析报表**：计算催收活动的成本，包括人力成本、通信成本等，以评估催收活动的成本效益。

示例二：主动帮助我们澄清流程。

> **提示词**
>
> 请纠正"风险化解模块"中"模糊的描述"问题，给出正确描述的示范。

> **智能体"业务分析师（BA）"的回答**
>
> 针对"风险化解模块"中的模糊描述问题，我们可以对其进行以下修正和细化。
>
> 修正后的描述：
>
> "风险化解模块"旨在针对有还款意愿但面临一定还款压力的客户，提供灵活的风险化解方案。该模块应包括以下功能。
>
> 1. **风险化解申请**：客户或催收员可发起风险化解申请，填写相关申请信息，包括申请理由、还款计划等。

2. **审批流程**：申请需经过审批流程，包括自动审批和人工审批。审批流程应明确各级审批人员的职责和审批标准。
3. **风险化解方案制定**：审批通过后，系统应根据申请信息自动生成或允许审批人员手动制定风险化解方案，如分期还款、减免息费等。
4. **方案执行与跟踪**：制定风险化解方案后，系统应跟踪方案的执行情况，包括还款记录、还款进度等。
5. **方案调整**：若客户在执行过程中遇到新的困难，可以申请调整方案。调整流程应与初始申请流程类似，包括审批和方案制定。
6. **历史记录与分析**：系统应记录所有风险化解案例的历史信息，包括申请、审批、执行和调整等，并支持对这些信息进行统计和分析，以优化风险化解策略。

我们也可以让 LLM 评审用户故事及其验收标准，而且一次可以完成一批用户故事的评审，这里给了一个简单的示例。

> **大模型输出**
>
> 好的，以下是根据 INVEST 标准（独立性、可协商、有价值、可估量、适当大小、可测试）对用户故事 1～10 给出的评审结果，并指出存在的问题和改进建议。
>
> **评审结果：**
>
> | 序号 | 原始用户故事 | 存在的问题 | 更高质量的表达 |
> |---|---|---|---|
> | 10 | 获取催收结果分析 | - 不够具体：未明确说明需要生成哪些类型的分析报告和具体内容
- 不可测试：缺少明确的验收标准 | 作为催收员，我希望能够生成和查看不同时间段的催收结果分析报告，以便评估催收效果和调整策略。
验收标准：
1. 催收员可以选择时间段生成报告
2. 报告包含成功率、回款金额、催收次数等关键指标
3. 系统提示报告生成成功或失败 |
>
> 其他用户故事 1～9 在评审中未发现问题，因此不需要列出。它们符合 INVEST 标准，即独立性、可协商、有价值、可估量、适当大小和可测试。
>
> **评审说明：**
> - **独立性**：用户故事应该能够独立于其他故事完成。
> - **可协商**：用户故事应该是可以讨论和修改的，而不是固定的。
> - **有价值**：用户故事应该对用户或业务有明显的价值。

- 可估量：用户故事应该可以进行时间和资源的估算。
- 适当大小：用户故事应该足够小，可以在一个迭代周期内完成。
- 可测试：用户故事应该有明确的验收标准，以便于测试。

5.1.6 小结

前面主要探讨了在 SE 3.0 实践中，利用 LLM 和 RAG 技术进行需求获取、建模、分析和需求文档生成、评审与优化的一些方法和实践。在人机协同工作的过程中需求相关工作可以又快又好地完成，我们优化了业务需求的获取、细化和定义过程，可以完成过去想做但未实现的一些工作，如详细的用户故事验收标准、UML 建模等，还能更系统地整理和评审业务需求。基于这些探索与实践，我们认为大模型在需求工程上大有作为。如果我们构建了基于领域知识库（知识图谱）和 LLM 的人机交互需求工程平台，需求相关工作将更流畅，生成的结果则更可靠。大模型（或者基于 LLM 的需求工程平台）可为我们显著节省工作量，从而提升数倍效率。

当然，在 LLM 驱动需求分析与定义的实践之路上，我们还有很多工作要做，需要更坚实的理论和模型支持，以及更多的实验数据来支撑。

1）需求是面向业务领域的，所以业务领域知识非常重要，仅仅依赖 RAG 技术或业务领域知识库还不够。如果我们能进行业务知识（数据）和通用知识（数据）的混合预训练，构建面向业务领域的大模型，生成效果会更好。如果此路径困难，那么探索在算法底层如何更好地融合大模型和知识库的协同工作将是我们未来努力的方向。如果我们基于知识图谱构建知识库，效果也会得到显著提升。

2）基于第一点的讨论，我们构建一个面向业务领域的需求工程平台也显得非常重要，这样有利于人机交互工作（即业务人员和大模型、智能体协同工作）。该平台不仅能集成多个不同的大模型、智能体，还可以集成文档编辑、图形编辑等工具，实现 PlantUML 文本格式内容与对应图形之间的无缝转化，且文档评审和编辑可在同一个平台上完成。

3）我们还可以设置不同的智能体，结合相关工具（可能是基于机器学习小模型开发的）完成特定任务，如图片信息抽取、表格数据抽取、功能需求抽取、专项非功能性需求抽取等。特定任务由特定的智能体和相关工具结合完成，准确率会更高，性能也会更好。

5.2 | 架构设计：AI 辅助设计的奥秘

LLM 在技术架构设计和优化中的应用不多，不少企业将它视为顾问，有问题就向它请教、咨询。当然，如果 LLM 能成为名副其实的架构顾问，将极具价值，但人们还是会怀疑它能不能深刻理解领域知识，从而因地制宜、有针对性地回答或帮助架构师完成架构设计。这需要通过实践，甚至需要时间来验证。基于目前的探索与实践，它可以作为架构师的助手和顾问，凭借丰富的知识和广泛的经验，帮助架构师设计高效、可扩展和稳定的系统架构，并持续优化以适应变化的需求和技术环境。

LLM 在架构设计中的应用大概可以分为几类：架构决策支持、架构评审、性能与可扩展性分析、合规性评估等。

1）架构决策支持：基于最新的技术趋势和性能评估，LLM 可以推荐最适合的技术栈，确保系统的先进性和兼容性。如果有很好的领域模型，LLM 能够根据系统需求和限制条件，生成多种架构设计方案。

2）架构评审：上传设计文档或设计图，让多模态模型帮忙评审架构设计，指出问题，并给出改进意见。

3）性能与可扩展性分析：通过分析历史数据和使用模式，LLM可以预估系统未来的负载，协助架构师进行容量规划和扩展设计。借助其他机器学习模型（如主成分分析、聚类算法），LLM可以通过对系统运行数据的实时分析，识别性能瓶颈，并提供具体的优化建议，如数据库分片、缓存策略调整等。

4）合规性评估：LLM可以根据行业标准和法规要求进行合规性审查，避免因不合规导致的法律风险。

未来可以让LLM在架构设计上发挥更大、更多的作用，如设计模式推荐、加强数据驱动决策、安全性评估等。

- LLM通过学习大量成功的架构设计案例，能够分析现有系统的架构，识别已使用的设计模式，并根据具体场景推荐合适的设计模式，同时给出一些提醒，帮助架构师避免落入常见的设计陷阱。

- 通过量化指标（如性能、成本、可扩展性）进行比较，帮助架构师做出最佳决策。

- LLM能够自动扫描架构设计，识别潜在的安全漏洞，并提出修复建议，增强系统的安全性。

5.2.1　从技术方案、架构到类的设计

大模型在设计模式推荐中的应用主要体现于对现有设计模式的理解和生成的能力。设计模式是一种解决特定设计问题的通用方案，LLM可以根据具体的系统需求、上下文和架构目标，推荐最合适的设计模式。这种推荐不仅提高了架构师的工作效率，还能确保设计的规范性和可维护性。

例如，我们可以咨询大模型关于设计模式在微服务中的应用实践和经验，

如下所示，解释比较全面，后面还给出了优秀实践和提醒（我们可能遇到的问题）。

> **大模型输出**
>
> 🧑 **资深架构师**
>
> 在微服务设计中，设计模式的应用可以提高系统的可维护性、可扩展性和性能。以下是几种常用的设计模式及其在微服务设计中的应用、优秀实践、经验和注意事项。
>
> 1. **客户端负载均衡**：在微服务架构中，客户端（如前端或 API 网关）需要从多个服务实例中选择一个进行请求。使用设计模式如轮询（Round Robin）、随机选择（Random Selection）或基于权重的选择（Weighted Selection）来均衡负载。
> 2. **服务注册与发现**：服务注册与发现机制如 Eureka 或 Consul，帮助客户端发现服务实例。客户端缓存机制可以提高性能，但要注意缓存失效策略，以避免服务实例变动时客户端未及时更新。
> 3. **API 网关**：API 网关如 Zuul 或 Spring Cloud Gateway，用于路由请求、身份验证、请求聚合等。API 网关应该能够处理高并发请求，并提供细粒度的权限控制。
> 4. **事件驱动架构**：使用消息队列和事件驱动架构（如 Kafka、RabbitMQ）可以解耦服务，提高系统的可扩展性。需要注意消息的可靠传输和一致性处理。
> 5. **服务熔断与降级**：在服务出现故障时，使用熔断器模式（如 Hystrix）可以避免服务雪崩效应。需要合理设置熔断器阈值和重试策略。
> 6. **服务同步与异步通信**：使用同步通信（如 REST）和异步通信（如消息队列）可以提高系统性能。同步通信适用于响应时间要求高的场景，而异步通信适用于高吞吐量的场景。
> 7. **配置管理**：使用配置中心（如 Spring Cloud Config）可以集中管理服务配置。需要确保配置的动态更新和安全性。
> 8. **服务编排**：使用服务编排工具（如 AWS Step Functions、Knative）可以自动化复杂的工作流。需要考虑工作流的可靠性和可维护性。
>
> **优秀实践和经验**
>
> - **服务粒度设计**：服务应足够小，以便快速开发和部署。同时，要避免服务过于碎片化，导致系统复杂性增加。

- **数据一致性**：在分布式系统中，数据一致性是一个挑战。使用最终一致性模型（如 CAP 定理）可以帮助平衡可用性和一致性。
- **监控与日志**：实施全面的监控和日志记录，以便快速发现和解决问题。
- **持续集成与持续部署（CI/CD）**：使用 CI/CD 流程可以提高开发效率和系统稳定性。

注意事项和"坑"

- **过度设计**：不要过度设计微服务架构，避免不必要的复杂性。
- **单点故障**：注意识别和避免单点故障，如依赖单一服务或数据库。
- **性能瓶颈**：性能瓶颈可能在微服务间的网络通信、数据库查询等方面出现，需要持续监控和优化。
- **测试困难**：微服务架构的测试可能更加复杂，需要全面考虑服务间的集成测试。

通过遵循这些设计模式和最佳实践，可以有效地构建和维护一个高性能、可扩展和可靠的微服务架构。

然后，我们可以基于之前的需求输出，让 LLM 给出银行催收管理系统的技术解决方案，可以要求尽量使用开源组件或产品。除了架构选型和技术选型，LLM 还给出了具体技术实现、系统安全与合规性、开发与部署流程的要点。如下 LLM 的结果输出是不是还比较完整？是不是很有价值或很有帮助？当然，大模型输出仅供架构师参考。它可以有效减轻架构师的工作负担，避免漏掉一些关键考虑点，降低出错的可能性。然而，架构师仍须对这些内容进行权衡、调整，并做出最终决策。

> **提示词**
>
> 针对银行催收管理系统的业务需求（见上传的两个文档和之前的讨论），请给出一个技术解决方案，在架构上如何选型，采用哪些技术，包括数据库、中间件、开发框架等，尽量采用开源组件或产品。

> **"资深架构师"输出**
>
> 根据银行催收管理系统的业务需求，以下是一个技术解决方案，包括架构选型、采用的技术以及数据库、中间件和开发框架等。该解决方案尽量采用开源组件或产品。

1. 架构选型
   - **微服务架构**：采用微服务架构，将系统拆分为多个独立的、可扩展的服务。
   - **容器化**：使用 Docker 容器化服务，便于部署和扩展。
   - **服务注册与发现**：使用 Consul 作为服务注册与发现工具。
   - **API 网关**：采用 Spring Cloud Gateway 作为 API 网关。
   - **消息队列**：使用 RabbitMQ 作为消息队列系统。

2. 技术选型
   - **数据库**：采用 MySQL 作为关系型数据库，用于存储客户信息、账户信息等。
   - **缓存**：使用 Redis 作为缓存系统，缓存常用数据以提高系统性能。
   - **开发框架**：
     - **前端**：使用 React 或 Vue.js 作为前端开发框架。
     - **后端**：采用 Spring Boot 作为后端开发框架，结合 Spring Cloud 实现微服务架构。
   - **容器编排**：使用 Kubernetes 进行容器编排和管理。

3. 具体技术实现
   - **服务注册与发现**：服务启动时向 Consul 注册，客户端通过 Consul 查找服务实例。
   - **API 网关**：Spring Cloud Gateway 用于路由请求、身份验证和请求聚合。
   - **消息队列**：RabbitMQ 用于服务间的异步通信和消息传递。
   - **数据库**：MySQL 用于存储持久化数据，使用 MyBatis 或 JPA 作为 ORM 框架。
   - **缓存**：Redis 用于缓存常用数据，如客户信息和账户信息。

4. 系统安全与合规性
   - **身份验证与授权**：使用 OAuth2.0 进行身份验证和授权。
   - **数据加密**：对敏感数据进行加密处理，如客户信息、交易数据等。
   - **日志与监控**：实现日志记录和监控系统，以便快速发现和解决问题。
   - **合规性**：确保系统符合相关法律法规和行业规范。

5. 开发与部署流程
   - **持续集成与持续部署（CI/CD）**：使用 Jenkins 或 GitLab CI 进行持续集成和持续部署。
   - **自动化测试**：实现自动化测试，包括单元测试、集成测试和端到端测试。

接下来就可以进行技术架构的设计。

> **"资深架构师"输出**
>
> 针对银行催收管理系统的微服务技术架构，以下是一个详细的设计方案。
>
> 1. **服务拆分**
>   - 客户信息管理服务：负责存储和维护客户信息，包括账户信息、联系方式等。
>   - 催收策略服务：根据客户的风险等级和逾期情况制定催收策略。
>   - 催收管理服务：执行催收策略，管理催收流程，包括分配催收任务、跟踪催收进度等。
>   - 风险化解服务：处理有还款意愿但还款压力较大的客户，提供分期还款等风险化解方案。
>   - 催收工作台服务：提供催收人员的工作界面，展示催收任务、跟进催收进度等。
>   - 监控报表服务：生成催收相关的监控报表，如催收效果、催收成本等。
>
> 2. **服务注册与发现**
>   - 使用 Consul 作为服务注册与发现工具，服务启动时向 Consul 注册，客户端通过 Consul 查找服务实例。
>
> 3. **API 网关**
>   - 使用 Spring Cloud Gateway 作为 API 网关，实现路由请求、身份验证和请求聚合。
>
> 4. **消息队列**
>   - 使用 RabbitMQ 作为消息队列系统，用于服务间的异步通信和消息传递。
>
> 5. **数据库与缓存**
>   - 关系型数据库：MySQL，用于存储客户信息、账户信息等。
>   - 缓存系统：Redis，用于缓存常用数据，如客户信息和账户信息。
>
> 6. **容器化与编排**
>   - 使用 Docker 容器化服务，便于部署和扩展。
>   - 使用 Kubernetes 进行容器编排和管理。
>
> ……（省略部分内容）

当然，我们也可以让 LLM 给出 API 网关的详细设计。

> **"资深架构师"输出**
>
> 在银行催收管理系统的微服务架构中，API 网关是一个关键组件，它负责路由请求、身份验证、请求聚合等。以下是 Spring Cloud Gateway 作为 API 网关的详细设计方案。
>
> 1. 路由规则设计
>
>   - 路由规则配置：使用 Spring Cloud Gateway 的 Route 定义来配置路由规则，根据 URL 路径、HTTP 方法、headers 等信息将请求路由到不同的微服务。
>   - 动态路由：使用 Spring Cloud Gateway 的 Route Predicate Builder 定义动态路由，根据请求的参数、headers 等动态路由到不同的服务实例。
>   - 负载均衡：集成 Ribbon 或 LoadBalancer，实现请求的负载均衡。
>
> 2. 身份验证与授权
>
>   - OAuth2.0：集成 Spring Security OAuth2.0，实现用户身份验证和授权。
>   - JWT 令牌：使用 JSON Web Tokens（JWT）进行用户身份验证，JWT 中包含用户信息，便于服务间的认证。
>   - 用户权限管理：实现用户权限管理，根据用户角色和权限控制访问不同的 API。
>
> 3. 请求聚合
>
>   - 请求转发：实现请求转发功能，将多个微服务的请求聚合到一个接口，便于客户端访问。
>   - 服务熔断与降级：集成 Hystrix，实现服务熔断和降级，以提高系统稳定性。
>
> 4. 监控与日志
>
>   - 监控：集成 Prometheus 和 Grafana，实现对 API 网关的监控。
>   - 日志：集成 ELK（Elasticsearch、Logstash、Kibana）或 Splunk，实现日志收集和分析。
>
> 5. 安全与合规性
>
>   - 安全防护：实现安全防护功能，如 XSS 防护、CSRF 防护等。
>   - 合规性检查：实现合规性检查，确保系统符合相关法律法规和行业规范。

在此基础上，我们还可以让 LLM 给出消息队列、数据库缓存的详细设计，看结果已经很专业了，由于篇幅所限，在此就不一一展示了。

基于前面与 LLM 的交互，可以让 LLM 生成技术架构图，这里以 UML

组件图和部署图为例。先来看其中生成的一张组件图,如图 5-11 所示,该图展示了一个基于微服务架构的银行催收系统的组件结构。客户端发起请求,经过 Kubernetes 集群中的 Ingress Controller 进行负载均衡处理后,请求到达 Zuul API 网关,再通过 Eureka 服务注册中心进行服务解析,将请求路由到相应的微服务。各个微服务在处理请求过程中会与 MySQL 数据库进行交互,最后将处理结果返回给客户端。该图整体架构清晰,展示了从客户端到后端服务、数据库的层次结构,也清晰展示了请求的处理流程、关键技术组件的选型和使用,符合常见的微服务架构模式,其服务划分也合理,有助于架构师快速完成系统架构的设计。

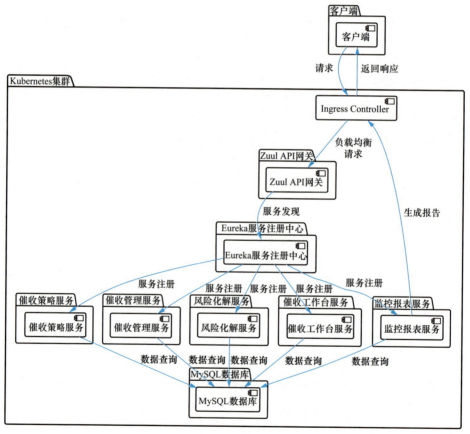

图 5-11 大模型生成的 UML 组件图示例

说明一下，UML 生成的是 PlantUML 格式的脚本，须导入支持 PlantUML 的工具中，生成最终的图。在此过程中，如遇到错误或布局不合理，可以让 LLM 修复或优化。

LLM 优化架构图之后，生成第二张 UML 组件图，如图 5-12 所示，增加了各个微服务的职责描述，同时还展示了微服务与 Redis 缓存和 MySQL 数据库的交互情况，体现了数据的存储和获取方式。当然，消息队列的应用、微服务的职责可以说得更明确一些。

顺便展示一下部署图，如图 5-13 所示，主要体现了分布式容器结构的部署方式，该图清晰呈现了 Kubernetes 集群的结构，展示了多个 Pod（如催收管理服务 Pod1 和 Pod2 等），这有助于提高系统的性能和可靠性，能够更好地应对高并发和大规模数据处理的需求。此外，通过命名空间对不同功能的组件进行了划分，如 ingress、zuul、eureka、management 等，这种划分方式有助于组织和管理复杂的微服务架构。

完成了组件图和部署图，我们就可以设计时序图了（如图 5-14 所示），并针对每一个微服务组件设计类图，这里只给出催收策略服务、风险化解服务这两个包（Package）的类图，如图 5-15 和图 5-16 所示。

通过上述具体例子，展示了 LLM 凭借其强大的自然语言理解和生成能力，为架构设计中的设计模式推荐提供了切实可行的解决方案，能够帮助架构师更加高效地分析复杂问题，获得更全面的技术洞察，做出更加明智的决策。通过自动化推荐和文档生成，架构师可以更加高效地完成系统的技术设计，降低设计风险和维护成本。

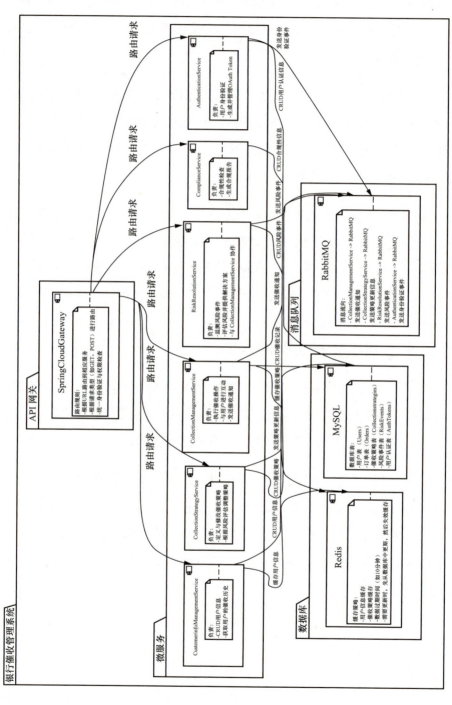

图 5-12 经过 LLM 改进的 UML 组件图示例

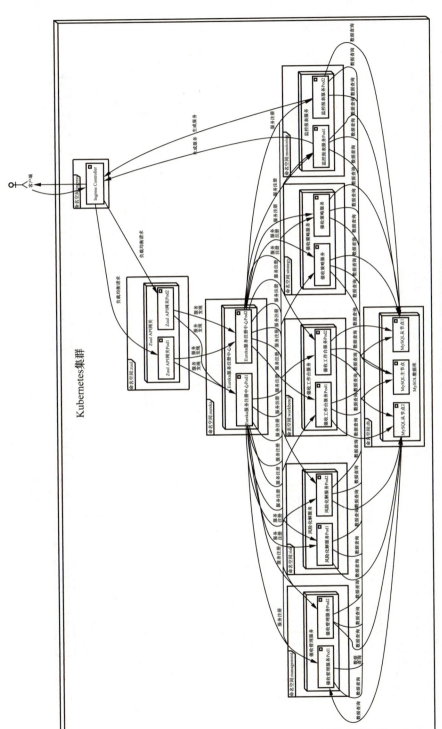

图 5-13 由 LLM 生成的 UML 部署图示例

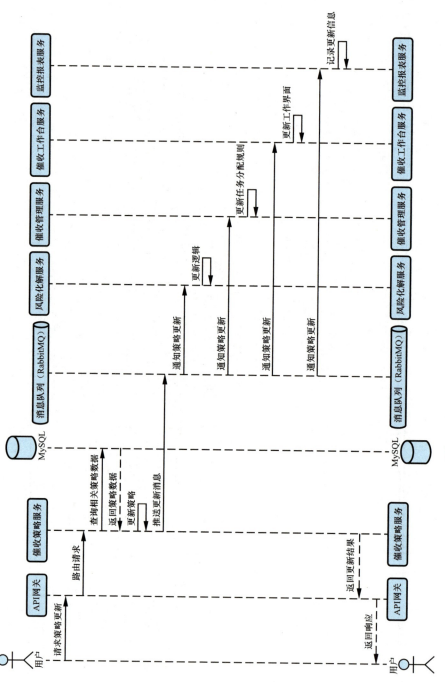

图 5-14 由 LLM 生成的 UML 时序图示例

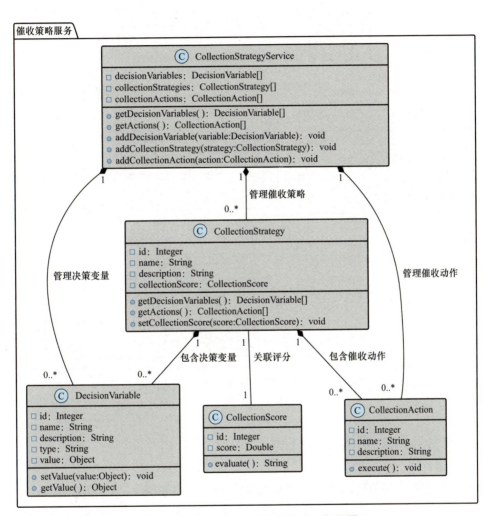

图 5-15 由豆包生成的催收策略服务类图

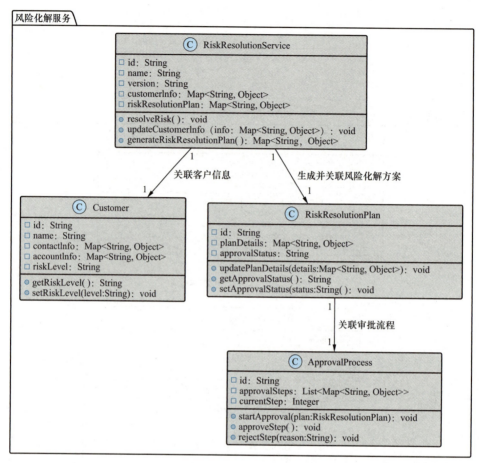

图 5-16　由豆包生成的风险化解服务类图

5.2.2　技术架构设计评审

前面主要利用国内大模型（如智谱智能体、豆包等）完成架构设计，接下来准备采用 OpenAI o1 preview 版本（以下简称"o1 模型"）来评审前面的技术方案和架构设计等。

首先评审技术方案，看看 o1 模型会给出怎样的评审意见。o1 模型的确会进行思考，其基本思路见图 5-17。

> **o1-preview**
>
> 思考中…
>
> 看来您已经上传了四个文件。其中三个是关于银行催收系统的文件文档，一个是字体文件。让我们首先提取每个文档的内容，然后再分析如何通过业务需求文档去评审《银行催收管理系统的技术方案》。
>
> 我将依次读取业务需求文档的内容。
>
> 我们先从第一个业务需求文档《某银行催收系统业务需求.docx》开始：
>
> 现在我们继续提取第二份业务需求文档《智能催收管理系统的初步需求.docx》的内容：
>
> 接下来，我们查看《银行催收管理系统的技术方案.docx》文档的内容，以便进行分析评审。
>
> 现在我们从两个业务需求文档中提取的信息来分析《银行催收管理系统的技术方案》，评估其存在的问题，并提出改进建议。主要考虑的方面包括系统性能、可靠性、扩展性、安全和合规性。

图 5-17　o1 模型具备思考能力

然后，o1 模型指出了下列问题及改进建议，的确是很好的学习材料。

↘ OpenAI o1 大模型输出

技术方案评估与改进建议

1. **系统性能：**
   - 问题：技术方案中提到使用 MySQL 作为关系型数据库，Redis 作为缓存来提升性能。然而，对于大规模数据处理和高并发的情况，单一的数据库架构可能成为瓶颈。
   - 改进建议：考虑使用数据库分片（Sharding）技术或 NoSQL 数据库（如 Cassandra、MongoDB）来分担负载。同时，使用分布式缓存（如 Memcached）进一步优化性能。

2. **系统可靠性：**
   - 问题：技术方案中没有详细提及系统的容错和高可用性。
   - 改进建议：引入自动化故障恢复和负载均衡机制，使用分布式跟踪系统（如 Zipkin）监控服务健康状况，确保服务可用性。

3. **系统扩展性：**
   - 问题：方案中的微服务架构和 Docker 容器化具备良好的扩展性，但容易引入复杂性。
   - 改进建议：在开发时应用微服务设计模式（如 Saga 模式）和 DevOps 最佳实践，使用 Kubernetes 进行弹性伸缩。

4. **系统安全：**
   - 问题：系统安全方案提到 OAuth2.0 认证和数据加密，但未深入阐述如何全面防护。

- 改进建议：加强网络安全措施，包括 WAF、防火墙、入侵检测。在敏感数据传输中使用 TLS 加密，定期进行安全审计。

5. 合规性：
   - 问题：未详细说明如何满足银行业的监管要求。
   - 改进建议：引入合规管理工具，确保对用户数据的处理和存储符合 GDPR、CCPA 等法律法规。

继续分析架构设计，让 o1 模型评审 5.2.1 节中的技术架构设计，评审结果显示有很多问题。不过模型输出也不一定全对，需要架构师批判性地采纳。

↘ OpenAI o1 大模型输出

基于以上提供的银行催收管理系统微服务架构设计方案，我对其进行了评审，指出其中可能存在的问题并提出改进建议。

1. 服务拆分

问题分析：

- **服务粒度过大**：目前的服务划分较为宏观，例如"客户信息管理服务"涵盖所有客户相关信息的存储和维护，可能导致服务过于庞大，影响后续的维护和扩展。
- **职责不够单一**：一些服务可能承担了过多的职责，未能充分体现单一职责原则。

改进建议：

- **细化服务划分**：按照业务领域和功能进一步细分服务，例如将"客户信息管理服务"拆分为"客户基本信息服务""联系方式服务""账户信息服务"等。
- **遵循领域驱动设计（DDD）**：基于领域模型进行服务划分，确保每个微服务都有清晰的领域边界和职责。

2. 服务注册与发现

问题分析：

- **工具重复**：在使用 Kubernetes 进行容器编排的情况下，Kubernetes 本身具有服务发现和负载均衡功能，额外引入 Consul 可能导致系统复杂度增加。
- **增加维护成本**：使用多种服务注册与发现工具，需要维护多个组件，增加了系统的复杂性和维护成本。

改进建议：

- **利用 Kubernetes 内置服务发现**：直接使用 Kubernetes 的 Service 和 Ingress 资源进行服务注册与发现，简化架构。

- 若需跨集群或多数据中心，可考虑引入 Consul：在有特殊需求时，再根据实际情况选择合适的工具。

3. API 网关

问题分析：

- **性能瓶颈**：未提及 API 网关的高可用性和性能优化方案，在高并发场景下可能成为系统瓶颈。
- **安全策略不足**：仅提到身份验证，未涉及请求限流、防火墙、DDoS 防护等安全策略。

改进建议：

- **高可用部署**：将 API 网关部署为集群，支持负载均衡，防止单点故障。
- **完善安全策略**：在 API 网关层增加防火墙、请求限流、黑白名单等安全机制，提升系统安全性。
- **性能优化**：对常用请求进行缓存，加速响应，减轻后端服务压力。

4. 消息队列

问题分析：

- **RabbitMQ 扩展性有限**：在高并发、大数据量场景下，RabbitMQ 的性能和扩展性可能不足。
- **缺少消息可靠性保障**：未提及消息持久化、事务机制，可能导致消息丢失或重复。

改进建议：

- **考虑使用 Kafka**：Apache Kafka 在高吞吐量、分区消费等方面具有优势，适用于金融级别的消息处理需求。
- **确保消息可靠性**：无论选择何种消息队列，都需实现消息持久化、消费确认、重试机制，确保消息不丢失、不重复处理。

5. 数据库与缓存

问题分析：

- **数据库单点瓶颈**：仅使用单个 MySQL 实例，在高并发访问下可能成为系统瓶颈，且存在单点故障风险。
- **数据一致性问题**：缓存与数据库之间的数据同步策略未明确，可能导致数据不一致。

改进建议：

- **数据库集群部署**：采用主从架构、读写分离、分库分表等方式，提高数据库的性能和可用性。

- **使用分布式数据库**：考虑引入分布式数据库，如 TiDB 或 CockroachDB，支持水平扩展和高可用。
- **缓存更新策略**：实现缓存淘汰、失效机制，使用消息队列或数据变更订阅（CDC），确保缓存与数据库数据一致。

6. 容器化与编排

问题分析：

- **缺少服务治理**：未提及微服务的治理方案，如流量控制、服务熔断、限流等。
- **监控与日志不足**：未明确容器化环境下的监控和日志收集方案，无法及时发现和处理问题。

改进建议：

- **引入服务网格（Service Mesh）**：使用 Istio、Linkerd 等工具，对微服务的通信进行统一管理，实现流量控制、熔断、灰度发布等功能。
- **完善监控与日志**：使用 Prometheus、Grafana、ELK 等工具，建立全面的监控和日志系统，实时监测系统健康状态。

7. 安全与合规性

问题分析：

- **合规性措施不足**：仅提及数据加密，未充分考虑金融行业的合规要求，如数据访问控制、操作审计等。
- **缺少安全防护层次**：需要更全面的安全防护策略，防止各种安全威胁。

改进建议：

- **加强身份认证与授权**：引入多因素认证（MFA）、基于角色的访问控制（RBAC），确保只有授权用户才能访问系统。
- **数据安全合规**：遵循《网络安全法》《数据安全法》《个人信息保护法》等法规要求，对敏感数据进行分类分级保护、脱敏处理。
- **安全防护措施**：部署 Web 应用防火墙（WAF）、入侵检测系统（IDS）、漏洞扫描等安全工具，提升系统防护能力。

8. 开发与部署流程

问题分析：

- **缺少代码质量保证**：未提及代码审查、静态代码分析等措施，可能导致代码质量下降。
- **配置管理不足**：未明确环境配置、敏感信息的管理方式，可能存在安全隐患。

> **改进建议：**
> - **实施代码质量控制**：引入代码审查流程，使用 SonarQube 等工具进行静态代码分析，提升代码质量。
> - **配置与密钥管理**：使用配置中心（如 Spring Cloud Config）、密钥管理服务，安全管理配置和敏感信息。
> - **持续交付优化**：在 CI/CD 流程中加入自动化安全测试、性能测试，保证部署的可靠性和安全性。
>
> 9. **其他建议**
>   - **数据备份与容灾**：建立完善的数据备份和容灾机制，防止数据丢失，保证业务连续性。
>   - **性能测试与优化**：在上线前进行压力测试、性能测试，发现系统瓶颈并进行优化。
>   - **用户体验提升**：关注催收工作台的易用性，提高催收人员的工作效率。

服务拆分很重要，既然有问题，那我们有必要让 o1 模型细化服务划分，确保职责单一，给出一个更好的拆分结果。结果也显示，o1 模型能给出更好的拆分（见图 5-18）。

图 5-18　o1 模型给出拆分结果

打开优化后的服务拆分方案,内容如下(实现当中是否要分得这么细,需要架构师根据康威定律权衡分析并做出决定,因为拆分的服务太多会带来较高的基础设施成本。所以,大模型的输出仅供参考)。

> **优化后的服务拆分方案**
>
> 1. **客户信息管理服务**
>   - **客户基础信息服务**:管理客户的基本信息,如姓名、身份证号、出生日期等。
>   - **客户联系方式服务**:维护客户的联系方式,包括手机号码、邮箱、地址等。
>   - **客户账户信息服务**:处理客户的账户详情,如账户类型、账户状态、开户日期等。
>
> 2. **催收策略服务**
>   - **策略制定服务**:根据客户风险等级和逾期情况生成个性化催收策略。
>   - **策略规则管理服务**:维护催收策略的规则库,支持规则的新增、修改和删除。
>
> 3. **催收流程管理服务**
>   - **任务分配服务**:将催收任务智能分配给合适的催收人员或团队。
>   - **进度跟踪服务**:实时监控催收任务的进展情况,提供流程可视化。
>   - **催记管理服务**:记录催收过程中的沟通和操作日志,包括电话记录、短信内容等。
>
> 4. **风险化解服务**
>   - **还款计划服务**:为有还款意愿的客户制定分期还款计划或延期方案。
>   - **风险评估服务**:对客户的还款能力和违约风险进行评估,提供风险缓释建议。
>
> 5. **催收工作台服务**
>   - **任务管理服务**:催收人员查看和管理个人催收任务的界面。
>   - **信息查询服务**:提供客户信息、账户信息、催收历史的查询功能。
>   - **沟通工具服务**:集成电话拨打、短信发送、邮件发送等沟通工具。
>
> 6. **报表与分析服务**
>   - **效果分析服务**:统计分析催收效果,如回款率、成功案例数等。
>   - **成本分析服务**:计算催收过程中的各项成本,提供成本优化建议。
>   - **数据报送服务**:按照监管要求生成报表,并向监管机构提交相关数据。

7. 安全与合规服务

- **认证授权服务**：统一管理系统的身份认证与权限控制，支持 OAuth2.0 和多因素认证。
- **审计日志服务**：记录系统操作日志，满足合规审计需求。
- **数据加密服务**：对敏感数据进行加密存储和传输，确保数据安全。

8. 通知与消息服务

- **通知推送服务**：向客户发送还款提醒、逾期通知等消息。
- **内部消息服务**：实现系统内部的通知功能，如任务提醒、系统公告等。

9. 数据同步与整合服务

- **数据同步服务**：与其他系统或外部机构进行数据交互和同步。
- **数据清洗服务**：对采集的数据进行校验和清洗，保证数据质量。

10. 支付与结算服务

- **支付处理服务**：处理客户的还款交易，支持多种支付方式。
- **结算对账服务**：核对支付款项，确保资金流转的准确性。

11. 第三方接口服务

- **征信查询服务**：对接征信机构，获取客户的信用报告。
- **律师事务所接口服务**：与外部法律机构对接，处理法律诉讼相关事宜。

12. 配置与管理服务

- **系统配置服务**：管理系统的全局配置和参数设置。
- **字典管理服务**：维护系统使用的各类静态数据，如业务类型、代码映射等。

针对服务注册与发现、API 网关、消息队列、数据库与缓存、容器化与编排等其他项，也可以让 o1 模型给出更好的设计方案。

有了这样的上下文基础，接下来可以利用 o1 模型来评审组件图、部署图和类图。对于组件图，让 o1 模型评审一个简单的架构图（图 5-11），以便我们更好地理解评审结果。如图 5-19 所示。

这次没有涉及服务拆分的讨论，因为图 5-11 未体现这方面的内容。如果是图 5-12，就会有拆分的服务颗粒度太大的问题。不过，o1 模型依然指出了 5 个方面的问题，并全面认真地考虑了如何保障系统的简单性、性能、可靠性、安全性等，尽管我们没有给出这方面的提示。基于这些问题，o1 模型给出了改进建议（见图 5-20）。

🧑 **你**
基于前面的讨论，现在就可以评审这个组件图，请指出其问题，并给出改进的建议

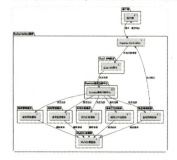

◎ **o1-preview**
基于提供的组件图，以下是评审结果和改进建议：

问题分析

1. **服务注册与发现**
   - **Eureka 的使用**：在 Kubernetes 环境中，Eureka 的服务注册与发现功能与 Kubernetes 自带的服务发现机制重复，增加了系统复杂性。

2. **API 网关**
   - **Zuul 的选择**：Zuul 作为 API 网关在性能和功能上可能不如其他现代网关（如 Spring Cloud Gateway 或 Kong），尤其是在高并发场景下。

3. **数据库单点**
   - **MySQL 数据库**：图中显示只有一个 MySQL 实例，可能成为性能瓶颈和单点故障风险。

4. **监控与日志**
   - **缺乏监控组件**：图中未体现监控和日志收集组件，无法实时监控系统健康状态。

5. **安全与合规**
   - **安全措施不足**：未体现安全组件，如身份认证、授权服务等。

图 5-19　o1 模型评审一个组件图

既然分析到此，便让 o1 模型重新生成一张组件图，如图 5-21 所示，

并附上相应说明，如使用现代网关（如 Spring Cloud Gateway）、移除 Eureka 而改用 Kubernetes 内置服务发现、引入 Prometheus/Grafana/ELK、增加认证授权服务等。

改进建议

1. **服务注册与发现**
   - **使用 Kubernetes 内置服务发现**：移除 Eureka，直接使用 Kubernetes 的服务发现和负载均衡功能，简化架构。
2. **API 网关**
   - **升级 API 网关**：考虑使用 Spring Cloud Gateway 或 Kong，提供更好的性能和扩展性。
3. **数据库优化**
   - **数据库集群化**：采用 MySQL 主从架构或分布式数据库（如 TiDB），提高数据库的可用性和扩展性。
4. **监控与日志**
   - **引入监控工具**：使用 Prometheus 和 Grafana 进行系统监控，使用 ELK（Elasticsearch, Logstash, Kibana）进行日志收集和分析。
5. **安全与合规**
   - **增加安全组件**：引入身份认证和授权服务（如 Keycloak），确保系统安全性和合规性。
6. **服务拆分**
   - **细化服务**：根据前面的服务拆分建议，进一步细化服务，确保职责单一。

图 5-20　o1 模型给出的改进建议

我们还可以利用 OpenAI 的 o1 和 o3-mini 或 DeepSeek R1 等推理模型来评审风险化解服务类图（图 5-16）。其中，o1 模型指出了以下 5 点问题。

1）过度使用 Map<String, Object>：Customer、RiskResolutionPlan、RiskResolutionService、ApprovalProcess 等类的主要字段都设计为 Map<String, Object>，缺乏清晰的结构化类型。

2）Service 类承担了实体职责：RiskResolutionService 中存放了 id、name、version 等字段，同时还存储了 customerInfo、riskResolutionPlan 等"数据实体"信息。

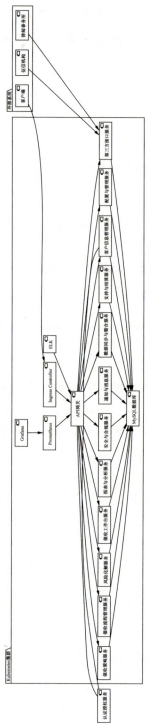

图 5-21 01 模型改进的组件图示例

3）缺乏对审批流程与风控方案的紧密关联：RiskResolutionPlan 中只有一个 approvalStatus 字段，ApprovalProcess 也仅维护一个对 plan 的引用，但二者的协作关系比较模糊。

4）ApprovalProcess 的步骤设计过于抽象：approvalSteps 仅使用了 List<Map<String, Object>> 的形式，currentStep 以单一 Integer 表示，rejectStep/reason 也仅限于字符串说明。

5）缺少领域模型的延伸和约束：Customer 类的 contactInfo、accountInfo 也都是 Map 类型，无从得知哪些信息是必需项，哪些需要单独管理或校验。

o3-mini 模型也有类似的评审意见，并主动输出了改进后的类图，如图 5-22 所示。完整的评审意见详见随书电子资源中的相应文档。

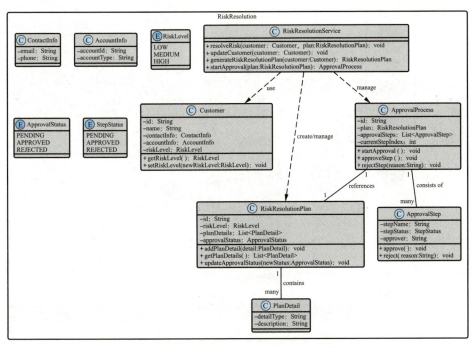

图 5-22　o1 模型改进的风险化解服务类图

大模型不仅可以评审生成的组件图、部署图和类图，也可以审查人类架构师设计的更为复杂的架构图。但为了使读者能直观地看到问题，分析对象不能太复杂，如图 5-23 所示，让 GPT-4o 进行分析，看看结果如何。从分析结果看，如图 5-24 和图 5-25 所示，优点（包括多渠道集成、企业服务总线、模块化设计、数据管理和分析、安全管理等）是显而易见的，同时缺点也是明显的，如依赖于传统数据仓库而没有实时数据流处理技术、偏向于传统的 SOA 架构而不是微服务架构、用户面对众多不同入口而没有统一的用户界面设计和体验管理工具、当前架构中第三方数据和服务的集成较为基础而没有 API 管理和网关功能。此外，它还建议引入增强自动化运维和智能化监控、DevOps 实践等。这样是不是达到了比较理想的评审结果？但在实际设计工作中有特定的上下文，这里给出的结果只是示例，说明 LLM 能够胜任这类任务。

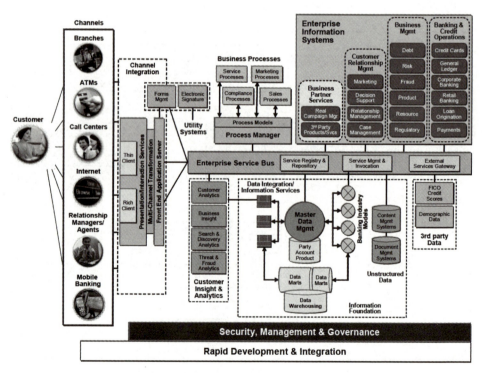

图 5-23　面向银行 SOA 的技术架构设计图

而 LLM 输出的建议都需要架构师结合实际情况进行权衡和分析，并做出进一步的评判。例如，将传统的 SOA 架构改为微服务架构可能代价过高，且不一定能带来足够的收益。

🧑 你

你作为资深架构师，请全面分析上传的银行系统的技术架构设计，指出其设计的优点、值得改进的地方，要求中文输出，分析报告层次清晰、表述准确

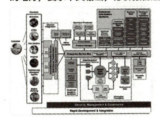

⑤ GPT-4o

银行系统技术架构设计分析

设计优点

1. **多渠道集成：**
   - 支持分支机构、ATM、呼叫中心、互联网、移动银行等多种渠道，确保客户可以通过多种方式访问银行服务，提升用户体验和便利性。

2. **企业服务总线（ESB）：**
   - 使用企业服务总线进行服务集成和管理，促进不同系统之间的通信和数据交换，提高系统的灵活性和可扩展性。

3. **模块化设计：**
   - 系统分为多个模块，如客户关系管理、业务合作伙伴服务、银行和信贷操作等，便于维护和升级。

4. **数据管理和分析：**
   - 包含主数据管理、数据仓库和数据集市，支持客户分析、业务洞察、威胁和欺诈分析等功能，帮助银行进行数据驱动的决策。

5. **安全管理：**
   - 强调安全、管理和治理，确保系统的安全性和合规性，保护客户数据和交易信息。

图 5-24　GPT-4o 评审技术架构的输出（优点部分）

值得改进的地方

1. **实时数据处理：**
   - 当前架构中数据分析主要依赖于数据仓库和数据集市，可能无法满足实时数据处理的需求。建议引入实时数据流处理技术，以支持实时决策和响应。

2. **微服务架构：**
   - 虽然使用了ESB，但整体架构仍然偏向于传统的SOA架构。可以考虑逐步向微服务架构转型，以提高系统的灵活性和部署效率。

3. **用户体验优化：**
   - 在多渠道集成中，确保用户在不同渠道间的体验一致性。可以引入统一的用户界面设计和体验管理工具。

4. **第三方服务集成：**
   - 当前架构中第三方数据和服务的集成较为基础。可以进一步扩展API管理和网关功能，以便更灵活地集成外部服务和数据源。

5. **自动化和智能化：**
   - 增强自动化运维和智能化监控，利用AI技术进行系统性能优化和故障预测，提高系统的稳定性和可用性。

6. **开发和部署效率：**
   - 在快速开发和集成方面，可以引入DevOps实践，提升开发、测试和部署的效率，缩短产品上线时间。

图 5-25　GPT-4o 评审技术架构的输出（缺点部分）

5.2.3　小结

大模型在架构设计上的应用处于起步阶段，多数企业目前主要将 LLM 作为知识库使用，缺乏实质性应用，这与软件研发人员的过往实践有关。软件架构设计缺乏统一的实践规范，各公司多依赖架构师的经验完成设计，而统一的建模语言 UML 应用较少。

通过前面的实践展示，我们可以感受到大模型在设计上也是可以有所作为的，如基于上下文推荐设计模式、支持架构决策，对已完成的软件技术设计方案进行性能与可扩展性分析、安全性与合规性评估等。

国内已有探索者借助大模型，以演进式设计方式（迭代方式）逐步推进，拆解系统复杂性，构建领域模型，生成代码，完成软件开发。国外也有公司推出了基于 LLM 的智能架构助手，能够实时推荐设计模式并进行架构评审，帮助架构师做出更明智的决策。还有公司推出基于 LLM 的工具进行安全性与合规性评估，自动扫描架构设计中的潜在安全漏洞并提供修复建议，有效提升了系统的安全性和合规性。

通过持续的研究与实践，行业将不断积累经验，优化方法，最终实现 AI 在软件设计中的深度应用，助力构建更加智能、灵活和安全的系统架构。

5.3 | UI 革命：GUI 生成和 CUI

尽管传统的 GUI（Graphical User Interface，图形用户界面）仍然是我们日常使用数字产品的标准界面，但随着 AIGC 的应用，GUI 正在向 CUI（Conversational User Interface，对话式用户界面）演变。CUI 采用更自然、直观的语言交互方式，用户可以通过语音或文字与系统对话，无须记住复杂的图标和操作。AI 技术的发展使得语音识别、自然语言处理和对话生成等方面取得了显著突破，CUI 在多个领域得到广泛应用。

在软件开发中，CUI 的应用场景也越来越多。现在许多智能编程助手、智能测试工具都提供了聊天窗口，通过提示词来驱动代码生成和测试生成。然而，在人员众多的公共空间，由于不适合使用语音交流，这或多或少会影响 CUI 的应用效果。

本节侧重讨论如何利用大模型帮忙生成软件的用户界面。我们可以问问 o1-mini，看看它是如何回答这个问题的。

> 在当今，大语言模型（如 GPT-4）凭借其强大的文本生成、代码生成和转换能力，正在革新软件用户界面的设计与开发。以下是利用大模型生成软件用户界面的几个关键方法。

1）**文本转代码**（Text2Code）：大模型能够根据自然语言描述生成前端代码，极大地加快界面开发速度。例如，开发者简单描述所需的界面元素和布局，模型便可生成相应的 HTML、CSS 和 JavaScript 代码。

2）**文本转图像**（Text2Image）：通过描述界面设计，大模型可以生成相应的视觉草图或图标，辅助设计师进行初步设计和用户体验优化。

3）**代码转换**（Code2Code）：大模型能够在不同前端框架之间转换代码，如将 React 组件转换为 Vue 组件，或将类式组件转换为函数式组件，提升代码的可维护性和迁移效率。

4）**自动化样式与布局**：通过自然语言描述，模型可以生成响应式设计的 CSS 样式，确保界面在不同设备上的一致性和美观性。

5）**用户体验优化**：通过分析用户反馈和行为数据，模型可以建议界面改进措施，如调整按钮位置、优化色彩搭配等，提升整体用户体验。

6）**集成开发环境**（IDE）**辅助**：大模型可以作为 IDE 的插件或扩展，实时提供代码补全、错误提示和优化建议，帮助开发者更高效地构建用户界面。

最佳实践

- **明确需求**：详细、具体地描述界面需求，确保生成的代码和设计符合预期。
- **迭代优化**：利用生成的初稿进行用户测试，根据反馈不断优化界面设计。
- **代码审查**：虽然 AI 生成代码效率高，但仍需人工审查以确保代码质量和安全性。
- **结合工具**：将大模型与设计工具（如 Figma、Sketch）和开发框架无缝集成，提升工作流效率。

总结

大语言模型通过其强大的文本理解和生成能力，能够显著加速软件用户界面的设计与开发过程。从自动生成代码到提供视觉设计草图，再到优化用户体验，这些工具为开发者和设计师提供了强有力的支持，推动软件开发向更高效、更智能的方向发展。

其实，它还给出了具体示例，下面我们就快速讨论一下如何生成 UI 代码以及如何在 UI 方面提升用户体验。

5.3.1 生成软件 UI 及其代码

生成 UI 代码主要是利用大模型的文本转代码（Text2Code）能力，我们用自然语言描述自己想要的软件 UI，大模型就可以生成相应的 HTML、CSS 和 JavaScript 代码。例如，图 5-26 和图 5-27 就展示了这样一个过程。

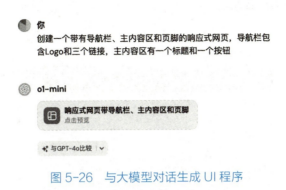

图 5-26　与大模型对话生成 UI 程序

图 5-27　直接预览生成的效果

在图 5-27 右上角，可以看到一个下载按钮，点击后直接下载包含 JavaScript 脚本的文件"响应式网页带导航栏、主内容区和页脚 .html"。我们还可以继续提出要求："将主页改进得更美观一些，添加一个浅色照片背景，主内容区上半部分是一张企业的宣传照片、口号和一个搜索按钮，下半部分有一个标题、一个按钮、一个二维码以及联系方式等。"大模型随即生成所需的代码，点击"改进后的响应式主页带导航栏、主内容区和页脚"预览，就得到新的界面，如图 5-28 所示。

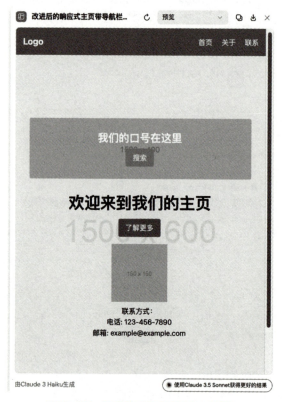

图 5-28　预览生成页面改进的效果

回到实际的银行催收管理系统，我们上传业务需求文档，并给出具体要求，提示词如下："为同济银行催收管理系统设计一个主界面，并生成前端代码，要求体现同济银行的色彩等风格。"（银行是虚构的）可以看到 o1 模型先思考 1 分钟，然后给出思维过程。

> 为了设计同济银行催收管理系统的主界面并生成相应的前端代码，我们需要从"某银行催收系业务需求 .docx"的文件中提取相关的业务需求信息，然后基于同济银行的品牌风格设计界面。

步骤：

1）提取"某银行催收系统业务需求.docx"的内容，以了解需要的功能和界面元素。
2）根据同济银行的品牌色彩和风格设计主界面。
3）生成相应的 HTML 和 CSS 代码。

生成所需的前端代码，点击"Tongji Bank Debt Collection Management System Main Interface"获得预览效果，如图 5-29 所示。

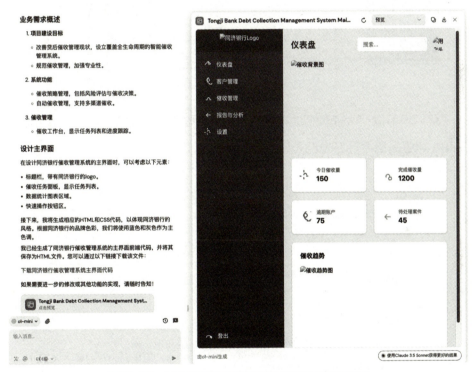

图 5-29　与大模型交互生成界面前端程序的截图

如果让 o1-mini 生成"美国银行"主界面的前端代码，其表现出色，会主动将输出转换为英文，尽管我们并未明确要求这样做。我们可以展示一下打开下载的 HTML 的效果，如图 5-30 所示，这里上传了 3 个所需的图像文件。

图 5-30　大模型生成的前端程序 UI 在 PC 上的展示效果

我们也可以让大模型把之前的前端代码改成支持前端框架 React/Vue 的代码，以提升跨平台开发的灵活性，如图 5-31 所示。

你
请把上面的代码转换成支持前端框架React/Vue 的代码

o1-mini

同济银行催收管理系统主界面 - React
点击预览

注意事项：

- **图片路径**：请将 `/path/to/tongji-bank-logo.png`、`/path/to/user-avatar.png`、`/path/to/Debt-Collection-background.png` 和 `/path/to/collection-trends-chart.png` 替换为实际的图片路径。
- **Tailwind CSS**：确保在项目中正确配置 Tailwind CSS。你可以通过安装 Tailwind CSS 或使用 CDN（适用于开发环境）来引入。
- **图标和组件库**：如果需要使用更丰富的图标或组件库，可以考虑引入相应的库，如 `lucide-react` 或 `recharts`，并根据项目需求进行调整。

图 5-31　与 o1-mini 交互生成支持前端框架 React/Vue 的代码

预览效果与图 5-29 展示的一样，我们在这里展示一下所生成的代码片段，如图 5-32 所示。

```
 74       </script>
 75       <script src="https://cdn.tailwindcss.com?plugins=forms,typography,aspect-ratio,container-queries"></
 76     script>
 77     <style type="text/tailwindcss">
 78       @layer base {
 79         :root {
 80           --background: 0 0% 100%;
 81           --foreground: 222.2 47.4% 11.2%;
 82
 83           --muted: 210 40% 96.1%;
 84           --muted-foreground: 215.4 16.3% 46.9%;
 85
 86           --popover: 0 0% 100%;
 87           --popover-foreground: 222.2 47.4% 11.2%;
 88
 89           --border: 214.3 31.8% 91.4%;
 90           --input: 214.3 31.8% 91.4%;
 91
 92           --card: 0 0% 100%;
 93           --card-foreground: 222.2 47.4% 11.2%;
 94
 95           --primary: 222.2 47.4% 11.2%;
 96           --primary-foreground: 210 40% 98%;
 97
 98           --secondary: 210 40% 96.1%;
 99           --secondary-foreground: 222.2 47.4% 11.2%;
100
101           --accent: 210 40% 96.1%;
102           --accent-foreground: 222.2 47.4% 11.2%;
103
104           --destructive: 0 100% 50%;
105           --destructive-foreground: 210 40% 98%;
106
107           --ring: 215 20.2% 65.1%;
108
109           --radius: 0.5rem;
110         }
111
```

a)

```
146     <script type="module">
147       import defaultTheme from "tailwindcss/defaultTheme"
148       import tailwindcssAnimate from "tailwindcss-animate"
149
150       const fontFamily = defaultTheme.fontFamily;
151
152       tailwind.config = {
153         darkMode: ["class"],
154         content: ["app/**/*.{ts,tsx}", "components/**/*.{ts,tsx}"],
155         theme: {
156           container: {
157             center: true,
158             padding: "2rem",
159             screens: {
160               "2xl": "1400px",
161             },
162           },
163           extend: {
164             colors: {
165               border: "hsl(var(--border))",
166               input: "hsl(var(--input))",
167               ring: "hsl(var(--ring))",
168               background: "hsl(var(--background))",
169               foreground: "hsl(var(--foreground))",
170               primary: {
171                 DEFAULT: "hsl(var(--primary))",
172                 foreground: "hsl(var(--primary-foreground))",
173               },
174               secondary: {
175                 DEFAULT: "hsl(var(--secondary))",
176                 foreground: "hsl(var(--secondary-foreground))",
177               },
178               destructive: {
179                 DEFAULT: "hsl(var(--destructive))",
180                 foreground: "hsl(var(--destructive-foreground))",
181               },
182               muted: {
183                 DEFAULT: "hsl(var(--muted))",
184                 foreground: "hsl(var(--muted-foreground))",
185               },
186               accent: {
```

b)

图 5-32　代码片段

```jsx
import React from "react";

const Sidebar = () => {
  return (
    <div className="w-64 bg-red-700 text-white flex flex-col">
      <div className="flex items-center justify-center h-16 bg-red-800">
        <img src="/path/to/tongji-bank-logo.png" alt="同济银行Logo" className="h-10" />
      </div>
      <nav className="flex-1 p-4">
        <ul>
          <li className="mb-2">
            <a href="#" className="flex items-center p-2 rounded hover:bg-red-600">
              <svg className="w-6 h-6 mr-3" fill="none" stroke="currentColor" strokeWidth="2" viewBox="0 0 24 24">
                <path strokeLinecap="round" strokeLinejoin="round" d="M3 12l2-2m0 0l7-7 7M13 5v6h6" />
              </svg>
              仪表盘
            </a>
          </li>
          <li className="mb-2">
            <a href="#" className="flex items-center p-2 rounded hover:bg-red-600">
              <svg className="w-6 h-6 mr-3" fill="none" stroke="currentColor" strokeWidth="2" viewBox="0 0 24 24">
                <path strokeLinecap="round" strokeLinejoin="round" d="M17 20h5v-2a10 10 0 10-6 0v2h5m-5-12a4 4 0 11-8 4 4 0 018 0z" />
              </svg>
              客户管理
            </a>
          </li>
          <li className="mb-2">
            <a href="#" className="flex items-center p-2 rounded hover:bg-red-600">
              <svg className="w-6 h-6 mr-3" fill="none" stroke="currentColor" strokeWidth="2" viewBox="0 0 24 24">
                <path strokeLinecap="round" strokeLinejoin="round" d="M9 17v-2a4 4 0 018 0v2m-8 0H5m16 0h-4" />
              </svg>
              催收管理
            </a>
          </li>
```

c)

```jsx
const Chart = () => {
  return (
    <div className="bg-white p-6 rounded-lg shadow">
      <h3 className="text-lg font-semibold mb-4">催收趋势</h3>
      <img src="/path/to/collection-trends-chart.png" alt="催收趋势图" className="w-full h-64 object-cover rounded-md" />
    </div>
  );
};

const MainContent = () => {
  return (
    <div className="flex-1 p-6 overflow-auto">
      <Header />
      {/* Background Image */}
      <div className="mb-6">
        <img src="/path/to/Debt-Collection-background.png" alt="催收背景图" className="w-full h-64 object-cover rounded-md" />
      </div>
      <Statistics />
      <Chart />
    </div>
  );
};

const App = () => {
  return (
    <div className="flex h-screen bg-gray-100">
      <Sidebar />
      <MainContent />
    </div>
  );
};

createRoot(document.getElementById("root")).render(
  <>
    <App />
  </>
);
window.parent.postMessage({ action: "ready" }, "*");
</script>
</body>
</html>
```

d)

图 5-32 代码片段（续）

我们还可以通过自然语言描述,让大模型生成响应式设计的 CSS 样式,确保界面在不同设备上的一致性和美观性。以为银行催收系统生成响应式卡片组件为例,如图 5-33 所示,点击卡片,会有移动,从而有良好的交互体验。

图 5-33　o1-mini 生成响应式卡片组件界面展示效果

为了让读者更好地理解所生成的 CSS 样式,我让大模型解释一下 CSS 样式相关代码,这里给出了 o1-mini 解释的关键部分,如图 5-34 所示。

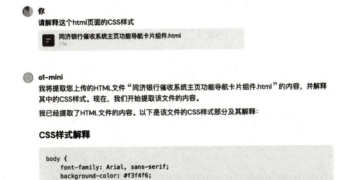

a)

图 5-34　o1-mini 对 CSS 解释的关键部分

```
.card-container {
    display: flex;
    flex-wrap: wrap;
    gap: 20px;
}
```

- **display: flex**：使用弹性布局，允许子元素在同一行内排列。
- **flex-wrap: wrap**：允许元素在容器上溢出时换行。
- **gap**：设置卡片之间的间隔为20像素。

```
.card {
    background-color: #ffffff;
    border-radius: 8px;
    box-shadow: 0 4px 6px rgba(0, 0, 0, 0.1);
    overflow: hidden;
    flex: 1 1 calc(25% - 20px);
    display: flex;
    flex-direction: column;
    transition: transform 0.2s;
}
```

- **background-color**：设置每个卡片的背景颜色为白色。
- **border-radius**：将卡片的角设置为8像素的圆角。
- **box-shadow**：添加阴影效果，使卡片提升视觉层次感。
- **overflow: hidden**：限制内容超出卡片范围时的显示。
- **flex: 1 1 calc(25% - 20px)**：指定卡片在容器中的占比，使其在不同屏幕尺寸下适应。
- **display: flex** 和 **flex-direction: column**：将卡片内容以列的方式排列。
- **transition**：添加过渡效果，使卡片在状态变化时（如悬停）有平滑的过渡。

```
.card:hover {
    transform: translateY(-5px);
}
```

- **:hover 状态**：当用户将鼠标悬停在卡片上时，使卡片向上移动5像素，增加交互体验。

b)

图 5-34　o1-mini 对 CSS 解释的关键部分（续）

5.3.2　从 UI 上提升用户体验

可以通过分析用户反馈和行为数据来提供界面改进建议，从而提升用户体验。这一过程通常体现在以下两个方面。

1）收集用户反馈数据，进行用户行为分析或情感分析。LLM 能够获取和分析相关的用户评论、用户评价等数据，进行用户行为分析或喜好的总结，帮助识别用户对某个界面元素（如按钮或颜色组合）的情绪，发现异常的用户交互模式或交互障碍，并提出改进建议。

2）提出 UI 改进建议。我们直接上传软件 UI，让大模型提出改进建议，包括导航结构改进、按钮位置调整、色彩方案优化等。如果可以提供用户操作 UI 的数据，大模型将进行操作行为或点击路径分析，从而给出更有效的建议，进一步提升用户体验。

1. 用户行为分析或情感分析

这里以美国邮局移动应用（USPS Mobile App）为例，让大模型获取数据，然后进行用户行为分析或情感分析。实际上，企业会有更多这方面的数据，分析的效果会更好。

> **提示词**
>
> 根据从 Android 和 Apple 应用商店和各大网站获得的与 USPS 移动应用相关的用户评论等各种数据，请认真地进行用户行为分析和情感分析，给出详细的报告。

> **大模型输出**
>
> 一、用户行为分析
>
> 1. 应用功能使用
>   - 知情递送（Informed Delivery）：用户经常使用 USPS 移动应用的"知情递送"功能，以预览即将到达的邮件和包裹。
> 2. 服务查询
>   - 价格和选项查询：用户利用应用程序来确定最合适的邮寄价格和服务选项，提高了使用邮政服务的便利性。
>
> 二、情感分析
>
> 1. 积极反馈
>   - 便利性和信心：用户表示，USPS 移动应用帮助他们在任何地方、通过笔记本电脑或移动设备自信地使用邮政服务。他们可以轻松查询价格和选项，提升了用户体验。
> 2. 消极反馈
>   - 功能故障：有用户反映，应用程序在使用一段时间后出现问题，特别是在"知情递送"部分，无法找到登录选项，功能无法正常显示。这导致用户无法访问重要的功能，影响了满意度。

三、存在的问题

1. 登录和功能访问问题
   - **知情递送功能无法登录**：用户无法在应用程序的"知情递送"部分找到登录入口，导致无法使用该功能。
2. 应用稳定性
   - **功能不稳定**：应用程序在使用一段时间后出现功能故障，影响用户的持续使用。

四、改进建议

1. 修复登录问题
   - **确保登录入口可见并可用**：开发团队应检查并修复"知情递送"部分的登录问题，确保用户能够顺利访问该功能。
2. 提升应用稳定性
   - **定期更新和维护**：通过定期的应用更新，修复已知问题，确保各项功能的长期稳定运行。
3. 用户界面优化
   - **提高导航直观性**：重新设计应用界面，使重要功能和登录选项更加显眼，提升用户体验。
4. 加强用户反馈机制
   - **收集用户意见**：建立有效的用户反馈渠道，及时了解用户遇到的问题和需求，以便快速响应和改进。

2. 提出 UI 改进建议

这个相对简单，可以直接将界面截图上传给大模型，让大模型分析并提出改进建议。半年前，笔者[①]将 AiDD 峰会的主页面（如图 5-35 所示）上传给国内某家多模态大模型进行分析，并要求其阐述该 UI 设计的优点和缺点。从大模型的输出结果来看，建议基本有效，如图 5-36 所示。

今天可以让 GPT-4o 重新分析这个页面，现在有一个新功能，只需在浏览器中打开页面，就能上传给工具并进行分析，无须截屏。这样被分析的网页是完整的，而且更真实，GPT-4o 能给出更全面的分析和建议。

---

① 这里指作者之一朱少民老师。——编辑注

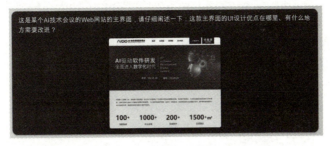

图 5-35　让多模态大模型分析页面设计

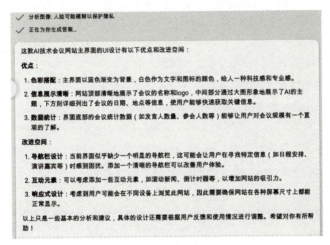

图 5-36　大模型输出的结果

> **提示词**

作为一位资深的 UI 设计师，请认真分析 AiDD 峰会主页面的设计，阐述其设计的优点，以及需要改进的地方。

 AiDD研发数字峰会-深圳站
www.aidd.vip

> **大模型输出**

AiDD 峰会主页面设计分析

设计优点

1. 视觉吸引力：
   - 页面使用了大量的图片和图标，这些视觉元素能够有效吸引用户的注意力。色彩鲜明的图片和图标使页面看起来生动活泼，能够激发用户的兴趣。

2. **信息丰富：**
   - 页面提供了大量的信息，包括峰会的主题、论坛出品人、合作伙伴等。这些信息能够帮助用户全面了解峰会的内容和背景。
3. **结构清晰：**
   - 页面内容分块明显，每个部分都有明确的标题，如"论坛出品人""战略合作伙伴"等。这种结构化的设计有助于用户快速找到他们感兴趣的信息。
4. **多媒体元素：**
   - 使用了多种多媒体形式，包括图片和链接，增强了页面的互动性和信息传达的多样性。

需要改进的地方

1. **信息过载：**
   - 页面信息量较大，可能导致用户在短时间内难以消化所有内容。可以考虑简化信息展示，突出关键内容，避免用户感到信息过载。
2. **导航体验：**
   - 页面缺乏明显的导航元素，用户可能难以快速跳转到特定的内容部分。建议增加顶部导航栏或侧边栏，提供快速访问不同内容的链接。
3. **响应式设计：**
   - 确保页面在不同设备上的显示效果一致，尤其是在移动设备上，可能需要优化布局和字体大小，以提升用户体验。
4. **一致性和风格统一：**
   - 页面中的图片和图标风格不完全一致，可能会影响整体的视觉一致性。建议统一视觉风格，使用一致的色调和设计元素。
5. **加载速度：**
   - 大量图片可能会影响页面的加载速度，建议优化图片大小或使用延迟加载技术，以提升页面性能。
6. **用户交互：**
   - 增加用户交互元素，如悬停效果、点击反馈等，提升用户的参与感和互动体验。

虽然 GPT-4o 输出了更多的内容，但从两个模型输出结果来看，仍有一些共同观点。例如，在优点方面，都提到了色彩、结构/展示清晰，在需要改进的方面，都指出了导航体验、响应式设计、互动元素/用户交互等问题，从侧面也验证了大模型审查是有效的，值得设计师参考和借鉴，以努力提升页面 UI 的用户体验。

5.3.3 小结

LLM 在生成软件 UI 及其代码，以及从 UI 上提升用户体验中展现出强大的潜力。

1. 从文本到 UI 设计

通过自然语言描述生成 UI 设计草图。例如，开发者输入"创建一个带有导航栏和搜索框的电商首页"，LLM 就能够生成相应的 UI 布局草图。目前这类工具比较多，如 Adobe Firefly、UI-Diffuser、Motiff 妙多等，用户只需要输入一段设计需求，就可以获得精美的 UI 设计稿。

- 利用 LLM 专注于生成 UI 页面的整体布局和具体内容，如导航栏、标题、搜索框、内容卡片等。这使得生成的页面在逻辑结构和内容安排上更加合理和丰富。

- 为了确保 UI 细节的精确和视觉效果，采用预定义的 UI 组件库。这些组件库提供了丰富且高度可控的 UI 元素，确保生成的设计在像素级别上达到专业水准。

- 整个过程分为生成阶段和转换阶段。LLM 先根据用户输入的设计需求生成页面的初步布局和内容，可以采用 HTML、ASCII Art 等形式，确保整体结构合理；然后将生成的布局和内容转换为基于预定义组件库的具体 UI 组件，这样 LLM 生成的页面结构会与组件库中的具体组件进行匹配，确保每个 UI 元素的准确摆放和功能实现。

2. 根据 UI 生成代码

根据 UI 设计文档或 UI 描述，自动生成相应的前端代码（如 HTML、CSS、JavaScript）或移动应用代码（如 Flutter、React Native）。例如，GitHub Copilot 的最新更新增强了对 UI 框架（如 React、Vue）的支持，能够根据开发者的注释和代码片段自动补全复杂的 UI 组件。

3. 用户行为分析与反馈驱动优化

利用 LLM 分析用户交互数据和反馈，识别 UI 设计中的痛点和改进机会，持续优化用户体验。例如，研究者开发了一个框架，通过 LLM 对用户感兴趣的个性化信息进行总结，使用诸如少样本提示、提示调优和微调等技术，可以显示大模型在提供更深入、更具解释性和可控的用户理解方面的巨大潜力。

进一步，根据用户的行为数据和偏好，动态调整 UI 布局、颜色、字体等，以提供个性化的用户体验。例如，Netflix 应用了 LLM 驱动的个性化 UI 调整，根据用户观看历史和偏好动态调整首页推荐模块的位置和内容。

如果不局限于 UI 设计，我们还可以利用 LLM 实时分析用户行为，识别卡点并及时介入，提供个性化的指导和解决方案，或提供智能化的客户服务，如自动疑难解答、个性化推荐等，以提升用户的服务体验。

5.4 | 结对编程成为常态：从代码生成到代码评审

结对编程（Pair Programming）源于极限编程（Extreme Programming, XP）所提倡的核心实践之一，通常由两位程序员组成一对，分别承担"驾驶员"（Driver）和"导航员"（Navigator）的角色。

- 驾驶员：负责实际编写代码，专注于当前任务的具体实现。
- 导航员：负责指导整体设计方向、提供解决方案建议，并审查当前编写的代码，确保符合项目规范和最佳实践。

如图 5-37 所示，结对编程的初衷是通过实时的双人协作减少错误、提升代码质量，并促进团队成员之间的知识传递。但是，现实中结对编程很少落地，多数企业管理者可能认为两个人共同完成同一任务会降低工作效率。我们也很难通过大量案例来改变他们的认知，证明这种实践能够极大提升代码质量，显著减少单元测试、系统测试、修复缺陷等所花费的时间，从而提升整体效率。

图 5-37　结对编程场景

但进入大模型时代，结对编程的情景发生了显著变化。大模型可以帮助程序员完成多个方面的工作，包括完成代码生成、单元测试（UT）生成、代码解释、注释行生成、代码调试、代码转换、代码评审等。这种人机结对编程的效率一定超过单个程序员的效率。过去反对人人结对编程的企业管理者也一定会极力推荐"人机结对编程"（Human-Machine Pair Programming，HMPP）。

5.4.1　人机结对编程的到来

在 2018 年 12 月，笔者[1]撰写了一篇文章《未来两年：人机结对编程将成为现实》，当时这一观点显得颇为乐观和激进。之所以撰写这篇文章，主要是受到 2017 年推出的强化学习算法 AlphaZero 的启发，它可以在没有人类监督的情况下，自动地从对弈数据中不断总结经验、从零开始学习最优的下棋

---

[1] 这里指作者之一朱少民老师。——编辑注

策略。同时，当时软件工程、程序设计语言、人工智能交叉学科领域也取得了一些研究成果，如代码自动生成与推荐、代码搜索与API推荐、智能化缺陷修复等。基于这些进展，笔者预测人机结对编程在两年后会出现：在程序员编程的过程中，机器人搜索代码库（企业内部或外部开源代码库），给程序员推荐最匹配的代码；程序员编写完代码，机器人可以对这些代码进行静态评审、分析，及时发现代码中的问题。

而且一个大公司或大型产品事业部采用人机结对编程模式，将不仅获得程序员（人）的群体智能，还包含多个机器人的竞争学习机制（而非单一机器人），以多形态、多层次的智能化推荐方式展开，机器人之间可以相互学习，由粗到细逐步演进和优化。这种人机结对编程不仅能节省时间，还能提高代码质量，实现质效双收，因此其未来应用价值不可限量。

实际上，上述文章的观点并不算激进。在文章发布的前一年（2017年），北京大学软件工程研究团队发布了aiXcoder 1.0，提供代码自动补全与搜索功能；而文章发布两年后（2020年年底），微软发布了CodeGPT，标志着我们进入了大模型编程时代。此后，代码大模型如雨后春笋般涌现，图5-38所示是早期代码大模型的发展历程。

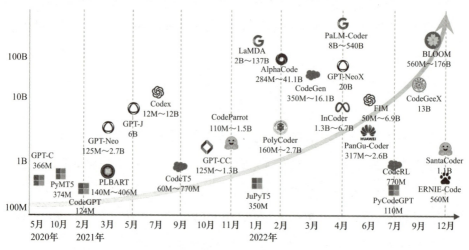

图5-38　早期代码大模型的发展历程

在人机结对编程的机器人中，GitHub Copilot 的出现具有里程碑意义，其工作原理如图 5-39 所示。它建立在代码大模型 OpenAI Codex 之上，Codex 则是基于 GPT-3 技术，经过专门针对编程语言和代码数据的大规模训练而成，因此在理解和生成代码方面表现得更加出色。GitHub Copilot 名字中的"副驾驶员"（Copilot）也被广泛接受，与本节开头介绍的结对编程的"驾驶员"和"导航员"相呼应。驾驶员是人，副驾驶员是机器，构成人机结对编程。

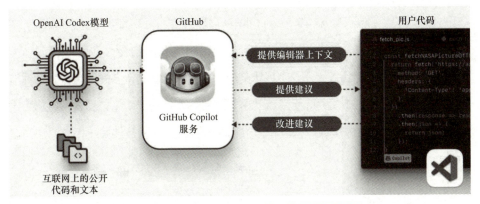

图 5-39　GitHub Copilot 的工作原理示意图

开发人员（程序员）在软件团队中占比最大，因此国内外大厂都在代码大模型和基于它的编程助手（或副驾驶员、伙伴）上投入重金，加强研发。除了微软的 GitHub Copilot，Google 也推出了多款适合不同场景的智能辅助编程工具，如 AlphaCode、Codey、Duet AI 等，亚马逊推出了 Code Whisperer，Meta 推出了 Code Llama，其他开源编程助手有 Anysphere Cursor、Codeium Windsurf、Hugging Face StarCoder/HF-Autocomplete、SourceGraph Cody 等。国内的智能编程助手也不少，如华为云的 CodeArts 盘古助手、百度的文心快码（Baidu Comate）、蚂蚁的 CodeFuse、阿里的通义灵码、字节跳动的 MarsCode、中兴的星云研发大模型、讯飞的 iFlyCode、智谱的 CodeGeeX、非十科技的 Fitten Code 等。

5.4.2 OpenAI o1 代码生成能力展示

2023 年 4 月,我们便已领略 GPT-4 的强大能力,它在一项 170 人参与的研究所入学考试中打败了 163 人,位列第 7 名。此外,调查结果也显示,许多人都是直接使用 GPT-4 来生成代码、解释代码和评审代码的,这让我们真切地感受到了大模型时代的来临以及软件工程迈入 3.0 时代的步伐。然而,与后来出现的 OpenAI o1 模型相比,GPT-4 在代码能力方面稍显逊色,尽管我们此前已认为其表现颇为出色。

通过对比 OpenAI o1 模型和 GPT-4 模型在全球顶尖在线编程竞赛 Codeforces 上的得分排名(见图 5-40),便可明显看出 OpenAI o1 的代码能力远超 GPT-4。Codeforces 于 2010 年创建,并迅速发展为众多开发者提升编程能力、参与竞赛及与全球顶尖选手交流的重要平台。该平台定期举办竞赛,通常每周一次,竞赛题目涵盖大量经过筛选和分类的编程题目,涉及各种算法和数据结构。

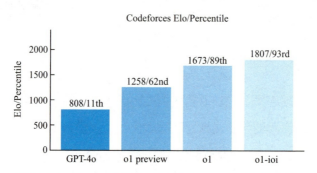

图 5-40 OpenAI 模型在 Codeforces 竞赛上的表现

为了比较不同模型的代码能力,我们设计了一种 Elo 评分机制,Elo 评分通常用于估计玩家在对抗性竞技活动中的相对技能水平,它通过玩家之间的多轮对局结果来动态调整评分,直接反映了它们的相对强度,因此具有较强的实时性和准确性。几种模型参与了 Codeforces 编程竞赛,GPT-4o 只获得了 808 积分的 Elo 评级,仅超过了 11% 的人类选手(排名很低)。而 OpenAI 的 o1 preview 获得了 1258 积分的 Elo 评级,表现优于 62% 的竞争者。虽然自博弈模型（o1-ioi）的能力更强，优于 93% 的竞争者，但目前无法获取 o1-ioi 来进行试验。因此，我们只能用相对最强的 o1 preview 来展示大模型的编程能力。

那么，如何展示 o1 preview 的编程能力呢？我们首先想到的是代码生成能力。

我们试试"背包"算法的代码生成，背包问题有 01 背包、完全背包、多重背包、分组背包和混合背包等，据说 LeetCode 上只考 01 背包和完全背包，没有多重背包的题目，因此我们就来测试 o1 preview 能否生成多重背包的算法代码。我们期望生成的代码逻辑思路清晰、时间复杂度低，而且借助模型的自我测试功能，确保代码运行、验证通过。

> **提示词**
>
> 多重背包问题：有多种重量不同、价值不同的物品，而且每种物品数量有限，还有一个容量有限的背包，选择一些物品装入背包，以获得最大总价值。请生成解决多重背包问题的算法程序，要求：Python 语言，代码规范，计算耗时尽量少。

> **o1 preview 的输出**
>
> **多重背包问题的解决方案**
>
> 多重背包问题是经典的组合优化问题，目标是在给定的背包容量下选择物品，使得总价值最大化。每种物品有特定的重量、价值和数量限制。
>
> **算法思路：**
>
> 我们可以使用**二进制优化**的动态规划方法来解决多重背包问题。具体步骤如下：
>
> 1. **二进制拆分物品数量：**
>
>   对于每种物品，将其数量拆分为按二进制形式表示的若干份。这意味着，将物品的数量表示为若干个 1, 2, 4, 8, … 的组合。例如，数量为 5 的物品可以拆分为数量为 1 和 4 的两个物品。
>
> 2. **转换为 01 背包问题：**
>
>   通过二进制拆分后，我们将多重背包问题转换为等价的 01 背包问题，每个物品只有一件。
>
> 3. **动态规划求解：**
>
>   使用一维 DP 数组 dp，其中 dp[j] 表示在容量为 j 时可获得的最大价值。遍历所有物品，更新 dp 数组，实现价值的最大化。

生成的 Python 代码如图 5-41 所示。

```python
"""多重背包问题的解决方案，采用二进制优化的动态规划算法。"""
def multiple_knapsack(N, W, weights, values, amounts):
    """
    解决多重背包问题。

    参数：
    - N: 物品种类数
    - W: 背包容量
    - weights: 物品重量列表
    - values: 物品价值列表
    - amounts: 物品数量列表

    返回：
    - 在不超过背包容量的情况下可以获得的最大总价值。
    """
    # 二进制拆分物品
    new_weights = []
    new_values = []

    for i in range(N):
        amount = amounts[i]
        weight = weights[i]
        value = values[i]
        k = 1
        while amount > 0:
            num = min(k, amount)
            new_weights.append(weight * num)
            new_values.append(value * num)
            amount -= num
            k <<= 1  # k *= 2

    # 初始化 DP 数组
    dp = [0] * (W + 1)

    # 动态规划求解
    for i in range(len(new_weights)):
        w = new_weights[i]
        v = new_values[i]
        for j in range(W, w - 1, -1):
            if dp[j - w] + v > dp[j]:
                dp[j] = dp[j - w] + v

    return dp[W]
```

图 5-41　生成的 Python 代码

在聊天对话框中（见图 5-42），o1 preview 给出了测试说明和代码说明，能够分析并优化算法的时间和空间复杂度。我们提交了国内两大模型生成的算法代码，o1 preview 对它们的空间和时间复杂度进行了细致分析。其中有一个空间优化了，另一个空间复杂度偏高；时间复杂度两者都比较高，其中一个

为 $O(N \times \log M)$，另一个高达 $O(N \times M)$。

测试说明：

- 输入示例：
  - 物品种类数 `N = 3`
  - 背包容量 `W = 10`
  - 物品重量列表 `weights = [2, 3, 5]`
  - 物品价值列表 `values = [50, 60, 140]`
  - 物品数量列表 `amounts = [3, 2, 2]`

- 运行结果：

  在容量为 `10` 的背包中可以获得的最大价值为：350

代码说明：

- 函数 `multiple_knapsack`：
  - 负责计算在给定条件下的最大总价值。
  - 首先对每种物品进行二进制拆分，将多重背包问题转换为 01 背包问题。
  - 使用一维 DP 数组进行动态规划，优化空间复杂度。

- 二进制拆分：
  - 将物品数量按照二进制位进行拆分，减少物品数量，降低时间复杂度。
  - 例如，数量为 5 的物品拆分为数量为 1、2、2 的物品组合。

- 动态规划过程：
  - 外层循环遍历拆分后的物品列表。
  - 内层循环从容量 `W` 递减到当前物品重量 `w`，更新 `dp` 数组，保持较大的价值。

优化点：

- 时间复杂度降低：
  - 通过二进制拆分，物品数量从 `N` 增加到 `O(N log M)`，其中 `M` 是物品最大数量，大大减少了状态数。

- 空间优化：
  - 使用一维 DP 数组，空间复杂度为 `O(W)`。

图 5-42　o1 preview 的测试说明和代码说明

2024 年 9 月发表的 280 页论文"Evaluation of OpenAI o1- Opportunities and Challenges of AGI"也对 o1 preview 的代码生成能力做了评测。评测结果显示 o1 preview 成功解答了 12 个问题中的 10 个，通过率高达 83.3%，如表 5-1 所示。只有在周赛 413 和双周赛 138 中各有一个问题未通过，而未通过的两个问题都被归类为"困难"级别。

表 5-1　在 LeetCode 上对 o1 preview 代码生成能力的评测结果

	周赛 414	周赛 413	双周赛 138	总计
通过的解答数	4	3	3	10
通过率	100%	75%	75%	83.3%
得分	21	15	14	50

尽管存在诸多挑战，但 o1 preview 与顶尖人类竞争者相比，花费了相当甚至更短的代码生成时间。这表明 o1 preview 具有很强的推理能力，能够有效处理大多数编码任务。然而，在面对特别复杂或计算密集的情况时，该模型的性能仍然存在局限性。

除了用于算法程序验证，我们还可以让它生成实际业务的代码。例如，之前已成功生成类图，可让大模型基于类图生成代码。接下来，我们就从风险化解服务类图开始。

> **你**
>
> 基于这个类图的描述，如果要实现这个类，如何开始，请说明一步一步往前推进的过程。

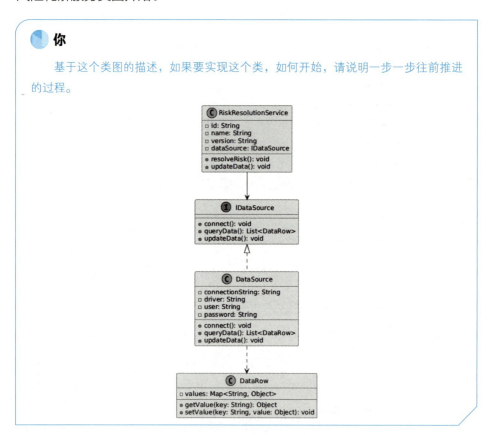

🟢 GPT-4o

要实现这个类图中的类,我们可以按照以下步骤逐步推进:

步骤 1:定义接口 IDataSource

首先,我们需要定义 IDataSource 接口,因为它是 DataSource 类的基础。

```
public interface IDataSource {
    void connect();
    List<DataRow> queryData();
    void updateData();
}
```

步骤 2:实现 DataRow 类

DataRow 类用于存储查询结果的数据行。它包含一个 Map 来存储键值对。

```
import java.util.HashMap;
import java.util.Map;

public class DataRow {
    private Map<String, Object> values = new HashMap<>();

    public Object getValue(String key) {
        return values.get(key);
    }

    public void setValue(String key, Object value) {
        values.put(key, value);
    }
}
```

步骤 3:实现 DataSource 类

DataSource 类实现了 IDataSource 接口,并提供数据库连接和数据操作的方法。

```
import java.util.ArrayList;
import java.util.List;

public class DataSource implements IDataSource {
    private String connectionString;
    private String driver;
    private String user;
    private String password;

    public DataSource(String connectionString, String driver, String user, String
```

```java
        this.connectionString = connectionString;
        this.driver = driver;
        this.user = user;
        this.password = password;
    }

    @Override
    public void connect() {
        // 实现数据库连接逻辑
    }

    @Override
    public List<DataRow> queryData() {
        // 实现数据查询逻辑
        return new ArrayList<>();
    }

    @Override
    public void updateData() {
        // 实现数据更新逻辑
    }
}
```

步骤 4：实现 RiskResolutionService 类

RiskResolutionService 类使用 IDataSource 接口来处理风险解决的逻辑。

```java
public class RiskResolutionService {
    private String id;
    private String name;
    private String version;
    private IDataSource dataSource;

    public RiskResolutionService(String id, String name, String version, IDataSource
        this.id = id;
        this.name = name;
        this.version = version;
        this.dataSource = dataSource;
    }

    public void resolveRisk() {
        // 实现风险解决逻辑
    }
```

```
public void updateData() {
    dataSource.updateData();
}
}
```

步骤 5：测试和验证

1. 创建测试用例：编写单元测试来验证每个类和方法的功能。
2. 运行测试：确保所有测试用例通过。
3. 调试和优化：根据测试结果，修复任何错误并优化代码。

程序的基本框架已经搭建完成，但其中尚未填充具体的业务逻辑。此时，我们可以上传需求文档（见图 5-43），以便大模型准确把握背后的业务逻辑，从而实现类中的相应方法。

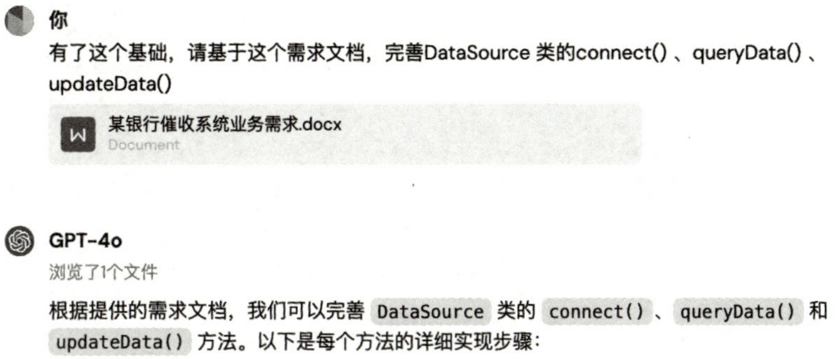

🔵 **你**

有了这个基础，请基于这个需求文档，完善 DataSource 类的 connect()、queryData()、updateData()

📄 某银行催收系统业务需求.docx
Document

⚪ **GPT-4o**

浏览了 1 个文件

根据提供的需求文档，我们可以完善 `DataSource` 类的 `connect()`、`queryData()` 和 `updateData()` 方法。以下是每个方法的详细实现步骤：

图 5-43 上传需求文档

三个方法 connect()、queryData() 和 updateData() 得到了很好的实现，具体代码可以通过下载随书电子资源上的源文件 dataSource.java 来查看，这里展示 queryData() 的生成结果（见图 5-44）。

接下来，我们向大模型询问如何验证 queryData() 方法的实现是否有问题，大模型给出测试思路和相应的测试代码。测试思路很完整，包括单元测试、代码审查和性能测试等。刚开始，数据源采用的是 Oracle，我们要求将其替换为 MySQL，并重写测试设置函数 setup()，它即刻更新了 setup()。

2. `queryData()` 方法

`queryData()` 方法需要执行数据库查询，并返回结果。根据需求，系统需要支持高并发和快速响应，因此需要优化查询性能。

```java
import java.sql.ResultSet;
import java.sql.Statement;
import java.util.ArrayList;
import java.util.List;

@Override
public List<DataRow> queryData() {
    List<DataRow> dataRows = new ArrayList<>();
    String query = "SELECT * FROM your_table"; // Replace with actual query

    try (Statement stmt = connection.createStatement();
         ResultSet rs = stmt.executeQuery(query)) {

        while (rs.next()) {
            DataRow row = new DataRow();
            // Assuming columns are known, map them to DataRow
            row.setValue("column1", rs.getObject("column1"));
            row.setValue("column2", rs.getObject("column2"));
            // Add more columns as needed
            dataRows.add(row);
        }
    } catch (SQLException e) {
        System.err.println("Query execution failed: " + e.getMessage());
        // Implement logging and error handling
    }
    return dataRows;
}
```

图 5-44　queryData() 的生成结果

> **↘ GPT-4o 的输出**
>
> 要验证 queryData() 方法的实现是否正确，可以采取以下步骤。
>
> ### 1. 单元测试
>
> 编写单元测试来验证 queryData() 方法的功能。使用测试框架（如 JUnit）来创建测试用例，确保方法能够正确查询数据并返回预期结果。
>
> - **准备测试数据**：在测试数据库中插入已知数据，以便验证查询结果的正确性。
> - **执行查询**：调用 queryData() 方法。
> - **验证结果**：检查返回的 DataRow 列表是否与预期数据匹配。
>
> ```java
> import org.junit.Before;
> import org.junit.Test;
> import static org.junit.Assert.*;
>
> public class DatasourceTest {
>     private DataSource dataSource;
> ```

```
@Before
public void setup() {
    // 使用 MySQL 的连接字符串和驱动程序
    String connectionString = "jdbc:mysql://localhost:3306/your_database_name";
    String driver = com.mysql.ci.idbc.Driver";
    String user = "your username";
    String password = "your_password";

    dataSource = new DataSource(connectionString, driver, user, password);
    dataSource.connect();
}

@Test
public void testQueryData() {
    List<DataRow>result = dataSource.queryData();
    assertNotNull(result);
    assertFalse(result.isEmpty());
    // Add more assertions to verify the content of DataRow
}
```

2. 集成测试

在更真实的环境中测试 queryData() 方法，确保它与其他系统组件正确交互。

- **环境准备**：在测试环境中部署完整的数据库和应用程序。
- **执行测试**：运行集成测试，调用 queryData() 方法，并验证其与其他系统组件的交互。
- **检查日志和输出**：确保日志中没有错误，并且输出符合预期。

3. 性能测试

根据需求文档，系统需要支持高并发和快速响应。使用性能测试工具（如 JMeter）来验证 queryData() 方法在高负载下的表现。

- **设置负载测试场景**：模拟多个用户同时调用 queryData() 方法。
- **监控性能指标**：检查响应时间、吞吐量和资源使用情况。
- **分析结果**：确保响应时间符合需求（如不高于 100 毫秒），并且系统在高并发情况下稳定运行。

4. 代码审查

进行代码审查，确保 queryData() 方法的实现符合最佳实践和项目规范。

- **检查 SQL 查询**：确保查询语句高效，并使用适当的索引。
- **验证错误处理**：确保方法能够正确处理异常，并记录相关日志。
- **安全性检查**：确保方法能防止 SQL 注入和其他安全漏洞。

通过以上步骤，可以全面验证 queryData() 方法的实现是否正确，并确保其在功能、性能和安全性方面都符合项目要求。

单元测试里有一行注释"// Add more assertions to verify the content of DataRow"，我们可以要求大模型给出 assert 语句更多的示例（见图 5-45）。

```java
@Test
public void testQueryData() {
    List<DataRow> result = dataSource.queryData();

    // 验证结果不为空
    assertNotNull(result);
    assertFalse(result.isEmpty());

    // 假设我们期望第一行的数据
    DataRow firstRow = result.get(0);

    // 验证特定列的值
    assertEquals("ExpectedValue1", firstRow.getValue("column1"));
    assertEquals(123, firstRow.getValue("column2"));
    assertTrue((Boolean) firstRow.getValue("column3"));

    // 验证数据类型
    assertTrue(firstRow.getValue("column1") instanceof String);
    assertTrue(firstRow.getValue("column2") instanceof Integer);
    assertTrue(firstRow.getValue("column3") instanceof Boolean);

    // 验证行数
    assertEquals("Expected number of rows", expectedRowCount, result.size());

    // 验证特定行的特定列值
    for (DataRow row : result) {
        assertNotNull(row.getValue("column1"));
        assertTrue(row.getValue("column2") instanceof Integer);
    }
}
```

图 5-45　assert 语句的更多示例

结果，LLM 考虑得还比较全面，对此做出的说明如下。

1）**验证结果不为空**：使用 assertNotNull 和 assertFalse 确保查询结果不为空。
2）**验证特定列的值**：使用 assertEquals 验证特定列的值是否与预期值匹配。
3）**验证数据类型**：使用 instanceof 确保列的数据类型正确。
4）**验证行数**：使用 assertEquals 验证返回的行数是否与预期相符。
5）**验证特定行的特定列值**：遍历结果集，验证每一行的特定列是否符合预期条件。

用同样的方法，让 o1 preview 模型尽可能完善（补充实现）RiskResolution-Service 中的 resolveRisk()，重新生成 RiskResolutionService 的代码。这个就比较复杂，首先要完成如下业务操作流程。

1）**提交申请**：在 submitApplication() 方法中将风险化解申请提交到数据库。
2）**审批流程**：approvalProcess() 方法模拟了逐级审批的流程，每个审批人对申请进行审核。
3）**审批结果处理**：根据审批结果，更新申请状态，获取最终方案或拒绝原因。
4）**跟踪还款进度**：审批通过后，调用 trackRepaymentProgress() 方法跟踪客户的还款情况。
5）**息费减免**：可在 RiskResolutionApplication 中添加相关字段，并在审批流程中处理。
6）**查询列表**：可在 IDataSource 接口和 DataSource 类中实现查询风险化解处理列表的方法。
7）**数据持久化**：需要在 IDataSource 的实现类中实现对数据库的实际操作。

还要定义一些辅助的类和接口，如定义风险化解申请 RiskResolutionApplication、最终的风险化解方案 RiskResolutionPlan、跟踪还款进度 RepaymentProgress、Approver 接口及实现类、IDataSource 接口的扩展方法等，具体代码可以通过下载随书电子资源上的源文件 dataSource.java 来查看。

这一过程尚未完结，须通过人机交互进一步细化。有时仍需开发人员介入，对相关部分进行修改完善。

5.4.3　大模型编程能力评测

除了代码生成，人们还喜欢使用遗留代码解释、生成代码注释行和代码评审、生成单元测试等功能。一方面，我们拥有了大模型的更多能力，另一方面，我们需要了解它们在这些领域的具体水平，这就需要对这些能力进行评测。评测大模型能力有两种方法，一种是基于代码能力评测集及其相应的工具进行，另一种则是直接在实际工作中评测大模型的效果。

1. 基于代码能力评测集进行评测

这里以微软公司相关研究人员推出的 CodeXGLUE 为例，它是一个代码智能基准数据集。它集合了一系列代码智能任务，并提供了一个模型评估和比较的平台。CodeXGLUE 包含 14 个数据集，覆盖四大类、十种多样化的代码智能任务的评测，通过这些任务，我们更能感受到大模型的强大能力。CodeXGLUE 所支持的 10 种任务和数据集的对应关系如下。

（1）代码 - 代码（6 种任务）

- 克隆检测（BigCloneBench 和 POJ-104）。模型需要评估代码间的语义相似性。包含了两个数据集，一个用于二分类判断代码相似性，另一个通过给定查询代码来检索语义相似的代码。

- 缺陷检测（Devign）。模型须识别源代码中可能被用来攻击软件系统的缺陷，如资源泄漏、释放后使用（Use After Free）漏洞和 DoS 攻击。包含一个现有数据集。

- 填空测试（CT-all 和 CT-max/min）。将预测代码中被遮蔽的令牌作为多选分类问题。这两个数据集是新创建的，一个候选答案来自筛选过的词汇表，另一个在"最大"和"最小"间进行选择。

- 代码补全（PY150 和 GitHub Java Corpus）。模型须根据代码上下文预测接下来的编程符号，涉及标记级和行级补全。标记级任务类似于语言建模，这里包含两个有影响力的数据库。行级数据集是新创建的，以检验模型自动生成一行代码的能力。

- 代码修复（Bugs2Fix）。模型尝试自动精炼代码，无论其是否包含错误或是否复杂。包含一个现有数据集。

- 代码翻译（CodeTrans）。模型须将一种编程语言的代码转换为另一种编程语言的代码。新创建了一个从 Java 到 C# 的数据集。

（2）文本 – 代码（2 种任务）

- 代码搜索（CodeSearchNet AdvTest 和 CodeSearchNet WebQueryTest）。模型的任务是衡量文本和代码之间的语义相似性。在检索场景下，新创建的测试集替换原测试集中的函数名和变量以测试模型的泛化能力。在文本 – 代码分类场景下，基于 Bing 查询日志创建测试集来测试真实的用户查询。

- 文本到代码生成（CONCODE）。给定自然语言描述，模型须生成代码。包含一个现有数据集。

（3）代码 – 文本（1 种任务）

- 代码摘要（CodeSearchNet）。模型须为代码生成自然语言注释。包含一个现有数据集。

（4）文本 – 文本（1 种任务）

- 文档翻译（Microsoft Docs）。模型须在人类语言之间翻译代码文档。创建了一个专注于低资源多语言翻译的数据集。

CodeXGLUE 提供了支持上述任务的 3 条管道（基线模型），包括擅长理解问题的 BERT 风格的预训练模型（即 CodeBERT）、GPT 风格的预训练模型 CodeGPT，以支持补全和生成问题，以及一个支持序列到序列生成问题的编码器 – 解码器框架。

2. 用实际项目来评测

这里从 Gitee 中选取了一个热门的开源 ERP 项目的一个 Java 源文件

（ApPayLineWebController.java）。虽然该文件不一定具有代表性，但可作为测试对象，每位读者也可以选择自己熟悉的代码，让大模型进行评测。首先，我们将该源文件中所有的注释行删除，以此增加 OpenAI o1 大模型的任务难度（假定遗留代码缺失文字说明和注释行），然后让 o1 模型解释经过处理的代码文件（ApPayLineWebController-no comments.java）。最后将结果与源代码进行比较，以评估 o1 对代码的理解能力。由于文件比较长，就不在书中展示了，读者可以自行下载浏览。

o1 模型的分析解释结果存储于随书电子资源中的"ApPayLineWebController（无注释）代码解释与评审结果.docx"文件中。我们发现，o1 模型的解释十分详细，从包声明和导入、类声明开始，详细介绍了字段（依赖注入）、异常重定向 URL、每个控制器方法（包括用途、参数、详细逻辑、视图等）、流程总结、使用的技术和框架，最后还给出了潜在的改进意见。

如果让 o1 模型为没有注释的代码（ApPayLineWebController-no comments.java）添加注释行，其输出结果极为详尽，它对每个实质性的处理（可能是一行代码，也可能是一个循环体等）都有注释，详见"ApPayLineWebController（大模型加注释）.java"文件。

如果输入源文件开头的注释行，o1 模型可生成源代码，详见"ApPayLine-WebController 基于注释生成代码类.java"文件。如果让它基于源文件进行解释，o1 模型会增加对代码结构的解释，涵盖类声明与服务注入、异常处理、查询数据列表的方法、获取发票选择框的方法、查询单条数据的方法、编辑与保存数据的方法、删除数据的方法。然后，与之前生成的代码进行对比，并识别之前错误的代码。它对每个方法都进行了细致的分析，包括之前的代码和解释、你的代码、错误分析、纠正等内容，最后还进行了总结，并给出改进建议。详见"ApPayLineWebController（有注释）代码解释与评审结果.docx"文件。

我们也可以让 o1 模型评审代码文件，详细结果请参考"ApPayLine-WebController 评审结果 .docx"文件。相信读者下载浏览后，也会对评审结果感到满意。

5.4.4 AI 程序员与优秀的编程工具

LLM 代码生成能力能否迅速发挥作用以及发挥多大价值，在很大程度上取决于构建在 LLM 之上的编程工具。目前微软在智能开发领域的出色表现，就得益于 GitHub Copilot 这样的工具。但是，也有不少开发人员抛弃 GitHub Copilot，转而使用智能编程工具 Cursor。OpenAI 影响力之所以如此之大，也得益于其开发的 ChatGPT。因此，工具能否及时跟上，对软件工程 3.0 的实施效果有着重要影响。近期，多个突破性的 AI 编程工具，如 SWE-agent、AI 程序员 Devin、Cursor 和 Gru.ai 的出现，不仅引发了开发者社区的广泛关注，也预示着软件开发正迎来一场深刻的变革。

1. SWE-agent：开源 AI 程序员的崛起

首先，让我们聚焦于 SWE-agent。这是一款由普林斯顿大学 NLP 小组开发的开源 AI 程序员工具。一经发布，SWE-agent 便在 GitHub 上大放异彩，仅两天时间就获得了超过 4000 颗星。这种爆炸式的关注度背后是 SWE-agent 强大的功能和潜力。

SWE-agent 通过将 GPT-4 等大模型转化为软件工程智能体，如图 5-46 所示，能够识别和修复真实 GitHub 存储库中的错误和问题。它的平均响应时间仅为 93 s，展示了 AI 在处理复杂编程任务时的高效性。在 SWE-bench 测试集中，SWE-agent 解决了 12.29% 的问题，达到了当时（2024 年 3 月）最先进的性能水平。这一成绩不仅证明了其处理各种问题的能力，也显示了 AI 在软件工程领域的巨大潜力。

图 5-46　SWE-agent 实现原理示意图

更值得一提的是，SWE-agent 的用户界面设计精巧，使 AI 能够与专用终端进行交互。通过这种交互，AI 可以执行打开和搜索文件内容、自动语法检查、提供主动反馈、提供高层次的建议以及直接编辑代码等功能。这样的 ACI（AI 命令界面）驱动的方法，不仅提高了智能体的效率，也使其更具用户友好性，为后期的广泛应用铺平了道路。

> **知识点：SWE-bench**
>
> SWE-bench 是一个用于评估人工智能模型在软件工程任务上的性能的基准测试集。该基准由普林斯顿大学自然语言处理（NLP）小组于 2023 年 10 月发布，旨在推动 AI 在软件开发过程中的应用和发展。
>
> **主要目标**
>
> - **评估 AI 模型在真实编程任务中的表现**：SWE-bench 收集了来自实际开源项目（如 GitHub）的真实问题，涵盖代码修复、功能实现、缺陷排除等任务，全面测试 AI 模型解决实际软件工程问题的能力。
> - **推动 AI 模型的改进**：通过标准化的测试，帮助研究者和开发者发现 AI 模型的优势和不足，促进模型和算法的优化升级。
> - **建立统一的比较标准**：为不同的 AI 编程工具和模型提供一个公平、公正的评估平台，便于工业界和学术界进行横向对比和技术交流。
> - **促进 AI 与软件工程的融合**：SWE-bench 为评估和改进 AI 编程工具提供了重要参考，推动 AI 技术在软件工程领域的落地应用。
> - **支持学术研究和工业实践**：为学术界和工业界提供了一个统一的评估平台，有助于加强合作，推动 AI 在实际开发环境中的应用。
>
> **特点**
>
> - **真实数据集**：SWE-bench 包含了从知名开源项目中提取的实际代码问题，反映了

开发者在日常工作中遇到的真实挑战。
- **多样化任务类型**：涵盖多种软件工程任务，包括但不限于代码调试、功能实现、性能优化、代码重构等，全面测试 AI 模型的综合能力。
- **严格的评估标准**：提供了自动化的评估工具，结合定量和定性的分析方法，确保测试结果的客观性和准确性。

使用方法
- **获取数据集**：从 SWE-bench 的官方渠道下载测试数据集，包括问题描述、初始代码片段和预期的解决方案。
- **运行 AI 模型**：将测试任务输入 AI 模型中，让模型生成相应的解决方案或代码修改。
- **评估结果**：使用 SWE-bench 提供的评估工具，对比 AI 模型生成的结果与预期的解决方案，计算模型的准确率、解决率等性能指标。

2. Devin：迈向自主 AI 软件工程师的里程碑

就在 SWE-agent 引起轰动后的一天，硅谷创业公司 Cognition Labs 推出了世界上第一个完全自主的 AI 软件工程师——Devin。与之前的 AI 编程助手不同，Devin 被直接定位为 AI 软件工程师，超越了像 GitHub Copilot 这样的编码助手。这一定位的改变，标志着软件工程 3.0 时代下软件研发新范式的到来。

Devin 被描述为一个"不知疲倦、技艺高超的队友"，可以与人类工程师合作或独立完成任务。有了 Devin，工程师们可以将注意力转移到更有趣、更复杂的问题上，AI 则处理编码和调试的琐碎任务。在 SWE-bench 编码基准测试中，Devin 展示了出色的编码和调试能力，修复了来自 Django 和 Scikit-learn 等开源项目的实际 GitHub 问题。它取得了 13.86% 的端到端解决率，超过了包括 GPT-4、Claude 2 以及 SWE-Llama 模型在内的领先 AI 模型，如图 5-47 所示。

Devin 的出现凸显了 AI 软件工程师的无限潜力。Cognition Labs 致力于将其推理能力扩展到更多领域，这标志着人工智能对劳动力产生深远影响的开端。随着更多行业对这一创新工具的期待，Devin 正在重塑软件工程的边界。

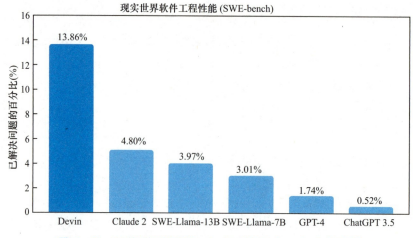

图 5-47 AI 软件工程师 Devin 在 SWE-bench 中的表现

3. 超越 Devin 的 CodeR

CodeR 是由华为、中国科学院、新加坡管理大学和北京大学联合提出的基于 ReAct（Reasoning and Acting，推理和行动）的多智能体框架。CodeR 采用可解析的任务图（Task Graph）来约束任务执行，显著提升了自动解决 GitHub Issues 的效率和准确性。在 SWE-bench Lite 数据集上的实验结果表明，CodeR 达到了 28.33% 的问题解决率，远远超过了 Devin。

CodeR 的设计理念基于以下两点直觉。

- 减少候选动作，简化决策过程：CodeR 为每个智能体引入一系列针对 Issue 修复的动作，这些动作的数量和复杂度是 SWE-agent 的两倍。通过多智能体框架，将动作与子任务之间的关联关系划分为不同的动作集合，从而限定了每个智能体的候选动作，降低了决策的复杂性。

- 规划优于临时决策：CodeR 在任务开始时进行详细的规划，将任务拆解为大模型能够独立完成的子任务。这种预先规划的方法确保了任务执行的连贯性和效率，避免了在任务进行过程中临时决定下一步操作带来的不确定性和低效性。

CodeR 定义了 5 个核心智能体角色，每个角色负责特定的子任务。

- 经理（Manager）：负责总体任务的协调和调度，制订执行计划。

- 复现者（Reproducer）：根据 Issue 描述复现问题，确保问题存在。

- 故障定位器（Fault Localizer）：分析代码并定位故障点，确定问题根源。

- 编辑器（Editor）：根据故障定位的结果进行代码修改和修复。

- 验证者（Verifier）：验证修复后的代码，确保问题已解决且未引入新问题。

每个智能体都有一组特定的可执行动作，通过任务图将这些动作和子任务有机地结合起来，形成一个结构化的解决方案，如图 5-48 所示。这种设计不仅降低了决策的复杂性，还确保了任务执行的可控性和准确性。

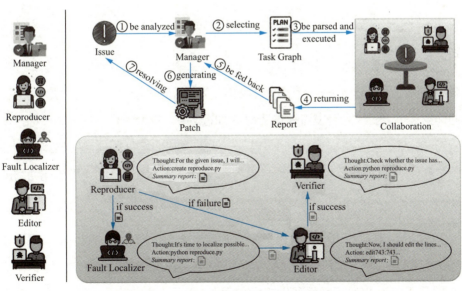

图 5-48　CodeR 结构化的解决方案示意图

为了验证 CodeR 框架的有效性，作者在 SWE-bench Lite 数据集上进行了详细实验。结果显示，CodeR 在 SWE-bench Lite 上解决了 85 个 Issue，占总数的 28.33%，而 SWE-agent + GPT-4 的解决率仅为 16.67%。这表明 CodeR 在多智能体框架和任务图设计上具有明显优势。

- 多智能体协作：通过定义多个专门的智能体角色，CodeR 能够在不同的任务阶段进行高效协作，每个角色专注于特定的子任务，避免了单一智能体在复杂任务中的决策瓶颈。

- 结构化任务图：任务图明确了各智能体之间的任务依赖和执行顺序，使得整个问题解决流程更加有序和高效。这不仅提高了任务执行的准确性，还增强了系统的可扩展性和可维护性。

- 优化的动作空间：通过细化和限定每个智能体的动作空间，CodeR 降低了决策的复杂性，提高了动作选择的准确性，从而提升了整体的解决效率。

4. Cursor 和 Gru.ai：智能体技术的探索者

除了 SWE-agent 和 Devin，Cursor 和 Gru.ai 也是近期备受关注的 AI 编程工具。尽管 Cursor 目前还未开发出完整的智能体产品，但作为辅助编程的优秀工具，已经为开发者提供了强有力的支持。有趣的是，在一场讨论开发者智能体的分论坛上，Cursor 是唯一一个涉及辅助编程的项目，与其他专注于智能体的项目形成了鲜明对比。这也引出了一个问题：辅助编程是成为智能体的必经途径吗？

Gru.ai 则在 SWE-bench_Verified 测试集中取得了领先的成绩，得分达到了 45.2，如图 5-49 所示，虽然距离商业应用的标准还有一定差距，但已经展示了 AI 在软件工程任务上的巨大潜力。然而，当前的智能体技术仍处于起步阶段，尚未达到产品 - 市场契合度和产品 - 模型契合度。这意味着，在实现商业化之前,仍需要在技术上取得更多突破。

Model	% Resolved	Date	Logs	Trajs	Site
🏆 Gru(2024-08-24)	45.20	2024-08-24	🔗	🔗	🔗
🏆 Honeycomb	40.60	2024-08-20	🔗	🔗	🔗
🏆 Amazon Q Developer Agent (v20240719-dev)	38.80	2024-07-21	🔗	🔗	🔗
AutoCodeRover (v20240620) + GPT 4o (2024-05-13)	38.40	2024-06-28	🔗	-	🔗
Factory Code Droid	37.00	2024-06-17	🔗	-	🔗
✅ SWE-agent + Claude 3.5 Sonnet	33.60	2024-06-20	🔗	🔗	-
✅ AppMap Navie + GPT 4o (2024-05-13)	26.20	2024-06-15	🔗	🔗	🔗
Amazon Q Developer Agent (v20240430-dev)	25.60	2024-05-09	🔗	🔗	🔗
EPAM AI/Run Developer Agent + GPT4o	24.00	2024-08-20	🔗	🔗	🔗
✅ SWE-agent + GPT 4o (2024-05-13)	23.20	2024-07-28	🔗	🔗	🔗
✅ SWE-agent + GPT 4 (1106)	22.40	2024-04-02	🔗	🔗	🔗
✅ SWE-agent + Claude 3 Opus	18.20	2024-04-02	🔗	🔗	-
✅ RAG + Claude 3 Opus	7.00	2024-04-02	🔗	-	-
✅ RAG + Claude 2	4.40	2023-10-10	🔗	-	-
✅ RAG + GPT 4 (1106)	2.80	2024-04-02	🔗	-	-
✅ RAG + SWE-Llama 7B	1.40	2023-10-10	🔗	-	-
✅ RAG + SWE-Llama 13B	1.20	2023-10-10	🔗	-	-
✅ RAG + ChatGPT 3.5	0.40	2023-10-10	🔗	-	-

图 5-49　Gru.ai 排在 SWE-bench_Verified 的第一位

Gru.ai 的特质在于其不懈探索的精神。每当测试失败时,Gru.ai 会根据错误信息进行额外的尝试,直到找到正确的解决方案。例如,对于格式转换、编写 SQL 等简单任务,开发者只需向 Gru.ai 提出需求即可自动处理。而对于一般性的技术问题,它会在网上搜索答案并为用户总结,为用户提供了极大的便利性。

5.4.5　小结

前面我们讨论了人机结对编程、AI 程序员 Devin、服务于编程的多智能体框架 CodeR 和受欢迎的编程工具 Cursor 等。同时,我们注意到 SWE-bench 编码基准测试的榜单提升显著。以 OpenAI 建立的 Verified 子集(500 个问题)为例,2024 年 4 月开始时,成功率只有 2.8%,半年之后已提升至 53%。这表明 AI 在编程能力方面取得了显著进步。这一提升反映了 AI 编程的几个关键因素,也正好用来总结 AI 驱动编程的进步。

- 模型自身能力的增强：AI 模型的架构和算法不断优化，如从 Claude 3 Opus 和 GPT-4o 到 Claude 3.5 Sonnet 和 Claude 3.5 Haiku，模型自身的能力不断提升，使其能够更好地理解和解决复杂的编程问题。

- 智能体（AI Agent）的引进：智能体可以收集和学习与任务相关的知识，可以直接调用静态代码分析工具、搜索引擎和 API 为编程任务服务，并通过构建代码仓库知识图来帮助大模型全面理解软件仓库的结构和依赖关系，从而更好地定位问题根源并生成有效的代码补丁。智能体还可以动态获取代码片段和问题相关信息，分析和总结收集到的信息，以便规划出更好的解决方案。例如从 RAG + GPT-4 (1106) 的 2.8% 提升到 SWE-agent + GPT-4 (1106) 的 22.4%、从 RAG + Claude 3 Opus 的 7% 提升到 SWE-agent + Claude 3 Opus 的 18.2%，效果都比较显著。

- 多模态能力：多模态大模型使智能体能够综合利用视觉和文本信息，理解软件用户界面、处理的图表、可视化数据、语法高亮和交互映射等内容，更好地理解任务陈述以及获取与任务相关的产品信息、开发过程信息，从而更全面地理解和解决问题。目前 SWE-bench_Verified 排名的前 4 位都使用了 Claude 3.5 Sonnet，而它是多模态的，具备处理文本和视觉信息的能力，能够理解和修复包含图像或其他视觉元素的 GitHub 问题。

- 与工具集成的框架：支持智能体在处理复杂任务时进行更好的任务管理和执行，并促进不同 AI 模型和工具之间的协作。例如 Composio SWE-Kit 集成了文件操作、代码分析、Shell 命令执行、知识库管理和数据库操作等工具或能力，通过优势互补，将 SWE-bench_Verified 的成功率提升至 48.6%。再如 OpenHands + CodeAct v2.1 将智能体的行为整合到统一代码行动空间的框架中，允许 OpenHands 在编程任务中扮演全方位的智能助手角色，目前在 SWE-bench_Verified 中排名第一（53%）。

我们之前所做的调查显示，在 LLM 实际应用过程中，代码生成、代码检查、代码注释生成等应用排在前列，而且各个大厂也都开发了基于 LLM 的编程助手，如盘古编程助手、腾讯云 AI 代码助手、文心快码、通义灵码等，这说明在 LLM 应用上企业将重点投入编程（开发）环节。为什么呢？主要有以下三大理由。

1）高成本的开发人员：软件公司的主要成本是人力成本，其中开发人员的成本占比最大。例如，开发人员和测试人员的数量之比常常是 3:1、4:1，甚至达到 5:1 或 10:1，因此企业首先希望利用 LLM 来降低成本或提高开发人员的工作效率。

2）高质量的代码数据：编程领域拥有大量高质量的公开代码库，企业内部代码的质量也是有保证的，毕竟这些代码已通过测试并得到实际运行的验证，为 LLM 的训练提供了丰富的、高质量的语料，从而能训练出高质量的代码大模型。

3）编程语言也是一种语言：从语言模型的角度看，编程语言的语法和结构可以被视为自然语言的特殊形式，具有规则性和一致性，与 LLM 一脉相承。

未来，随着 AI 技术的持续进步和创新，AI 编程工具将进一步提升智能化和可解释性，支持更多编程语言和平台，并通过强化学习实现自适应优化。为了全面发挥 AI 编程技术的潜力，开发团队需要不断学习和适应新技术，优化开发流程，确保 AI 工具的有效应用和高质量输出。

5.5 | TDD 青春焕发

在大模型（如 OpenAI o1）能够高效生成代码的当下，测试驱动开发

（Test-Driven Development，TDD）变得尤为重要和实用。TDD 的核心理念是先编写测试代码，再编写满足测试的产品代码。在过去，我们可能需要更多的时间来践行 TDD，许多开发人员曾表示，采用 TDD 可能需要两倍的开发时间，但企业通常无法提供如此充裕的时间。此外，程序员也不习惯这种开发方式，因此有人说"TDD 已死"。调查数据也显示，实际实施 TDD 的团队寥寥无几。

我们已将 TDD 视为一种开发理念，其实践主要分为两种。

- UTDD（Unit Test Driven Development，单元测试驱动开发）：聚焦于代码层面。

- ATDD（Acceptance Test Driven Development，验收测试驱动开发）：聚焦于更高层面，即需求层面。

接下来，我们将分别探讨大模型时代下 UTDD 和 ATDD 的实践方式。

5.5.1　大模型时代的 UTDD

在当前许多基于大模型的智能编程助手中，单元测试的生成通常是基于已有的代码进行的。然而，这种方法存在一个明显的悖论：如果代码本身存在错误，那么生成的测试往往也是错误的，从而无法有效地检测和修复代码中的问题。为了解决这一问题，更为合理的做法是先生成测试代码，再基于这些测试代码生成产品代码。这一方法正是 UTDD 的核心理念。

UTDD 是一种开发方法论，强调在编写实际代码之前，先编写用于验证代码功能的单元测试。其主要流程如下。

- 定义需求：明确待实现功能的具体需求和预期行为。

- 编写测试：根据需求编写单元测试，描述功能的输入、输出和预期行为。

- 编写代码：根据测试的要求编写满足测试的实际代码。

- 运行测试：执行单元测试，确保代码通过所有测试。

- 重构优化：在确保功能正确的前提下，优化和重构代码，提高代码质量和性能。

我们首先展示一个简单的例子。

> **提示词**
>
> 需求：开发一个简单的计算器类 Calculator，实现两个整数（且作为参数，例如 Int1、Int2）的除法功能。同时，需要处理参数数据类型、个数错误或为空的情况，以及除数为零的情况，抛出相应的异常。请生成基于 JUnit 的测试脚本。

> **OpenAI o1-mini 输出**
>
> ```java
> import org.junit.jupiter.api.Test;
> import static org.junit.jupiter.api.Assertions.*;
>
> public class CalculatorTest {
>
>     @Test
>     public void testDividePositiveNumbers() {
>         Calculator calculator = newcalculator();
>         assertEquals(5, calculator.divide(10, 2), "10/2 应该等于 5");
>     }
>
>     @Test
>     public void testDivideNegativeNumbers() {
>         Calculator calculator = newCalculator();
>         assertEquals(-5, calculator.divide(-10, 2), "-10/2 应该等于 -5");
>     }
>
>     @Test
>     public void testDivideByZero() {
>         Calculator calculator = new calculator();
>         Exception exception = assertThrows(IllegalArgumentException.class, () -> {
>             calculator.divide(10, 0);
> ```

```
            });
            assertEquals("除数不能为零", exception.getMessage());
        }
        @Test
        public void testDividewithNullParameters() {
            Calculator calculator = new Calculator();
            Exception exception = assertThrows(NullPointerException.class, () -> {
                calculator.divide(null, 5);
            });
            assertEquals("参数不能为 null", exception.getMessage());

            exception = assertThrows(NullPointerException.class, () -> {
                calculator.divide(10, null);
            });
            assertEquals("参数不能为 null", exception.getMessage());
        }


        @Test
        public void testDivideWithIncorrectNumberOfArguments() {
            Calculator calculator = new alculator();
            // 假设 divide 方法只接受两个参数，如果尝试传递一个参数，编译时会出错
            // 因此，这种情况通常在编译阶段捕捉，不在运行时测试
            // 可以通过反射测试方法参数数量
            Exception exception = assertThrows(IllegalArgumentException.class, () -> {
                calculator.divide(10);
            });
            assertEquals("参数个数错误", exception.getMessage());
        }
    }
```

然后我们再让大模型基于这个测试代码生成产品代码。

> **提示词**
>
> 下面再基于上述的测试代码生成计算器类 Calculator。

> **OpenAI o1-mini 输出**
>
> ```
> public class calculator {
>
>     /**
> ```

```
 * 实现两个整数的除法运算。
 *
 * @param a 被除数
 * @param b 除数
 * @return a 除以 b 的结果
 * @throws IllegalArgumentException 如果参数个数错误或除数为零
 * @throws NullPointerException        如果任何参数为 null
 */
public int divide(Object... args) {
    // 检查参数个数
    if (args == null || args.length != 2) {
        throw new IllegalArgumentException(" 参数个数错误 ");
    }

    // 检查参数是否为 null
    if (args[0] == null || args[1] == null) {
        throw new NullPointerException(" 参数不能为 null");
    }

    // 检查参数类型是否为 Integer
    if (!(args[0] instanceof Integer) || !(args[1] instanceof Integer)) {
        throw new IllegalArgumentException(" 参数类型错误 ");
    }

    Integer a = (Integer) args[0];
    Integer b = (Integer) args[1];

    // 检查除数是否为零
    if (b == 0){
        throw new IllegalArgumentException(" 除数不能为零 ");
    }

    return a/b;
}
}
```

如果不是 UTDD，大模型很有可能生成下列结果（的确是某大模型生成的 Calculator 类及其测试类），与上面生成结果对比，代码和测试脚本的质量孰高孰低，是不是显而易见？

```java
public class Calculator {

    public int divide(int dividend, int divisor) {
        if (divisor == 0) {
            throw new IllegalArgumentException("除数不能为0");
        }
        return dividend / divisor;
    }

    public static void main(String[] args) {
        Calculator calculator = new Calculator();
        int dividend = 10;
        int divisor = 2;
        int result = calculator.divide(dividend, divisor);
        System.out.println(dividend + "除以" + divisor + "的结果是: " + result);
    }
}
```

```java
import org.junit.jupiter.api.Test;
import static org.junit.jupiter.api.Assertions.*;

public class CalculatorTest {

    @Test
    public void testDivide() {
        Calculator calculator = new Calculator();
        int dividend = 10;
        int divisor = 2;
        int expectedResult = 5;
        assertEquals(expectedResult, calculator.divide(dividend, divisor));
    }

    @Test
    public void testDivideByZero() {
        Calculator calculator = new Calculator();
        int dividend = 10;
        int divisor = 0;
        assertThrows(IllegalArgumentException.class, () -> calculator.divide(dividend, d
    }
}
```

我们可以考虑一个更具挑战性的例子：实现一个用户认证系统。这个系统需要支持用户注册、登录、密码重置等功能。

> **提示词**
>
> 实现一个用户认证系统。这个系统需要支持用户注册、登录、密码重置等功能，请好好想一想有哪些测试点或测试用例，生成基于 JUnit 的测试脚本。

⬇ **OpenAI o1-mini 输出**

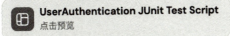

打开预览，这里有 20 多个测试用例（标记为 @Test）。我们可以借助强大的第三方大模型（如 Claude 3 Haiku）来评审测试脚本，并提出修改意见。同时，开发人员也可以介入，对测试代码进行评审，进一步完善测试用例和断言。

⬇ **Claude 3 Haiku 输出**

建议补充的测试用例：

1. **测试密码强度**：确保用户注册时密码满足强度要求（如长度、字符复杂性等）。
2. **测试注册时电子邮件格式**：检查用户注册时提供的电子邮件格式是否有效。
3. **测试用户登录**：
   - 测试正确的用户名和密码登录。
   - 测试提供错误的用户名或密码时的处理。
4. **测试密码重置功能**：
   - 测试用户请求密码重置时的行为（如发送重置邮件）。
   - 测试使用有效的重置链接来重置密码。
5. **测试未验证用户的行为**：检查未验证的用户是否能够登录或执行其他需要验证的操作。
6. **测试账户锁定**：检查在多次登录失败后账户是否会被锁定。

将上述建议反馈给 OpenAI o1-mini，让它改进测试脚本，从而生成更高质量的 "UserAuthentication JUnit Test Script - Updated.java"。基于此脚本，再让它生成支持用户注册、登录、密码重置等功能的 class UserAuthentication，最终输出 "UserAuthenticationService Implementation.java"，同时提供详细解释，从而确保生成高质量的代码。效果是不是很不错？因为这些脚本和代码太长，在这里就不展示了，可以在线下载并浏览。

借助已有的工程能力，我们可以构建一个更好的开发平台。该平台能够切换大模型，完成对测试脚本的自动评审。在需要人工介入时，平台也会提醒开发人员对测试脚本进行评审。随后，平台将自动调用大模型接口，基于测试脚本本生成产品代码，并执行测试。

> **↘ OpenAI o1-mini 输出**
>
> **实现概述**
>
> UserAuthenticationService 类提供了用户注册、登录、密码重置等核心功能，并确保符合之前生成的 JUnit 测试脚本中的预期行为。以下是主要功能的实现细节。
>
> 1. 用户注册（register 方法）
>   - **输入验证**：检查用户名、密码和邮箱的有效性，包括非空、邮箱格式和密码强度。
>   - **重复检查**：确保用户名和邮箱在系统中唯一。
>   - **数据存储**：将用户信息存储在内存中的并发映射（线程安全）中。
>   - **邮箱验证**：注册后用户需要通过 verifyUserEmail 方法进行邮箱验证。
> 2. 用户登录（login 方法）
>   - **输入验证**：确保用户名和密码不为空。
>   - **用户存在性和验证状态**：检查用户是否存在以及邮箱是否已验证。
>   - **账户锁定机制**：跟踪失败的登录尝试次数，超过最大允许次数后锁定账户，并在锁定期限结束后自动解锁。
>   - **密码验证**：验证密码是否正确，正确则重置失败尝试计数。
> 3. 密码重置请求（requestPasswordReset 方法）
>   - **输入验证**：确保提供的邮箱不为空且格式正确。
>   - **用户存在性和验证状态**：确保用户存在且邮箱已验证。
>   - **令牌生成**：生成一个唯一的密码重置令牌，并将其与用户名关联。
>   - **邮件发送**：在实际应用中，此处应发送包含重置令牌的邮件。为了简化，本实现通过 getResetToken 方法允许测试获取令牌。
> 4. 密码重置（resetPassword 方法）
>   - **输入验证**：确保提供的令牌和新密码不为空。
>   - **令牌验证**：检查令牌的有效性和是否已过期。
>   - **密码强度验证**：确保新密码符合强度要求。
>   - **密码更新**：更新用户的密码并移除令牌。
> 5. 辅助方法
>   - **邮箱格式验证（isValidEmail）**：使用正则表达式简单验证邮箱格式。
>   - **密码强度验证（isStrongPassword）**：确保密码至少 8 个字符，包含大写字母、小写字母和数字。

- 账户锁定检查（isAccountLocked）：检查账户是否被锁定，且在锁定期限后自动解锁。
- 测试支持方法：包括获取重置令牌、模拟令牌过期和等待锁定期限结束的方法，以支持 JUnit 测试脚本中的测试用例。

注意事项

- **线程安全**：使用 ConcurrentHashMap 确保在多线程环境下的线程安全。
- **异常处理**：根据不同的错误场景，抛出自定义异常以便于在测试中进行验证。
- **实际应用中的改进**：
  - **持久化存储**：当前实现使用内存存储用户数据，实际应用中应使用数据库。
  - **密码加密**：密码在存储前应进行加密（如使用 BCrypt）。
  - **邮件服务集成**：集成实际的邮件服务以发送验证和重置邮件。
  - **更复杂的密码强度验证**：可以使用更高级的策略，如包含特殊字符、避免常见密码等。

支持的测试用例

此实现旨在通过之前生成的 JUnit 测试脚本，包括但不限于以下测试用例：

- **用户注册**：成功注册、重复用户名/邮箱、无效邮箱格式、弱密码、空参数。
- **用户登录**：成功登录、错误密码、非存在用户名、空参数、未验证用户、账户锁定。
- **密码重置**：成功重置、无效/过期令牌、弱密码、密码确认不匹配、空参数、未验证用户。
- **账户锁定**：多次失败登录导致锁定、锁定期限后解锁。

确保所有这些测试用例在实际测试中均能通过，以验证系统的健壮性和安全性。

5.5.2　大模型时代的 ATDD

ATDD 是一种更高层次的测试驱动研发的实践，由开发团队、测试团队和业务代表共同定义需求的验收标准，核心目标是在需求阶段就明确系统应具备的功能和行为，从而确保最终交付的软件能够满足用户的期望。需求是软件研发的源头，其重要性不言而喻。然而，在传统开发流程中，需求往往通过文档传递，容易出现理解偏差。而 ATDD 通过在需求阶段定义明确的验收标准，使所有相关方对需求有共同的理解，可以尽早发现需求中的潜在问题或不合理之处，及时调整，减少因沟通不畅导致的误解和返工，避免后期修改需求带来的高额成本，因此 ATDD 具有更高的价值。

但是，人们（特别是研发人员）往往不喜欢编写文档，像"编写用户故事的验收标准"这样的任务也总是被推诿，不同岗位的研发人员都不愿承担。今天，这个问题迎刃而解，因为大模型可以快速生成结构清晰、语言规范的文档，不仅能快速生成验收标准，还能对其进行修改和优化，包括 BDD（行为驱动开发，可以视为 ATDD 的一个实例）中常见的 GWT（Given-When-Then）风格的验收标准。这为迭代式开发提供了更好的支持，使得践行 ATDD 的时机已经成熟。结合前面讨论的 UTDD，可以说，经过几十年的发展，TDD 终于迎来了新的发展机遇，焕发出新的活力。

在大模型时代，ATDD 的过程可以利用 LLM 得到优化，若不考虑系统设计，其开发过程可概括为以下三步。

1）生成用户故事及验收标准：与用户或需求方协作，利用 LLM 将需求转化为清晰的用户故事和验收标准，如采用 GWT 格式。

2）生成验收测试代码：基于验收标准，利用 LLM 自动生成验收测试代码（通常是集成测试或端到端测试）。

3）生成应用程序代码：在测试代码的指导和约束下，利用 LLM 生成能够通过所有验收测试的应用代码，包括前端和后端的代码。

接下来，我们将通过一些生动的实例来展示这一过程。

回到 5.1.4 节，我们已经生成用户故事。基于大模型生成的用户故事，我们可以进一步生成验收标准，从而澄清需求，为后续开发和测试奠定很好的基础。大模型时代的软件开发本应如此：基于统一、明确的需求标准，一种大模型生成开发代码，另一种大模型生成测试代码，两者相互验证、相互博弈，最终交付高质量的代码和测试脚本，这也有利于之后的软件演化（版本升级）。

> ↘ 提示词
>
> 针对用户故事"作为催收员,我希望能够通过系统查看每个客户的逾期账单信息,以便了解客户的具体情况,并据此制定有效的催收策略",实现 ATDD。

> ↘ Gemini Pro 1.5 输出
>
> ATDD 示例:查看逾期账单信息
>
> **用户故事**:作为催收员,我希望能够通过系统查看每个客户的逾期账单信息,以便了解客户的具体情况,并据此制定有效的催收策略。
>
> **1. 定义验收标准(Gherkin)**
>
> ```
> Feature: 查看逾期账单信息
>
>   Scenario: 查看存在逾期账单的客户信息
>     Given 存在客户 "张三",逾期金额为 1000 元,逾期天数为 30 天
>     When 催收员查看客户 "张三" 的逾期账单信息
>     Then 系统显示客户 "张三" 的逾期金额为 1000 元
>     And 系统显示客户 "张三" 的逾期天数为 30 天
>
>   Scenario: 查看不存在逾期账单的客户信息
>     Given 存在客户 "李四",无逾期账单
>     When 催收员查看客户 "李四" 的逾期账单信息
>     Then 系统显示客户 "李四" 无逾期账单
>
>   Scenario: 查看不存在的客户信息
>     Given 不存在客户 "王五"
>     When 催收员查看客户 "王五" 的逾期账单信息
>     Then 系统提示 "客户不存在"
> ```
>
> **2. 编写验收测试(Cucumber.js)**
>
>
> **Overdue Bill Acceptance Test**
> 点击预览
>
> **3. 编写产品代码(collectionSystem.js)**
>
>
> **Collection System Implementation**
> 点击预览

4. 验证和重构

运行验收测试，确保其通过。然后可以重构代码，以提高其可读性、可维护性和性能。例如，可以添加更详细的错误处理、数据校验和数据库集成等。

"Overdue Bill Acceptance Test" 的内容如下截图。

```javascript
const { Given, When, Then } = require('@cucumber/cucumber');
const assert = require('assert');
const CollectionSystem = require('./collectionSystem');

let collectionSystem;

Given('存在客户 {string}, 逾期金额为 {int} 元, 逾期天数为 {int} 天', (customerName, overdueAmount, overdueDays) => {
  collectionSystem = new CollectionSystem();
  collectionSystem.addCustomer(customerName, { overdueAmount, overdueDays });
});

Given('存在客户 {string}, 无逾期账单', (customerName) => {
  collectionSystem = new CollectionSystem();
  collectionSystem.addCustomer(customerName);
});

Given('不存在客户 {string}', (customerName) => {
  collectionSystem = new CollectionSystem();
});

When('催收员查看客户 {string} 的逾期账单信息', async (customerName) => {
  this.result = await collectionSystem.getCustomerOverdueInfo(customerName);
});

Then('系统显示客户 {string} 的逾期金额为 {int} 元', (customerName, overdueAmount) => {
  assert.equal(this.result.overdueAmount, overdueAmount);
});

Then('系统显示客户 {string} 的逾期天数为 {int} 天', (customerName, overdueDays) => {
  assert.equal(this.result.overdueDays, overdueDays);
});

Then('系统显示客户 {string} 无逾期账单', (customerName) => {
  assert.equal(this.result.overdueAmount, 0);
  assert.equal(this.result.overdueDays, 0);
});

Then('系统提示 {string}', (message) => {
  assert.equal(this.result.message, message);
});
```

如果我们觉得前面的验收标准不够完善，可以借助更好的模型进行评审，甚至将业务需求文档上传供其参考，从而生成更全面的验收标准。从输出结果看，验收标准从 3 个增加到 9 个，更能保证验收标准的完整性和测试的充分性。在此基础上，让 LLM 重新生成相应的 Cucumber.js 文件，因为 Cucumber Step Definitions for Viewing Overdue Bills.js 脚本太长，在这里就不展示了，可以在线下载并浏览。

↘ **OpenAI o1-mini 输出**

Feature: 查看逾期账单信息

Scenario 1: 查看存在单笔逾期账单的客户信息
    Given 存在客户"张三",逾期金额为 1000 元,逾期天数为 30 天
    When 催收员查看客户"张三"的逾期账单信息
    Then 系统显示客户"张三"的逾期金额为 1000 元
    And 系统显示客户"张三"的逾期天数为 30 天

Scenario 2: 查看存在多笔逾期账单的客户信息
    Given 存在客户"李四",有两笔逾期账单,分别为 500 元逾期 15 天和 1500 元逾期 45 天
    When 催收员查看客户"李四"的逾期账单信息
    Then 系统显示客户"李四"共有 2 笔逾期账单
    And 系统分别显示每笔账单的逾期金额和逾期天数

Scenario 3: 查看存在逾期并有部分还款记录的客户信息
    Given 存在客户"王五",逾期金额为 2000 元,逾期天数为 60 天,并有 500 元的部分还款记录
    When 催收员查看客户"王五"的逾期账单信息
    Then 系统显示客户"王五"的总逾期金额为 2000 元
    And 系统显示客户"王五"的逾期天数为 60 天
    And 系统显示客户"王五"的部分还款记录为 500 元

Scenario 4: 查看不存在逾期账单的客户信息
    Given 存在客户"赵六",无逾期账单
    When 催收员查看客户"赵六"的逾期账单信息
    Then 系统显示客户"赵六"无逾期账单

Scenario 5: 查看不存在的客户信息
    Given 不存在客户"孙七"
    When 催收员查看客户"孙七"的逾期账单信息
    Then 系统提示"客户不存在"

Scenario 6: 查看客户逾期账单信息时系统响应时间
    Given 存在客户"周八",有多笔逾期账单
    When 催收员查看客户"周八"的逾期账单信息
    Then 系统在 100 毫秒内显示客户"周八"的逾期账单信息

Scenario 7: 催收员无权限查看客户逾期账单信息
    Given 催收员"刘九"无权限查看客户"王五"的逾期账单信息
    When 催收员"刘九"尝试查看客户"王五"的逾期账单信息

```
        Then 系统提示"您没有权限查看该客户的逾期账单信息"

    Scenario 8: 查看客户逾期账单信息包含账户类型和产品类型
        Given 存在客户"吴十",逾期金额为 3000 元,逾期天数为 90 天,账户类型为"信用卡",产品
    类型为"个人贷款"
        When 催收员查看客户"吴十"的逾期账单信息
        Then 系统显示客户"吴十"的逾期金额为 3000 元
        And 系统显示客户"吴十"的逾期天数为 90 天
        And 系统显示客户"吴十"的账户类型为"信用卡"
        And 系统显示客户"吴十"的产品类型为"个人贷款"

    Scenario 9: 查看客户逾期账单信息含多媒体资料
        Given 存在客户"郑十一",逾期金额为 4000 元,逾期天数为 120 天,并有相关影像件和征信
    信息
        When 催收员查看客户"郑十一"的逾期账单信息
        Then 系统显示客户"郑十一"的逾期金额为 4000 元
        And 系统显示客户"郑十一"的逾期天数为 120 天
        And 系统显示客户"郑十一"的相关影像件和征信信息
```

进一步地,我们还可以要求大模型运行测试,并将错误信息返回给大模型,让其重新生成产品代码。因为是采用了 TDD,其测试结果往往能够 100% 通过,极少出现错误,这也说明 TDD 能够显著提升代码质量,实现高质量交付。

对于初次接触 ATDD 的研发人员,也可以让 LLM 一步一步地展示 ATDD 的完整过程,如下所示。

> **↘ 提示词**
>
> 请针对"作为催收员,我希望能够通过系统查看和更新催收任务的催收结果,包括还款金额、还款方式等,以便记录催收成果和分析催收效果",一步一步地完成 ATDD 规范的操作过程。

> **↘ OpenAI o1-mini 输出**
>
> 好的,让我们通过一个更直观和结构化的方式,按照 ATDD(验收测试驱动开发)的流程,针对用户故事"作为催收员,我希望能够通过系统查看和更新催收任务的催收结果,包括还款金额、还款方式等,以便记录催收成果和分析催收效果"一步一步完成整个开发过程。

步骤 1：定义用户故事和验收标准

用户故事

作为一名催收员，我希望能够通过系统查看和更新催收任务的催收结果，包括还款金额、还款方式等，以便记录催收成果和分析催收效果。

验收标准

以下是基于用户故事定义的验收标准，使用 Gherkin 语法描述。

Collection Task Acceptance Criteria
点击预览

步骤 2：编写验收测试

根据前面定义的验收标准，使用 Cucumber.js 编写自动化验收测试。这些测试将验证系统是否满足用户故事的需求。

催收任务验收测试
点击预览

说明

- 工具与依赖：
  - 确保已安装 Cucumber.js 和断言库
  - npm install @cucumber/cucumber assert
- 项目结构：
  - 创建以下文件：
    - collectionSystem.js（产品代码）
    - collectionTask.feature（验收标准，使用 Gherkin 语法）
    - collectionTask.steps.js（验收测试步骤定义）

步骤 3：编写产品代码

根据验收测试的需求，实现系统的核心功能，包括查看和更新催收任务的功能。

催收系统实现
点击预览

说明

- 模块功能：
  - CollectionTask 类管理单个催收任务的还款金额和还款方式。
  - Customer 类管理客户信息及其对应的催收任务。

- CollectionSystem 类作为系统的入口，管理所有客户及其催收任务，提供添加客户、查看任务详情和更新任务结果的功能。

步骤 4：运行测试并查看结果

在完成产品代码后，我们运行验收测试，确保代码满足需求。

运行测试命令：

```
npx cucumber-js
```

测试结果：

```
Feature: 查看和更新催收任务

  Scenario: 查看催收任务的催收结果
    Given 存在客户"张三"的催收任务
    And 该催收任务的还款金额为 1000 元，还款方式为"银行转账"
    when 催收员查看该催收任务的详情
    Then 系统显示该催收任务的还款金额为 1000 元
    And 系统显示该催收任务的还款方式为"银行转账"

  Scenario: 更新催收任务的催收结果
    Given 存在客户"李四"的催收任务
    And 该催收任务的还款金额为 500 元，还款方式为"现金"
    When 催收员更新该催收任务的还款金额为 800 元，还款方式为"银行转账"
    Then 系统显示该催收任务的还款金额为 800 元
    And 系统显示该催收任务的还款方式为"银行转账"

  Scenario: 查看不存在的催收任务
    Given 不存在客户"王五"的催收任务
    When 催收员查看该催收任务的详情
    Then 系统提示"催收任务不存在"

3 scenarios (3 passed)
9 steps (9 passed)
```

所有测试均已通过，说明产品代码满足了验收标准。

步骤 5：验证和重构

虽然所有测试已通过，但我们仍可以对代码进行审查和重构，以提高代码质量。

可能的改进点：

1. **增加错误处理和日志记录：**
   - 为方法添加输入验证，防止无效数据导致错误。
   - 在关键操作处添加日志记录，便于后续调试和维护。
2. **优化数据结构：**
   - 如果客户数量庞大，考虑使用数据库来存储催收任务，而非内存中的 Map。
3. **代码注释和文档：**
   - 为类和方法添加清晰的注释，帮助其他开发者理解代码。
4. **统一返回格式：**
   - 规范方法的返回值格式，确保一致性，如始终返回 { success: boolean, data: object, message: string }。

重构后的示例（部分）：

```
class Collectionsystem {
  // ...

  getCollectionTaskDetails(customerName) {
    const task = this.tasks.get(customerName);
    if (!task) {
      return { success: false, message: '催收任务不存在' };
    }
    return { success: true, data: task.getDetails() };
  }

  updateCollectionTaskResult(customerName, { amount, paymentMethod }) {
    const task = this.tasks.get(customerName);
    if (!task) {
      return { success: false, message: '催收任务不存在' };
    }
    task.updateResult(amount, paymentMethod);
    return { success: true, data: task.getDetails() };
  }

  // ...
}
```

步骤 6：总结与反馈

通过此次 ATDD 过程，我们达成了以下目标：

- **清晰的需求理解**：通过用户故事和验收标准，确保了对需求的准确理解。
- **测试驱动开发**：先编写验收测试，再开发产品代码，确保了代码的正确性。
- **持续改进**：通过验证和重构，提升了代码质量，为后续开发打下基础。

下一步建议：

- **扩展功能测试**：增加更多的测试场景，如异常处理、边界条件等。
- **引入持续集成**：将测试集成到持续集成流水线中，确保每次代码变更都经过测试验证。
- **用户界面开发**：基于目前的业务逻辑，开发用户界面，提升用户体验。

5.5.3 小结

基于前面的讨论，UTDD可以看作开发内部、代码层次的活动。过去，开发人员通常是边编程边测试，而如今借助大模型，应优先生成测试代码，再基于测试代码生成程序代码。那么，过去我们为何没有这样做？TDD（测试驱动开发）为何难以广泛推广？原因在于：过去依赖人工编写测试代码和产品代码，开发时间往往需要翻倍，而项目计划通常无法提供如此充裕的时间；此外，许多开发人员缺乏测试能力，不知如何高效开展测试工作。今天LLM可以指导开发人员做测试，可以基于测试方法生成测试代码。借助LLM生成测试代码后，开发人员仅需花费少量时间检查和完善测试代码，随后基于测试代码快速生成程序代码，整个过程高效便捷。事实上，如今实施TDD的总时间甚至比过去仅编写产品代码（而不做单元测试）的时间还要短。初步估算，开发效率可提升约150%。

再上升到整个开发层次，即采用ATDD的优秀实践。在大模型的支持下，软件研发可以实现从需求到测试、再到代码的全流程自动化（见图5-50）。

1）由LLM生成需求及其验收标准：明确用户需求，生成清晰的验收标准，相当于进一步澄清需求，而且可以做得又快又好。在牢固的需求基础上开展测试和代码生成工作，才能从根本上保证质量。

2）由测试LLM（或盘古研发大模型）生成测试脚本：根据验收标准，自动生成测试用例和脚本，确保功能满足需求。

3）由代码 LLM（或不同于上述的大模型）生成程序/产品代码：在测试的指导下，生成高质量的代码。

4）让生成的测试和生成的代码相互验证、相互博弈，输出更高质量的测试代码和产品代码：通过测试运行发现代码问题，将错误信息反馈给代码 LLM，让它重新生成产品代码。代码 LLM 也能发现测试的不足，如某些代码未被覆盖，将未覆盖的信息反馈给测试 LLM，促使其补充测试用例、提升测试覆盖率。

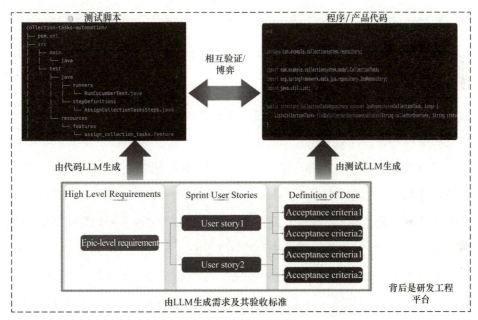

图 5-50　大模型时代 ATDD 实现原理示意图

这种思想已在 AlphaGo/AlphaZero、微软相关论文、OpenAI 的 o1-ioi 模型中得到了验证。

要实现上述流程，需要一个强大的研发工程平台作为支撑，整合 LLM、自动化测试和持续集成等工具，提供一体化的开发环境。通过这种方式，开发效率和质量都将得到显著提升。

- 开发和测试有了可靠的同源：基于高质量的需求，但又相互独立工作，且以测试（质量）为前提。代码一次性生成的成功率大幅提高，代码采纳率也显著提升。

- 验证点、断言的生成有了明确、正确的需求支撑：更好地保证生成正确的断言。现有的机器学习方法能够提升断言的成功率，但极为有限。

- 开发效率的提升：从需求到测试，再到开发，上下文自然生成，形成流水线操作，自动化程度更高，人工操作工作量显著降低。

- 代码质量的提升：严格的测试驱动确保了代码的可靠性和稳定性。

因此，ATDD 是大模型时代软件研发的终极打开方式。

5.6 测试智能化：从 API 测试到 E2E 测试

LLM 驱动的测试在前面已有所展现，包括单元测试、UTDD、ATDD 等。当然软件测试的范围也比较广，不仅有单元测试和验收测试，而且有接口测试和系统测试；或者说，不仅有功能测试，还有非功能性测试，如性能测试、安全性测试、兼容性测试和稳定性（可靠性）测试。此外，软件测试也不仅限于动态测试，也包括静态测试，如需求评审、设计评审和代码评审。这些内容已在 5.1.5 节、5.2.2 节和 5.4.2 节中讨论过。如果进一步扩展测试范围，还可以涵盖持续测试、变异测试、蜕变测试、混沌工程和全链路压力测试等技术。

中国科学院软件所研究团队发表过一篇论文"Software Testing with Large Language Models: Survey, Landscape, and Vision"（使用大模型进行软件测试：调查、现状和展望）。国内在 LLM 驱动测试上也做了不少探索与实践，如华为公司测试团队分享了"LLM 辅助系统测试脚本代码生成""API 全场景用例智能生成和评估能力构建实践"等实践成果。贝壳公司测试团队探讨了"大模型在端到端交互测试的探索与实践"，字节跳动质量团队也分享了"LLM 助力测试需求风险识别与测试设计探索与实践"的经验，蚂蚁集团质量效能团队则开源了智能测试助理 TestAgent 等工具。国内团队在这一领域的成就不胜枚举。总之，LLM 在软件测试领域大有作为。接下来，我们将围绕 LLM 驱动测试分析与设计、LLM 生成测试用例和脚本、LLM 驱动非功能性测试等主题展开讨论。

5.6.1　LLM 驱动测试分析与设计

我们可以像之前创建"资深测试工程师"智能体那样，在国内大模型的基础上完成这个工作。这个工作可以参考"软件工程 3.0 时代"公众号上的文章《软件工程 3.0 实践之路（七）》。此次，我们将借助 GPT-4o 或 OpenAI o1 大模型的强大能力，重新开展相关探索与实践。

我们始终认为，测试分析是测试设计的基础，只要做好测试分析，测试设计就能水到渠成。同时，测试分析与测试设计也难以分离，正如软件的结构化分析与设计、面向对象的分析与设计一样，它们相互融合、一气呵成。测试分析的重点是通过分析明确测试目标和测试范围、分解测试项、识别测试风险，并基于测试风险和业务应用场景，确定测试项的优先级，制定测试策略，选择合适的测试方法和技术。

我们还是以银行催收业务管理系统为案例背景，让 OpenAI o1 按照上述要求，帮助我们完成初步的测试分析。如果有些测试项分析不够深入，我们将进一步要求 LLM 进行更细致、更全面的分析。

> ↘ **OpenAI o1-mini 输出**
>
> 根据您上传的业务需求文档和技术设计文档，我将为"某银行催收系统"完成测试需求分析，以下是分析结果。
>
> **1. 测试目标**
>
> 通过分析明确测试目标和测试范围，确保系统的功能、性能和安全性满足业务需求和技术设计的要求。

2. 测试范围

测试范围包括但不限于以下功能模块：
- 用户注册与登录
- 催收策略
- 催收管理
- 风险化解
- 催收工作台
- 监控报表

3. 测试项分解

在整个测试过程中，我们将分解出以下测试项：
- 功能测试：验证各模块的功能是否按预期工作。
- 性能测试：评估系统在高并发情况下的响应时间和稳定性。
- 安全性测试：确保系统的安全性，包括身份验证、数据加密等。
- 用户体验测试：评估用户交互界面友好性及易用性。

4. 测试风险识别

识别出的潜在测试风险包括：
- 用户数据泄露风险：在数据存储和传输过程中可能存在安全隐患。
- 系统运行性能风险：高并发情况下，系统可能会崩溃或响应缓慢。
- 系统兼容性风险：不同环境下系统可能存在兼容性问题。

5. 测试项优先级

根据识别出的风险和业务场景，测试项的优先级如下：
1. 安全性测试：确保用户数据和系统的安全。
2. 功能测试：重点测试核心业务功能，如催收策略和危机及催收管理。
3. 性能测试：在系统交付前确保基线性能。
4. 用户体验测试：交付后将用户体验放在重要位置。

6. 测试策略

根据测试目标和需求，建议的测试策略如下：
- **功能测试**：编写详细的测试用例，覆盖所有功能模块。
- **性能测试**：使用负载测试工具（例如 JMeter）进行压力测试。
- **安全性测试**：进行渗透测试以发现潜在的安全漏洞。
- **自动化测试**：使用自动化测试工具（如 Selenium）进行回归测试，提高测试效率。

7. 测试方法与技术
   - **功能测试**：手动测试与自动化测试相结合。
   - **性能测试**：采用压力测试和负载测试，使用工具如 JMeter。
   - **安全性测试**：使用漏洞扫描工具和手动渗透测试相结合。

看到这样的分析结果，我们可能会觉得不够满意，因为它显得比较粗糙，缺乏实质性且有针对性的内容。但也别急，它在最后提供了相对详细的一个文档，即"某银行催收系统的详细测试需求分析.md"（读者可以下载电子版浏览），如下所示。

> **结论**
>
> 基于以上分析，将制定详尽的测试计划，以确保"某银行催收系统"在上线前具备足够的稳定性与安全性，以满足用户需求和行业标准。如果您需要更详细的测试用例或其他具体内容，请告知我！
>
>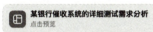
> 某银行催收系统的详细测试需求分析
> 点击预览

点击预览，内容还是非常详细的，因为比较长，下面给出测试范围这部分内容。

> **某银行催收系统的详细测试需求分析（测试范围部分）**

2.2 测试范围

- 核心功能模块：
  - **催收策略**：包括决策变量配置、催收评分模型、策略匹配与分案机制。
  - **催收管理**：案件分配、催收任务追踪、催收状态更新。
  - **催收工作台**：待办任务管理、任务完成情况查看、消息提醒与公告。
  - **风险化解**：协议还款管理、风险客户处理等。
  - **催收报表**：业务监控报表、绩效考核报表、策略监控报表、监管报送报表。
  - **系统功能维护**：权限管理、菜单管理、部门与人员维护、系统参数配置。
- 辅助功能模块：
  - **用户权限管理**：角色分配、权限控制、字段级权限管控及数据掩码。
  - **日志记录与监控**：系统操作日志、性能监控日志、安全日志。
  - **接口测试**：与银行内部系统（如信贷类业务系统、单点登录平台、流程审批系统等）的集成接口测试，与第三方服务提供商（短信平台、邮件系统、电话银行系统、智能风控平台等）的接口测试。

- **非功能性测试：**
  - **性能测试：** 包括负载测试、压力测试、容量测试。
  - **安全性测试：** 包括身份验证与授权测试、数据保护测试、漏洞扫描与渗透测试。
  - **兼容性测试：** 跨浏览器、跨操作系统、跨设备的兼容性测试。
  - **可维护性与可扩展性测试。**
  - **用户体验测试。**

我们可以让大模型把测试项内容转换成思维导图，结果如图 5-51 所示。

我们可以换一个大模型（如 Claude 3 Haiku）来评审上述测试需求分析报告。当然，我们测试人员也可以评审这份报告，然后把修改意见反馈给 OpenAI o1 大模型，让它优化、补充这份测试需求文档。

> **Claude 3 Haiku 评审意见（部分）**
>
> （1）对于一些功能模块，如催收工作台、风险化解等，可以细化测试点，提高测试的覆盖度。
> （2）在性能测试方面，可以更加明确测试场景、测试指标和验收标准，以确保系统满足性能需求。
> （3）在测试过程中，可以考虑引入更多自动化测试手段，提高测试效率和覆盖率。
> （4）测试团队的职责分工可以进一步细化，如针对不同模块设置专门的测试人员。

为了更好地展示 LLM 驱动的测试分析与设计，我们可以深入特定的功能模块（非功能性测试，见 5.6.3 节），这里以"催收策略"模块为例，让它细化测试项。如下面的提示词，LLM 会输出这个模块测试分析的结果——"某银行催收系统催收策略模块测试需求分析 .md"。因为文档内容较长，为了更直观地体现测试分析的结果，我们可以要求大模型将分析结果转换为思维导图，如图 5-52 所示，从图中可以看出分析非常细致且全面，充分展现了大模型的强大能力。

> **提示词**
>
> 针对"催收策略"模块，请尽可能分解测试项（如从功能、子功能到功能点、操作 / 应用场景），然后给出这个模块的测试风险。

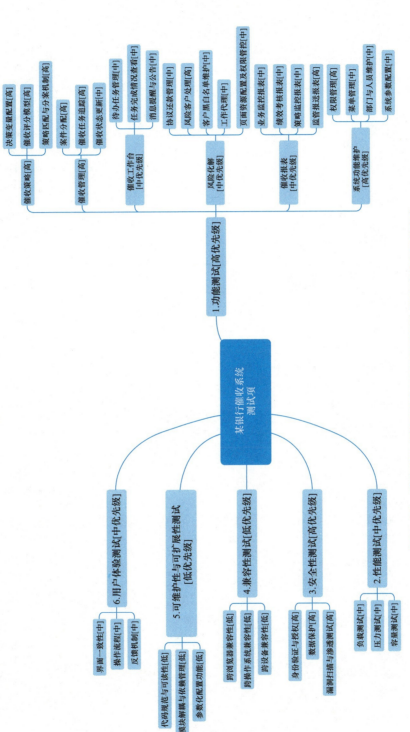

图 5-51 银行催收系统的测试项思维导图(经过多次交互优化)

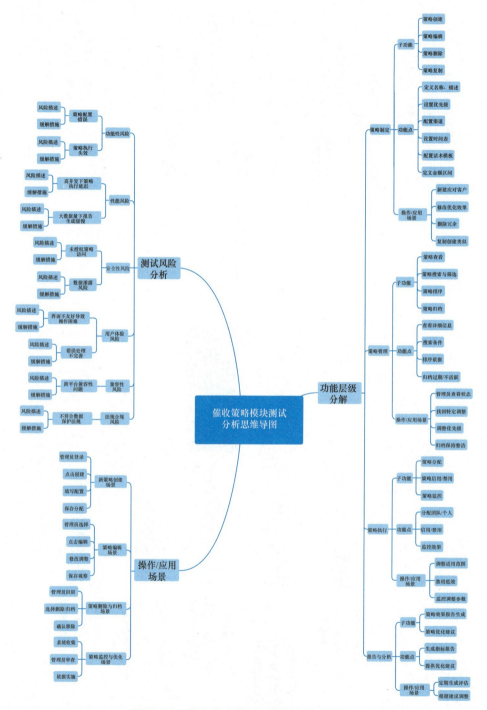

图 5-52 催收策略模块测试需求分析结果

基于模块的测试分析结果，再让 LLM 给出测试设计方法、策略等，甚至有可能给出一份测试用例列表。

> ↘ **提示词**
>
> 针对这个催收策略模块，只讨论其功能测试，基于"某银行催收系统催收策略模块测试需求分析"的结果，请详细分析如何针对这个模块进行测试设计。

> ↘ **OpenAI o1-mini 输出（部分）**
>
> **二、测试设计策略**
>
> 1. 需求导向测试
>   - **需求追踪矩阵**：确保每项策略管理需求都有对应测试用例。
>   - **重点覆盖**：针对策略执行效果和分配机制设计详细测试。
> 2. 自动化测试
>   - **回归测试**：使用自动化脚本定期验证核心功能。
>   - **持续集成**：集成自动化测试至 CI 管道，实时检测问题。
> 3. 风险导向测试
>   - **高风险功能优先**：优先测试策略执行和分配模块，确保关键功能稳定。
>   - **动态调整**：根据测试过程中发现的新风险，调整测试重点。
>
> **三、功能测试覆盖率度量**
>
> 1. 需求覆盖率
>   - **方法**：通过需求追踪矩阵（RTM）映射每个功能需求到相应测试用例，确保 100% 需求覆盖。
>   - **工具**：使用测试管理工具（如 TestRail）维护 RTM，实时监控覆盖状态。
> 2. 功能点覆盖率
>   - **方法**：统计所有功能点的数量，计算已测试功能点的比例，目标覆盖率为 95% 以上。
>   - **步骤**：
>   i. 列出所有功能点。
>   ii. 设计对应的测试用例。
>   iii. 跟踪测试执行，记录覆盖情况。
> 3. 自动化测试覆盖率
>   - **方法**：针对核心功能（策略创建、编辑、删除、分配等）设计自动化测试用例，确保 80% 以上的核心功能被自动化覆盖。

- **工具**：使用自动化测试工具（如 Selenium）实现核心功能的回归测试。

四、提高测试有效性的方法

1. 基于业务场景的测试用例设计
   - **策略创建场景**：针对不同客户群体设计多样化策略，验证系统的灵活性和适应性。
   - **策略优化场景**：根据策略执行效果调整参数，验证系统对动态变化的支持。
2. 数据驱动测试
   - **多样化数据**：准备涵盖不同催收渠道、优先级、时间表等参数的测试数据，确保功能在各种配置下的稳定性。
   - **异常数据**：设计包含非法输入、缺失数据的测试用例，验证系统的输入校验和错误处理能力。

5.6.2 LLM 生成测试用例与脚本

在明确了测试分析和测试设计的方法与思路之后，利用 LLM 生成测试用例和脚本几乎是顺理成章的事情。但在生成完成后，仍需要测试人员进行检查、调试和确认。

1. 基于需求文档生成测试用例

LLM 凭借强大的自然语言理解和生成能力，能够辅助或自动生成高质量的测试用例，从而提升软件测试的效率和覆盖率。借助大模型生成测试用例有以下三种路径。

1）基于需求文档的生成：通过解析软件需求文档，LLM 能够识别功能需求和非功能需求，并根据这些需求生成相应的测试用例，包括有效输入、无效输入、边界条件等多个测试场景的用例。

2）基于代码的生成：LLM 可以通过解析源代码或接口文档，理解系统的内部逻辑和接口协议，从而生成针对性的测试用例，如单元测试。

3）基于用户故事的生成：在敏捷开发环境中，LLM 能够根据用户故事生成相应的验收标准。前面讨论 ATDD 时已展示过。

基于需求文档的测试分析和测试设计为我们奠定了坚实的基础，从而能够更高效地完成测试用例的生成。

> **↘ 提示词**
>
> 有了上面测试分析和测试设计思路，现在请为"策略创建"设计测试用例，选择合适的测试设计方法来设计，并进行说明。

↘ OpenAI o1-mini 输出

策略创建功能测试用例设计

针对"策略创建"功能，选择**决策表**作为主要的测试设计方法。决策表适用于处理具有多种输入条件和复杂逻辑的场景，能够系统化地覆盖各种条件组合，确保关键业务规则得到充分验证。

一、选择决策表方法的原因

1. **多条件组合**：策略创建涉及多个输入字段（策略名称、优先级、催收渠道、时间表），这些字段之间存在复杂的依赖关系。
2. **业务规则明确**：银行催收策略模块通常有明确的业务规则，如策略名称唯一性、优先级范围、催收渠道有效性等，决策表能够有效捕捉和验证这些规则。
3. **全面覆盖**：通过决策表，可以系统化地设计测试用例，确保所有重要的条件组合都被测试，减少遗漏。

二、策略创建决策表

2.1 条件定义

条件编号	条件描述
C1	策略名称是否有效
C2	优先级是否在有效范围
C3	催收渠道是否有效
C4	时间表是否有效

2.2 行动定义

行动编号	行动描述
A1	成功创建策略
A2	提示策略名称错误
A3	提示优先级错误
A4	提示催收渠道错误
A5	提示时间表错误
A6	同时提示多个错误

2.3 决策表

条件编号	C1：策略名称有效	C2：优先级有效	C3：催收渠道有效	C4：时间表有效	预期行动
R1	是	是	是	是	A1
R2	否	—	—	—	A2
R3	是	否	—	—	A3
R4	是	是	否	—	A4
R5	是	是	是	否	A5
R6	否	否	是	是	A6
R7	否	是	否	是	A2, A4
R8	否	否	是	否	A2, A3, A5
R9	是	否	是	是	A3, A4
R10	是	否	否	否	A3, A4, A5
R11	否	是	是	否	A2, A5
R12	否	是	是	是	A2, A4
R13	否	否	是	是	A2, A3
R14	否	否	否	是	A2, A3, A4
R15	否	否	否	否	A2, A3, A4, A5

三、测试用例设计

基于上述决策表，设计以下测试用例：

用例1：成功创建策略

- 条件：

- 策略名称有效
- 优先级在有效范围内
- 催收渠道有效
- 时间表有效
- **预期结果**：成功创建策略（A1）

用例 2：策略名称无效
- **条件**：
  - 策略名称无效
  - 优先级、催收渠道、时间表不适用
- **预期结果**：提示策略名称错误（A2）

用例 3：优先级无效
- **条件**：
  - 策略名称有效
  - 优先级无效
  - 催收渠道、时间表不适用
- **预期结果**：提示优先级错误（A3）

……（为了节省篇幅，省略后面 12 条测试用例的描述。）

2. 基于业务流程图生成 E2E 测试用例

我们给出如图 5-53 所示的船运货物业务流程图，并基于此让大模型生成端到端（E2E）的测试用例。这其实可以理解为基于场景或事件流的设计方法，它可以覆盖业务路径的测试用例，执行效率高且测试效果显著。提示词很简单，但效果还不错，生成了覆盖 5 条基本路径的测试用例。我们可以让大模型先列出流程路径，再生成覆盖路径的测试用例，也可以先列出测试用例的标题，然后再细化用例，详见"端到端测试用例覆盖业务流程路径 .md"（读者可以自行下载浏览）。

> **提示词**
>
> 基于这个业务流程图生成 E2E 的测试用例。

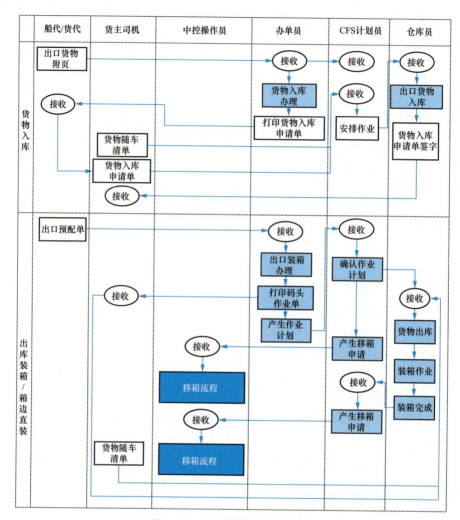

图 5-53 船运货物业务流程图

> **GPT-4o 输出**

需求：基于该业务流程图，我将为每个主要步骤生成端到端（E2E）的测试用例。这些测试用例将涵盖从货物入库到出库装箱的整个流程。

测试用例 1：货物入库流程

前置条件：

- 系统中已存在有效的出口货物附页和随车清单。

步骤：

1. 船代/货代提交出口货物附页。

2. 办单员接收并处理货物入库办理。

3. 办单员打印货物入库申请单。

4. CFS 计划员接收并安排作业。

5. 仓库员签字确认货物入库申请单。

预期结果：

- 货物成功入库，系统状态更新为"已入库"。

测试用例 2：出库装箱流程

前置条件：

- 货物已成功入库。

步骤：

1. 船代 / 货代提交出口预配单。

2. 办单员接收并处理出口装箱办理。

3. 办单员打印码头作业单。

4. CFS 计划员确认作业计划。

5. 仓库员进行装箱作业并完成。

预期结果：

- 货物成功出库并装箱，系统状态更新为"已出库"。

测试用例 3：移箱流程

……（为节省篇幅省略）

测试用例 4：异常处理流程

……（为节省篇幅省略）

测试用例 5：系统通知与确认

……（为节省篇幅省略）

3. 生成功能测试脚本

接下来，我们可以进一步利用 LLM 生成这些测试用例的自动化测试脚本。为此，我们可以给出上下文信息（如 Web 技术、数据库等），并提出一些输出要求（如生成 Java 脚本、基于 Selenium 工具执行）。o1-mini 能够生成完整的测试脚本文件"Strategy Creation Automated Test Script.java"（读者可以下载电子版浏览），因为源码比较长，这里截取数据驱动部分以供参考。

 你

这个功能是通过 Web 技术实现的，采用 MySQL 数据库存储数据，基于上述设计的测试用例，采用数据驱动的方法和 Selenium 测试工具，请生成 Java 语言的自动化测试脚本

o1-mini

浏览了 2 个文件

Strategy Creation Automated Test Script
点击预览

```java
59      @DataProvider(name = "strategyData")
60      public Object[][] readCSVData() {
61          String csvFile = "path/to/strategyData.csv";
62          String line;
63          String csvSplitBy = ",";
64          List<Object[]> data = new ArrayList<>();
65
66          try (BufferedReader br = new BufferedReader(new FileReader(csvFile))) {
67              // Skip header
68              br.readLine();
69              while ((line = br.readLine()) != null) {
70                  String[] fields = line.split(csvSplitBy);
71                  data.add(fields);
72              }
73          } catch (IOException e) {
74              e.printStackTrace();
75              Assert.fail("Failed to read CSV file.");
76          }
```

为了进一步提升脚本的质量，我们可以通过人工评审的方式进行优化。我们可以借助一个更强大的大模型来评审脚本，这里选择 o1 preview。结果发现了好几个问题，并做了改进，然后重新生成了脚本文件"Optimized Strategy Creation Automated Test Script.java"。

> 提示词

检查刚生成的测试脚本：Strategy Creation Automated Test Script，指出其中的问题。如果有问题，请修正脚本问题，优化测试脚本并重新生成。

> OpenAI o1 preview 输出

经过检查之前生成的"Strategy Creation Automated Test Script"，我发现了以下问题需要修正和优化。

1. **Artifact 格式问题**：之前的脚本在 Artifact 中使用了三引号（```）包裹，这是不符合规范的。Artifact 内容不应再使用三引号。
2. **数据驱动测试的数据源缺失**：脚本中引用了 CSV 文件 strategyData.csv，但没有提供该文件或其结构，导致无法确定测试数据的格式和内容。
3. **硬编码的登录凭据和 URL**：脚本中直接使用了硬编码的登录用户名、密码和系统 URL，这是不安全的做法，应该将这些配置参数化或外部化。
4. **会话管理问题**：@BeforeClass 和 @AfterClass 注解的方法在类级别只执行一次，这可能导致多个测试用例之间的状态相互影响。应在每个测试用例之前和之后初始化和关闭 WebDriver。
5. **错误处理和断言不完善**：脚本假设成功或错误消息元素总是存在，未考虑元素不存在的情况，可能导致测试失败。
6. **数据库验证的安全性和性能问题**：直接在测试脚本中连接数据库进行验证，可能存在安全风险，而且增加了测试的复杂度。
7. **未使用显式等待**：页面元素的加载可能存在延迟，脚本中未使用显式等待，可能导致定位元素失败。

基于以上问题，我对测试脚本进行了修正和优化。改进的要点包括：

- **正确的 Artifact 格式**：按照规范使用 Artifact 标签，且不再使用三引号包裹代码。
- **提供数据驱动测试的数据结构**：详细说明并提供 CSV 文件的格式，确保测试数据清晰明确。
- **参数化配置**：使用配置文件（如 config.properties）来管理系统 URL、登录凭据等参数，提高了安全性和灵活性。
- **优化会话管理**：将 WebDriver 的初始化和关闭放在 @BeforeMethod 和 @AfterMethod 中，确保每个测试用例的独立性。
- **增强错误处理和断言**：使用显式等待和条件判断，确保元素存在时再进行操作，避免测试中断。
- **减少对数据库的直接依赖**：如果可能，通过 UI 或 API 验证策略的创建，避免在测试脚本中直接连接数据库。
- **使用显式等待**：替代 Thread.sleep，提高了脚本的稳定性。

请参阅以下更新和优化后的测试脚本。

> **Optimized Strategy Creation Automated Test Script**
> 点击预览

配置文件 config.properties：用于存储系统 URL、登录凭据、WebDriver 路径等配置信息。例如：

```
system.url=https://your-bank-collection-system.com/login
login.username=testUser
login.password=testPassword
webdriver.path=path/to/chromedriver
```

数据驱动的 CSV 文件 strategyData.csv：包含测试用例的数据，格式如下。

```
testCaseID,strategyName,priority,channels,schedule,expectedResult,expectedMessage
TC01,ValidStrategy,5,"Email;SMS","2023-10-01 to 2023-12-31",Success,
TC02,,5,"Email;SMS","2023-10-01 to 2023-12-31",Failure," 策略名称为必填项 "
TC03,InvalidPriorityStrategy,-1,"Email","2023-10-01 to 2023-12-31",Failure," 优先级必须为 1–10 之间的整数 "
```

- testCaseID：测试用例编号
- strategyName：策略名称
- priority：优先级
- channels：催收渠道，多个渠道以分号分隔
- schedule：时间表
- expectedResult：预期结果（Success 或 Failure）
- expectedMessage：预期的错误提示信息

- **显式等待的使用**：通过 WebDriverWait 和 ExpectedConditions，确保在元素可见或可点击时再进行操作，增强了脚本的稳定性。
- **错误处理**：在操作页面元素时，加入了必要的检查和异常处理，防止由于元素不存在而导致的测试中断。
- **优化的会话管理**：在每个测试用例开始前创建新的 WebDriver 实例，结束后关闭，确保测试用例之间互不影响。
- **安全性和可维护性**：通过外部化配置和参数化，增强了脚本的安全性，也便于后期维护和更新。

4. 生成 API 测试脚本

此前，我们已设置了一个名为"接口测试专家"的智能体。只要我们提供准确的接口描述（包括请求和响应），大模型便能够生成相应的测试用例及其测试脚本，下面就是一个示例。

> **提示词**
>
> 我的 API 接口描述：

请求地址：/api/v1/authentication/auth/

请求方式：POST

请求头：Content-Type:application/

JSON 描述的请求体：{"usermame": 不能为空，长度最大为 14，最小为 5,"password": 密码不能为空，需要包含字母、数字，不能有下划线 }

如果用户密码正确，返回 200

如果用户密码错误，返回 500

连续输入 5 次，则账号锁定

请根据上面内容，生成足够多的正面和负面的测试用例，且用 XML 完整地表示出来。

▶ "接口测试专家" 智能体输出

以下是根据您提供的 API 接口描述生成的测试用例。这些测试用例覆盖了各种输入情况，包括正面和负面的测试场景：

```xml
<testsuites>
    <testsuite name="AuthenticationAPI">

        <!-- 正面测试用例 -->
        <testcase name="ValidCredentials">
            <post>
                <url>/api/v1/authentication/auth/</url>
                <headers>
                    <header name="Content-Type" value="application/json"/>
                </headers>
                <body>{"username": "validUser", "password": "Valid1!"}</body>
                <expected_status>200</expected_status>
            </post>
        </testcase>

        <!-- 负面测试用例 -->
        <testcase name="EmptyUsername">
            <post>
                <url>/api/v1/authentication/auth/</url>
                <headers>
                    <header name="Content-Type" value="application/json"/>
                </headers>
                <body>{"username": "", "password": "Valid1!"}</body>
                <expected_status>400</expected_status>
            </post>
        </testcase>

        <testcase name="UsernameTooShort">
```

......（省略，共 8 条测试用例，详见 authentication-auth-test suites.xml ）

将相同的提示词发送给 OpenAI o1-mini，它可以生成更多的测试用例，共计 12 条，多出了 4 条测试用例，详见 "API 认证接口测试用例 –openAI o1-mini.xml"。我们还可以让 o1 preview 模型来分析这两者的差异。

> **↘ 提示词**
>
> "API 认证接口测试用例 –openAI o1-mini" 和 "authentication–auth–test suites" 相比，两者的差异在哪里？

> **↘ OpenAI o1 preview 输出**
>
> 我已成功读取了两个 API 认证接口测试用例的 XML 文件内容。以下是对 "API 认证接口测试用例 –openAI o1-mini" 与 "authentication–auth–test suites" 进行比较的分析。
>
> **比较分析**
>
> 1. 测试用例数量
>   - openAI o1-mini 文件包含更多的测试用例，达 6423 行。这可能意味着它涵盖了更多的场景和边界条件。
>   - authentication-auth-test suites 仅包含 4294 行。这可能表示它的测试用例相对较少，可能未覆盖所有必要情境。
> 2. 用例设计的全面性
>   - openAI o1-mini 文件的测试用例详细描述了每个用例的前置条件、执行步骤和预期结果，提供了更为全面的上下文信息。
>   - authentication-auth-test suites 的用例设计虽然也描述了正面测试用例，但可能对于边界情况、异常处理等未做深入考虑。
> 3. 用例的复杂度
>   - 初步来看，openAI o1-mini 中可能包括更复杂的测试逻辑，例如通过状态验证、复杂的数据集输入等。
>   - authentication-auth-test suites 则可能相对简单，主要集中在基本的成功和失败情况的测试。
> 4. 灵活性与可扩展性
>   - openAI o1-mini 可能提供了更多的参数化选项，便于将来新增测试用例或修改部分逻辑。
>   - authentication-auth-test suites 可能由于结构较为简单，导致在扩展性上略显不足。

> **建议**
> - 如果希望提升 authentication-auth-test suites 的质量，可以借鉴 openAI o1-mini 中的用例设计原则，实现更全面的覆盖，尤其是边界条件和异常处理的测试。
> - 进一步增加用例的详细性，使每个用例的预期效果、实际步骤和测试环境更加明确，有助于未来的维护和执行。
>
> 总结来说，"API 认证接口测试用例 –openAI o1-mini" 在用例数量、设计全面性和复杂度上优于 "authentication-auth-test suites"。这使得 openAI o1-mini 在测试全面性及深度上更具优势，具体优势体现在以下几个方面：
> 1. **测试用例更全面：** 它不仅包含了基础的正面和负面测试用例，还扩展了更多的边界条件和异常情况。例如，测试用户名和密码包含 Unicode 字符、包含空格，以及请求体为空等情况。
> 2. **安全测试场景：** 增加了针对安全性的测试用例，例如 SQL 注入攻击和跨站脚本（XSS）攻击的尝试。这些测试用例有助于评估 API 对常见 Web 安全威胁的防护能力。
> 3. **性能测试用例：** 引入了性能测试场景，如在高负载下的响应时间测试和过多请求触发的限流测试。这有助于确定 API 在高并发情况下的稳定性和性能表现。
> 4. **错误处理更详细：** 测试用例中考虑了请求头缺失或不正确的情况（如缺少 Content-Type 或 Content-Type 不正确），以及请求体格式错误（如 JSON 格式错误）的情形，确保 API 能正确处理各种异常输入。
> 5. **边界值分析：** 在用户名长度的边界值（最小 5 个字符和最大 14 个字符）上增加了正面测试，确保系统在边界条件下也能正常工作。
> 6. **结构化和分类清晰：** 测试用例被组织成不同的类别，包括正面测试、负面测试、安全测试和性能测试。这种分类方式使得测试更有条理，便于测试人员根据需求选择测试集。
> 7. **扩展的负面测试场景：** 新增了诸如用户名和密码的大小写敏感性测试、请求中包含多余未预期的字段，以及重复请求导致的账户锁定等测试场景，以全面评估 API 的健壮性。

这表明，如果模型本身能力较弱，即使加了智能体，也很难超越本身能力强大的大模型（即使这些大模型没有智能体）。如果我们给 o1-mini 发送提示词："相比前面这个 API 认证接口测试用例，针对接口测试脚本生成，你还可以应对哪些更具挑战性的测试场景？"它能给出处理更复杂场景的接口测试脚本，如 Extended API Authentication Test Cases.xml。如果遇到接口测试等复杂问题，将其交给 o1 模型处理，通常能够获得更准确、更详细的回答。这里不一一赘述，具体可以参考随书电子文档"API 认证接口测试用例与高价值场景用例智能筛选 .md"。

5.6.3　LLM 驱动非功能性测试

在过去的国内行业技术会议（如 AiDD 峰会、QECon 大会）中，分享内容大多集中在 LLM 赋能功能测试的实践上，而在 LLM 赋能非功能性测试方面的分享相对较少。我们之前在性能测试、安全性测试上开展了一定的探索与实践，在此做一个简单的分享。

1. LLM 驱动性能测试

如果 LLM 能够应对接口测试，那么性能测试也就不是问题。此前，我们已经在"国内大模型 + 性能测试专家智能体"上取得了初步成功。以下示例是基于上述相同接口的延续。

> **↘ 提示词**
>
> 针对这个接口测试，进行性能测试，请设计测试场景（如并发用户、负载模式、数据等）和测试过程等，然后描述如何在 JMeter 上进行配置，并生成 JMeter 的 JMX 脚本文件。

> **↘ 国内大模型 + 性能测试专家智能体**
>
> 针对该 API 接口的性能测试，我们需要设计测试场景，包括并发用户数、负载模式、测试数据等，然后描述在 JMeter 上的配置过程，并生成 JMeter 的 JMX 脚本文件。
>
> **测试场景设计**
>
> 1. 并发用户数：
>   - 初始用户数：10
>   - 最大用户数：100
>   - 用户递增步长：10
>   - 用户递增时间间隔：30 秒

2. 负载模式：
   - 持续时间：30 分钟
   - 每个用户发送请求的间隔时间：1 秒
3. 测试数据：
   - 使用有效的用户名和密码组合
   - 每个用户在每次迭代中随机选择不同的用户名和密码
4. 性能指标：
   - 响应时间
   - 吞吐量（每秒事务数）
   - 错误率

测试过程

1. 设置测试计划：
   - 创建一个新的测试计划。
   - 设置测试计划的默认值，如用户数、循环次数等。
2. 添加线程组：
   - 在测试计划中添加一个线程组。
   - 设置线程属性，如线程数、循环次数、持续时间等。
3. 配置 HTTP 请求：
   - 在线程组中添加一个 HTTP 请求。
   - 设置请求的 URL、方法（POST）、请求头和请求体。
4. 添加用户定义的变量：
   - 添加用户名和密码的变量，以便在测试中随机选择。
5. 添加 CSV 数据文件配置：
   - 创建一个 CSV 文件，包含有效的用户名和密码组合。
   - 在 JMeter 中配置 CSV 数据文件，以便在测试中读取。
6. 添加响应断言：
   - 添加响应断言以验证 HTTP 响应状态码。
7. 添加监听器：
   - 添加所需的监听器，如图形结果监听器、表格结果监听器等。
8. 运行测试：
   - 保存测试计划。
   - 运行测试并分析结果。

> **JMeter 配置步骤**
>
> 1. 打开 JMeter 并创建一个新的测试计划。
> 2. 在测试计划中添加一个线程组。
> 3. ……（以下省略，同上面的测试过程）
>
> **JMX 脚本文件示例**
>
> 由于 JMX 是一个 XML 格式的文件，以下是 JMeter 脚本文件的一个简化示例：
> （XML 文件 在此省略）

我们现在挑战一下 OpenAI o1-mini，看看效果是不是更好？提供同样的提示词，可以要求"输出的脚本要能切实可用"。虽然没有用智能体，但结果证明 o1-mini 还是有优势，从生成的 JMX 文件来看，我们生成的"性能测试脚本 – 国内智能体 .xml"只是一个示例，只有 32 行，想让它生成可执行的脚本，但失败了；而 o1-mini 生成的 JMX 文件（性能测试脚本 -o1-mini.xml）有 158 行。读者可以下载并自行比较。另外，o1-mini 输出的文字也更清楚、准确，详见"API 认证接口测试与性能测试设计 .md"。

> ↘ **OpenAI o1-mini 输出**
>
> （……分析内容省略）
> 为了对所述接口进行性能测试，将涵盖以下内容。
>
> 1. 测试场景设计
>   - 并发用户
>   - 负载模式
>   - 测试数据
> 2. 测试过程设计
> 3. JMeter 配置步骤
> 4. JMeter JMX 脚本示例
>
> **一、测试场景设计**
>
> 1. 并发用户
>   - 目标：模拟实际使用中多个用户同时访问接口的情况，评估系统在高并发下的性能表现。

- 并发用户数：
  - **初始阶段**：50 个并发用户
  - **中期阶段**：200 个并发用户
  - **高峰阶段**：500 个并发用户
- 持续时间：
  - **初始阶段**：10 分钟
  - **中期阶段**：20 分钟
  - **高峰阶段**：30 分钟
2. 负载模式
   - **恒定负载**：用户数保持不变，观察系统在恒定压力下的表现。
   - **递增负载**：用户数逐渐增加，检测系统的扩展性和临界点。
   - **阶梯负载**：在一定时间间隔内，分阶段增加并发用户数，模拟真实业务流量波动。
3. 测试数据
   - **数据类型**：基于实际业务场景，使用多样化的请求数据，包括有效和无效的数据集。
   - **数据量**：每个请求的负载量应覆盖小、中、大三种数据量，评估系统对不同数据量的处理能力。
   - **数据来源**：使用 CSV 文件或数据库，确保测试数据的多样性和真实性。

......

三、JMeter 配置步骤

以下是使用 JMeter 进行性能测试的详细配置步骤：

1. 安装 JMeter
   - **下载地址**：Apache JMeter 官网（注：真实链接）
   - **安装步骤**：
     i. 下载最新版本的 JMeter。
     ii. 解压压缩包到指定目录。
     iii. 运行 bin/jmeter.bat（Windows）或 bin/jmeter（UNIX/Linux）启动 JMeter。
2. 创建测试计划
   - **启动 JMeter**，在左侧树状结构中右键点击 Test Plan，选择 Add > Threads (Users) > Thread Group。
   - **配置线程组**：
     - Number of Threads (users)：设置并发用户数（如 50）。
     - Ramp-Up Period (seconds)：设置线程启动的时间（如 60 秒）。

- Loop Count：设置循环次数，选择 Forever 或指定次数。
3. 添加 HTTP 请求
   - 右键点击 Thread Group，选择 Add > Sampler > HTTP Request。
   - 配置 HTTP 请求：
     - Server Name or IP：输入目标服务器地址（如 api.example.com）。
     - Port Number：输入端口号（如 443）。
     - HTTP Method：选择 POST、GET 等。
     - Path：输入接口路径（如 /api/v1/authenticate）。
     - Parameters：添加请求参数，或在 Body Data 中添加 JSON payload。
4. 添加监听器
   - 右键点击 Thread Group，选择 Add > Listener，添加以下监听器以监控测试结果：
     - View Results Tree：查看每个请求的详细结果。
     - Aggregate Report：汇总统计测试结果。
     - Response Time Graph：响应时间图表。
     - Summary Report：总结报告。
5. 添加断言（可选）
   - 右键点击 HTTP Request，选择 Add > Assertions > Response Assertion。
   - 配置断言：
     - Field to Test：选择 Response Code 或 Response Body。
     - Pattern Matching Rules：设置期望值，如 200。
6. 配置测试数据（使用 CSV Data Set Config）
   - 右键点击 Thread Group，选择 Add > Config Element > CSV Data Set Config。
   - 配置 CSV Data Set：
     - Filename：指定 CSV 文件路径（如 /path/to/data.csv）。
     - Variable Names：定义变量名称（如 username、password）。
     - Delimiter：分隔符（通常为","）。
     - Recycle on EOF：选择 True 或 False。
     - Stop thread on EOF：选择 True 或 False。
7. 设置负载模式
   - 恒定负载：
     - 在 Thread Group 中设置固定的 Number of Threads 和 Ramp-Up Period。
   - 递增负载：
     - 使用 Stepping Thread Group 插件，配置逐步增加的线程数。

- 阶梯负载：
  - 使用多个 Thread Group，每个组配置不同的并发用户数和启动时间。
8. 保存测试计划
- 点击 File > Save Test Plan As，保存为 .jmx 文件（如 interface_performance_test.jmx）。
……（省略）

2. LLM 驱动安全性测试

我们也利用"国内大模型 + 接口测试专家智能体"针对接口进行了安全测试，并建立了安全测试专家，对特定的网页做过安全测试，当时不支持直接扫描网站，我们就把页面转换为 PDF 文件，再上传给智能体进行测试。下面给出部分展示。

> **国内智能体输出（接口安全性测试，主要部分）**
>
> 以下是针对您提供的 API 接口可能的安全测试点，以及相应的测试工具和操作过程。
>
> 1. SQL 注入
>   - 测试点：检查 API 是否容易受到 SQL 注入攻击。
>   - 工具：SQLmap, Burp Suite。
>   - 操作过程：
>   - 使用 SQLmap 自动检测和利用 SQL 注入漏洞。
>   - 通过 Burp Suite 的代理功能拦截和修改请求，尝试插入 SQL 代码。
> 2. 身份验证测试
>   - 测试点：检查 API 的身份验证机制是否薄弱。
>   - 工具：Burp Suite, Hydra。
>   - 操作过程：
>   - 使用 Burp Suite 的 Intruder 功能对登录接口进行字典攻击。
>   - 使用 Hydra 进行多线程的密码破解尝试。
> 3. 授权测试
>   - 测试点：确保 API 对资源的访问控制正确执行。
>   - 工具：Burp Suite。
>   - 操作过程：
>   - 修改请求头中的认证令牌，尝试访问其他用户的资源。
>   - 尝试访问需要更高权限的资源。

4. 输入验证
   - **测试点**：检查 API 是否正确验证输入数据。
   - **工具**：ZAP, Burp Suite。
   - **操作过程**：
     - 提交超长或特殊字符、SQL 代码等异常输入，观察 API 的反应。
     - 使用 ZAP 或 Burp Suite 的主动扫描功能自动检测输入验证问题。

5. 会话管理测试
   - **测试点**：验证会话令牌的管理和安全性。
   - **工具**：Burp Suite。
   - **操作过程**：
     - 检查会话令牌是否容易被猜测或伪造。
     - 尝试在会话中引入会话固定攻击。

6. 加密测试
   - **测试点**：确认敏感数据是否被正确加密。
   - **工具**：Wireshark, SSLyze。
   - **操作过程**：
     - 使用 Wireshark 捕获数据包，检查敏感信息是否以明文形式传输。
     - 使用 SSLyze 检查 SSL/TLS 配置的强度。

7. 跨站脚本攻击（XSS）
   - **测试点**：检查 API 是否容易受到 XSS 攻击。
   - **工具**：ZAP, Burp Suite。
   - **操作过程**：
     - 将 JavaScript 代码插入输入字段，观察是否在返回的响应中被执行。
     - 使用 ZAP 或 Burp Suite 的被动扫描功能检测 XSS 漏洞。

8. 跨站请求伪造（CSRF）
   - **测试点**：确保 API 不易受到 CSRF 攻击。
   - **工具**：Burp Suite。
   - **操作过程**：
     - 尝试在没有用户交互的情况下执行敏感操作，检查 API 是否验证了请求的来源。

9. 安全头测试
   - **测试点**：验证 HTTP 响应头中的安全相关设置。
   - **工具**：ZAP, Burp Suite。

- 操作过程：
  - 检查是否设置了如 Content-Security-Policy、X-Content-Type-Options 等安全头。
  - 使用 ZAP 或 Burp Suite 检查安全头的正确配置。
10. 错误处理测试
    - 测试点：确保 API 的错误信息不泄露敏感信息。
    - 工具：Burp Suite。
    - 操作过程：
      - 故意触发错误，检查返回的错误信息是否包含敏感信息，如系统路径、数据库结构等。

国内智能体输出（altoromutual.com 页面 /PDF 文件的安全性测试）

根据文档中的内容，可以分析出以下可能存在的漏洞。

1. SQL 注入漏洞：在登录表单中，用户名输入框后直接跟了 " or '1'='1'，这可能允许攻击者执行 SQL 注入攻击，通过构造恶意的 SQL 语句，获取敏感数据。
2. 密码明文传输：密码在登录表单中传输时未进行加密，这可能使攻击者截获并获取用户密码。
3. 不安全的登录凭证存储：如果系统以明文形式存储用户密码，一旦数据库被攻击，所有用户密码都将泄露。
4. 不安全的登录凭证验证：系统可能仅通过用户名和密码进行登录验证，未使用双因素认证，登录安全性较低。
5. 错误信息泄露：登录失败时显示"Syntax error"，这可能泄露系统内部错误信息，帮助攻击者进行攻击。

针对这些漏洞，可以进行以下测试。

1. **SQL 注入测试**：在用户名输入框中输入 '' or '1'='1'，然后登录，检查是否可以绕过登录验证。
2. **密码加密测试**：使用抓包工具监控登录请求，检查密码字段是否进行了加密传输。
3. **数据库密码存储测试**：如果可以登录系统后台，检查数据库中用户密码是否为明文存储。
4. **登录认证测试**：尝试使用不同的用户名和密码组合登录，检查是否仅通过用户名和密码进行认证。
5. **错误信息测试**：故意输错用户名和密码，检查登录失败时是否会泄露内部错误信息。

如今 o1-mini 已经支持对页面直接扫描进行安全性测试，那么我们对相同页面进行了测试。结果令人惊喜，输出了一份专业、规范的"Web 安全性测试专家分析报告"，在此就不详细展示了，LLM 生成的分析报告目录见图 5-54，读者可以下载浏览。

```
Web 安全性测试专家分析报告 .................................................... 1
一、潜在的安全漏洞分析及修复建议 .............................................. 1
   1. 跨站脚本攻击（Cross-Site Scripting, XSS）................................ 1
   2. SQL 注入（SQL Injection）................................................ 2
   3. 跨站请求伪造（Cross-Site Request Forgery, CSRF）......................... 2
   4. 安全配置错误（Security Misconfiguration）................................ 3
   5. 访问控制缺陷（Access Control Issues）.................................... 4
   6. 敏感数据泄露（Sensitive Data Exposure）.................................. 4
二、测试方法与详细流程 ........................................................ 5
   1. 信息收集与侦察 .......................................................... 5
   2. 自动化漏洞扫描 .......................................................... 5
   3. 手动渗透测试 ............................................................ 5
   4. 安全配置审查 ............................................................ 6
   5. 访问控制和身份验证测试 .................................................. 6
   6. 数据传输安全性测试 ...................................................... 7
三、测试工具与资源 ............................................................ 7
四、测试报告与后续步骤 ........................................................ 7
   1. 测试报告编写 ............................................................ 7
   2. 漏洞修复与验证 .......................................................... 8
   3. 定期安全审查 ............................................................ 8
五、优化建议 .................................................................. 8
```

图 5-54　LLM 生成的分析报告目录

5.6.4　小结

本节主要展示了如何基于 LLM 开展测试分析与设计、生成测试用例或脚本的过程，包含了一些提示词应用技巧，以及如何一步一步引导大模型细化测试项或测试用例。虽然前面也使用了 RAG 技术、智能体，但比较有限。在企业的良好环境中，借助提示工程（如管理和优化提示词生成）、知识增强的 RAG 技术、多智能体协作和工程平台的支持，LLM 驱动软件测试分析、设计与测试生成的效果会更好。

- 在应用 RAG 技术时，我们可以利用向量数据库的语义检索能力，将私域知识动态注入生成流程，并结合优化后的 CSV 格式知识库和高效的向量化模型实现关键字推荐，显著提升关键字准确率，减少错误生成的概率。通过反馈机制，持续优化知识库内容，进一步提高生成系统的整体准确率和可靠性。

- 我们还可以借助工具，利用 RAG 技术自动推荐示例和关键字，结合任务指令、配置命令、示例等，动态组装提示词，显著降低提示词的人工构建成本；利用 RAG 技术动态生成提示词，结合知识库中的脚本片段示例，显著提高生成脚本的准确率。通过实时将新生成的测试数据回流到知识库，系统也能持续更新知识库，持续增强 LLM 的生成能力，支持更精准的测试分析。

- 我们可通过 LLM 识别测试场景和测试对象，提取业务关键字，生成目标测试用例；利用自然语言能力分析测试环境和需求，自动定义测试对象的边界和特性；进一步构建测试模型或进行更深入的测试分析，挖掘应用场景，自动生成测试点，细化测试需求，提升测试覆盖率。

- 在自动化测试环境中，基于 LLM 的测试平台支持 PlantUML 及 MBT（模型驱动测试），可以通过后处理和反馈循环，验证生成的脚本结果，对不理想的测试结果进行去重和优化，确保生成内容的准确性和可用性。理想情况下，可以自动检测接口定义的规范性，确保接口文档的准确性和一致性，并提供智能修复建议，自动整改接口规范性问题。

- 我们可采用 LLM 生成测试数据和测试数据集，自动构建复杂的测试数据组合。实施数据标准化和优化，确保测试数据的质量和覆盖率。对测试用例和脚本进行规范性整改，确保语料库的高质量。

- 构建多智能体协作机制（框架），通过多个智能体（如测试分析 Agent、测试设计 Agent、环境设置 Agent、调用测试数据 Agent、接口自动化 Agent、UI 自动化 Agent）的合作，基于自然语言描述的测试需求，高度自动地实现全生命周期的测试过程。

- LLM 在生成复杂脚本时，无法合理拆分任务。通过智能体调用工具，将完整的命令行配置拆分成多个子任务，使 LLM 能够逐步生成有效的脚本片段，提升生成效果。

- 发起测试请求后，系统可自动完成任务接收、场景分配与测试执行。这种自主测试需要建立在业务领域知识库的基础上，通过 AI 路由功能分配测试任务，确保合适的资源和场景覆盖。借助上述多智能体的协作机制和智能任务拆分能力，可以尝试自主的探索式测试，如结合正向和逆向遍历方法，自主遍历操作依赖图、生成测试序列并执行测试，以实现不断探索、发现缺陷、自我适应与改进，完成端到端的测试也是完全可能的。

基于 LLM 的测试用例和脚本生成技术，通过智能任务拆分、关键字检索、动态提示词生成和知识库优化，实现了测试流程的智能化和自动化。利用 RAG 技术和向量数据库，成功解决了私域知识注入和提示词构建成本高的问题，显著提升了生成脚本的准确性和效率。结合 AI 工具和持续优化机制，构建了一个高效、可靠、可扩展的智能测试设计系统，为软件测试领域带来了革命性的提升。

5.7 | LLM 驱动运维：异常监控与定位

软件作为一种服务（SaaS），需要 7x24 小时不间断、可靠地运行，因此运维的重要性不言而喻。同时，随着信息技术的迅猛发展，企业的 IT 基础设施或软件系统日益复杂，软件服务的运维工作面临巨大挑战。传统运维方式难以应对多源数据、高并发和动态变化的环境，导致系统稳定性和业务连续性难以保障。我们经常听到某某云服务发生了宕机、不能提供服务，影响了大量用户。

在此背景下，人工智能运维（AIOps）应运而生，通过引入人工智能技术，自动化和优化监控流程，可显著提升运维效率。然而，随着大模型的崛起，AIOps 进入了一个新的发展阶段。需要稍作说明的是，AIOps 与另一个概念"LLMOps"有所不同。LLMOps 是 MLOps 的延伸，是指运用一组流程、方法、工具和优秀实践来训练、验证、部署和维护 LLM，即管理 LLM 的生命周期。而本节讨论的主题"LLM 驱动运维"，是将大模型技术应用于软件系统或服务（SaaS）的运维工作中，是先构建一个"运维大模型"，然后用这个大模型来跟踪系统的运行状态、预报或发现系统运行的异常问题。

5.7.1 LLM 在运维上的核心能力

大模型具备强大的数据处理和模式识别能力，能够从海量数据中提取有价值的信息；同时它还具有深度学习和推理能力，可以参与自动化异常检测、根因定位和脚本生成等工作，能够更准确地识别和分类故障，减少误报和漏报。它不仅增强了系统的稳定性和可靠性，而且可以提升运维工作的智能化水平和运维效率。面对复杂多变的系统环境和多样化的故障类型，大模型展现出良好的适应性和泛化能力，能够有效应对各种运维挑战。

1. 多智能体协同系统架构

在大模型时代，AIOps 的整体框架逐渐演变为多智能体（Multi-Agent）协同系统。这一架构由三类实体组成：岗位型智能体、工具型智能体和运维人员。运维人员通过自然语言与各类智能体进行交互，形成一个人机协同的运维生态系统，如图 5-55 所示。

- 岗位型智能体：负责特定岗位的智能任务，如监控分析、故障诊断等。
- 工具型智能体：集成各种运维工具，如日志分析工具、告警系统、安全监控工具等，提供数据处理和分析能力。
- 运维人员：通过自然语言与智能体交互，发出运维指令和需求，监督和指导智能体的工作。

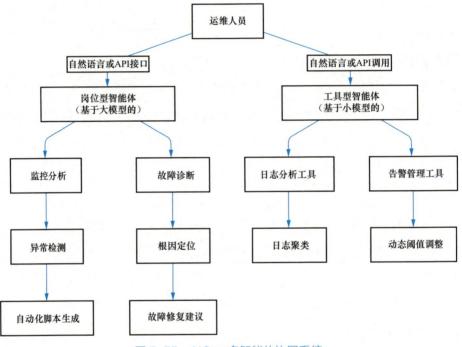

图 5-55　AIOps 多智能体协同系统

这种架构利用大模型的自然语言处理能力，实现了人机无缝沟通，提升了运维工作的效率和准确性。

2. 智能化异常检测与根因分析

大模型具备强大的数据处理和模式识别能力，能够在海量运维数据中迅速识别异常。通过多模型融合的检测方案，AIOps 系统能够结合不同算法的优势，优化日志分析和异常检测系统，提高异常检测的准确性和鲁棒性。

- 指标异常检测：传统的异常检测依赖于预定义的规则和阈值，难以应对复杂多变的系统环境。利用大模型分析业务指标、系统性能指标等，可实时监控系统运行状态，发现潜在的异常。

- 智能日志分析：通过自然语言处理技术，快速总结和归纳海量日志数据，提取关键信息，识别故障模式。例如，华为云在其日志分析系统中引入了大模型技术，在一次大规模流量波动中，运维大模型成功识别异常流量来源，及时调整资源配置，避免了服务中断。

- 根因分析（RCA）：在检测到异常后，系统通过多维数据分析和关联性推理，精准定位故障根源，缩短故障修复时间。运维大模型可以通过对系统各层日志的综合分析，进行深度推理，准确找出问题所在。某互联网公司在遭遇大规模服务中断时，利用运维大模型快速定位到了具体的数据库连接池配置问题，极大缩短了故障恢复时间。

3. 自动化运维与智能决策

大模型不仅能够辅助运维人员进行监控和分析，还能够实现自动化运维和智能决策。

- 自动化脚本生成与执行：PromQL（Prometheus Query Language）是 Prometheus 监控系统的查询语言，用于提取和分析时间序列数据。利用大模型将自然语言轻松转换为 PromQL 查询，极大简化了复杂查询的构建过程。例如，运维人员可以通过自然语言描述需求，系统则自动生成相应的 PromQL 语句（运维脚本），从而提升查询效率和运维响应速度。这一功能将复杂的脚本调试开发时间从几小时缩短到几分钟，提高了运维效率。例如，某电商平台在"双十一"购物节期间遭遇流量激增问题时，通过大模型自动生成的负载均衡脚本，成功实现了流量的动态调控，保障了系统的稳定运行。

- 智能化告警管理：动态调整告警阈值，优化告警规则，可减少误报和漏报，提升告警系统的智能化水平。也可以通过时序预测算法，结合历史数据和周期性特征，智能推荐告警阈值，减少因手动设置阈值带来的误报和漏报。

- 预测性维护：通过分析历史数据和趋势，预测潜在故障，提前进行维护，避免业务中断。大模型能够自动将故障分类，帮助运维团队进行后续的复盘与优化。同时，基于故障根因和分类信息，大模型可以自动生成详细的故障诊断报告，减少人工编写报告的时间和人力成本。例如，某大厂在遭遇一次系统故障后，通过大模型快速定位问题根源，并通过自动生成的恢复措施，迅速恢复了正常服务，以及通过大模型生成的故障报告，迅速明确了问题原因并制定了优化措施。

4. 可视化管理和运维咨询

- 运维可视化：大模型能够解析用户的运维需求，动态生成可执行的自然语言工作流，帮助运维人员制定科学的运维计划。同时，通过自然语言交互，运维大模型可以自动执行简单的数据查询与分析，将故障数据进行可视化呈现，提升了数据分析的直观性和决策的准确性。例如，某金融机构利用大模型生成运维计划，有效预防了潜在的系统风险，并通过可视化工具实时监控系统的健康状态。

- 运维咨询：基于LLM与本地知识库的深度融合，运维大模型能够快速、准确地回答运维人员的各种问题，提供专业的技术支持。这不仅提高了问题解决的效率，也加速了运维人员的培训过程。例如，某科技公司在引入运维大模型后，运维团队的响应速度和问题解决率显著提升，员工满意度也得到了提高。

5.7.2 LLM 在运维上的应用案例

这里介绍字节跳动团队推出的 SRE-Copilot，它是一个基于 LLM 的多场景智能运维框架，旨在通过先进的技术手段提升运维团队的效率和系统的稳定性。

1. 多模型融合的检测思路

多模型融合是一种结合多个机器学习模型的方法，旨在利用各模型的优势，提高整体检测的准确性和鲁棒性。在 AIOps 中，这种方法尤为重要，因为运维环境涉及多种数据源和复杂的异常模式。以下是多模型融合检测方案的核心思路。

1）多源数据集成：整合调用链数据、业务黄金指标、集群性能指标（如容器、Linux 系统）、系统日志等多种数据源，确保对系统运行状态的全面感知。

2）特征提取与周期性处理：为了应对节假日效应和不同时间粒度的变化，系统对时间序列数据进行多尺度特征提取，包括 10 分钟、1 小时、3 小时、1 天和 1 周等不同周期的特征。这些特征帮助模型更好地理解数据的周期性变化，减少节假日等特殊时间段的误报。

3）模型分类与投票机制：根据指标的特性（如平稳性、周期性），选择合适的检测算法。例如，平稳型曲线采用适合平稳数据的算法（如 ARIMA 模型），在周期性或季节性较强的情况下，使用能够捕捉周期性变化的模型（如 Prophet 或季节性 ARIMA 模型）；对于无明显特征的数据，应用通用的机器学习算法，如随机森林或 SVM。此外，通过多模型的投票机制综合判断，对每个模型的异常判断进行权重分配，最终得出综合检测结果。这不仅减少了误报，还能明确是哪种算法识别出了问题，便于后续的修复和维护。

4）根因分析（RCA）：根因分析是 AIOps 中的关键环节。通过逐层下钻的方法，结合调用链数据和配置参数，系统能够精确定位到服务级别甚至代码级别的故障根源。具体步骤如下。

- 逐层下钻：在调用链的垂直方向逐层分析，保留最有可能导致异常的业务组件。

- 归因算法：利用归因算法评估每个业务组件对异常的贡献，缩小分析范围。

- 专家系统与规则引擎：结合预定义的规则和专家知识，进一步细化定位结果。

这种方法相比传统的一开始提取整个调用拓扑并使用随机游走算法进行分析的方法，具有更低的延时和成本，以及更高的准确率。

2. SRE-Copilot 架构

SRE-Copilot 架构主要由多个专业的 Agent（智能体）组成，如图 5-56 所示。这些 Agent 通过协作与动态编排，实现智能化的运维服务。其核心架构包括以下几个关键组件。

1）多源数据 Agent：SRE-Copilot 集成了多种数据源，包括调用链数据、业务黄金指标、集群性能指标、系统日志等。每个 Agent 负责不同模态的数据，选择合适的算法进行异常检测与检索，确保对海量且多样化的数据进行全面分析。

2）功能型 Agent：这类 Agent 涵盖了知识库问答、工作流规划、报告生成、代码编写等多种功能。这些 Agent 能够根据用户的意图识别和提取参数，将任务调度分配给最合适的子 Agent，确保任务的高效执行和智能化处理。

3）RCAAgent（根因分析 Agent）：RCAAgent 负责收集其他 Agent 检

测到的异常信息及链路、配置等相关信息，进行根因定位。通过集成多个专业 Agent 的诊断结果，RCAAgent 能够准确定位故障根源，提供详尽的分析报告。

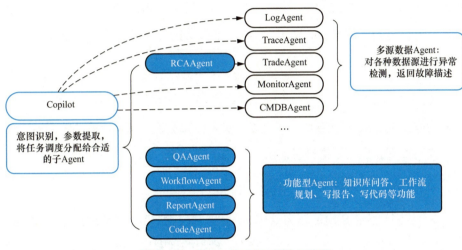

图 5-56　SRE-Copilot 架构示意图

4）Copilot：作为系统的核心，负责解析用户需求，制定运维计划，并安排不同 Agent 的工作。它通过基于 ReAct（推理与行动）的框架，动态编排 Agent 的协作，实现智能化的运维流程。

5）混合专家系统：SRE-Copilot 采用了混合专家（Mixture of Experts，MoE）系统，通过集成学习多个专业 LLM 的 Agent，形成强大的知识和推理能力。这种系统不仅具备广泛的通用知识，还能够根据具体场景进行深度定制和优化。

3. 运维能力

SRE-Copilot 在运维能力方面表现出色，主要体现在以下几个方面。

1）异常检测：SRE-Copilot 支持多种数据类型的异常检测，能够灵活拓展和整合不同平台的数据源。通过多 Agent 协同，系统能够准确检测异常，显著缩短平均修复时间（MTTR）。相比传统 AIOps，SRE-Copilot 的异常检测更加全面和精准，能够处理更复杂的运维环境。

2）根因定位：SRE-Copilot 采用无监督学习方法，不仅能够推理已知故障的根因，还具备处理未知故障的能力。通过 RAG 技术，系统能够检索相关的专家经验和历史故障数据，辅助 LLM 进行准确的根因分析。同时，模型具备持续学习能力，每次诊断结果都会加入模型记忆，从而提升系统在面对新故障时的推理准确性。

3）辅助运维能力：SRE-Copilot 具备多种辅助运维能力，包括工作流生成、代码生成、故障报告生成、运维可视化和知识库问答。这些功能通过自然语言交互实现，极大地提升了运维人员的工作效率，减少了重复性劳动，让运维团队能够集中精力处理更高价值的任务。

4）故障自愈：通过流程自动化，SRE-Copilot 实现了故障自愈，确保运维响应的及时性和准确性。系统能够根据预设的规则和模型，自动执行故障处理步骤，减少人为干预，提高系统的稳定性和可靠性。

4. 对比传统 AIOps 的优势

相比传统 AIOps 方案，SRE-Copilot 具有显著的优势。

1）基于大模型的智能化：SRE-Copilot 依托于先进的 LLM，具备强大的理解和推理能力。与传统 AIOps 依赖规则和简单机器学习算法相比，SRE-Copilot 能够处理更复杂的场景，提供更智能化的服务。

2）多 Agent 协作与动态编排：传统 AIOps 系统通常依赖单一的分析模块，难以应对多源数据和复杂的运维需求。而 SRE-Copilot 通过多 Agent 协作与动态编排，实现了功能的模块化和可扩展性，各个 Agent 之间可以根据具体任务灵活协作，提升了系统的适应性和扩展能力。

3）无监督学习与持续学习能力：传统 AIOps 在处理未知故障时，往往依赖于预先定义的规则和标注数据，难以应对新的、未曾见过的故障。SRE-Copilot 通过无监督学习和持续学习能力，能够在面对新故障时进行有效的推理和诊断，不断提升系统的智能化水平。

4）集成专家经验与知识库：SRE-Copilot 通过 RAG 技术集成并利用专家经验和知识库，辅助 LLM 进行更准确的根因分析。传统 AIOps 系统往往难以有效整合专家知识，导致诊断结果的准确性和全面性受限。

5）多功能辅助运维：除了核心的异常检测和根因定位能力，SRE-Copilot 还提供了多种辅助运维功能，如工作流生成、代码生成、故障报告生成等。这些功能通过自然语言交互实现，进一步提升了运维团队的工作效率和用户体验。

6）灵活的扩展与定制：SRE-Copilot 采用混合专家系统的设计理念，支持客户根据自身需求轻松接入和调整自定义的模型或逻辑模块。相比传统 AIOps 系统，SRE-Copilot 具备更高的灵活性和可定制性，能够更好地满足不同企业的具体需求。

5.7.3 小结

LLM 在运维领域的应用主要体现在日志分析与异常检测、运维脚本生成、运维知识智能问答等方面，如可从大量日志中提取常见模式、识别异常行为。基于这些应用，LLM 能够帮助运维团队提升自动化程度、优化决策支持和增强用户体验。

1）智能化决策支持：我们可以利用 LLM 分析日志和监控数据，快速定位问题来源，提供解决方案建议；同时 LLM 可根据历史数据和当前状态，智能生成运维策略，帮助优化资源配置。

2）提高运维效率：实时分析告警信息，自动分类和关联事件，找出问题发生的原因，再结合智能体，调用相应的运维工具去修复问题（在有些危险操作场景中，需要运维人员确认），从而提高响应速度。

3）增强系统可维护性：自动整理和更新运维知识库，提供统一的运维知识管理平台。根据运维活动，自动生成和维护文档，确保信息的及时性和准确性。

4）提升用户体验：支持运维人员以自然语言形式查询和操作系统，提高交互效率。根据上下文提供操作建议，降低学习成本，提高运维准确性。

LLM 在运维领域的应用潜力巨大，未来可能在以下方面获得进一步发展。

- 更深度的智能自动化：实现更多运维场景的全自动处理，减少人工介入。

- 自学习与适应性：模型能够根据环境变化自动调整，适应新的运维挑战。

- 跨领域协同：与 AIOps、DevOps 等理念融合，促进整体 IT 管理水平的提升。

通过合理应用 LLM 技术，运维团队可以提升工作效率，减少重复性劳动，专注于更有价值的任务。然而，在实施过程中，我们需要综合考虑技术、管理和安全等因素，确保 LLM 的应用真正为运维工作带来实质性提升。

第 6 章 未来展望

软件工程 3.0 的提出和实践，标志着软件研发领域的一个重要转折点。随着人工智能和大语言模型技术的不断成熟和应用，软件工程 3.0 将推动软件开发流程的自动化和智能化，从而显著提高研发效率和质量。LLM 技术将在代码生成、代码补全、测试用例生成、缺陷定位与修复等领域发挥重要作用，开发者与 AI 助手的协作将成为常态，形成人机协同的工作模式。这样发展下去，可能会催生"超级个体"的出现，一些初级和中级研发岗位可能会减少甚至消失，从而彻底改变软件研发的模式。

这为我们带来了更多甚至无限的想象空间，自然也会引发人们思考：软件研发的"银弹"很快会出现吗？

6.1 | LLM 是银弹吗？

1987 年，弗雷德里克·布鲁克斯在《没有银弹：软件工程的本质性和附属性工作》中提出："没有任何单一的技术或管理方法，能够使软件生产率在十年内提高一个数量级。"然而，LLM 的出现似乎正在挑战这一经典论断。

2023 年 5 月，GitHub 首席执行官托马斯根据其在 Web Summit Rio 2023 上的演讲发表了一篇文章——《Copilot X 助力实现 10 倍效能开发者》（见图 6-1）。他在文章中写道："现在又有了 Copilot X，是时候让我们重新定义'10 倍效能开发者'这个概念了！这并不是要求开发者努力成为 10 倍效能开发者，而是每个开发者都理应让自己的工作产出提高 10 倍！有了 AI 全程助力，我们将真正实现不受束缚的创造。有了 AI 全程助力，我们将成就 10 倍效能开发者。"

如果使用 AI 全程助力软件研发（如本书第 5 章所述），我们的工作产出效率有望提高 10 倍，这就意味着软件研发的"银弹"出现了。如今，我们的确可以从需求生成开始利用 LLM，逐步深入到代码生成、测试生成等环节。同时，借助知识图谱、RAG、智能体、思维链等技术，LLM 的局限性正在逐步被突破，让我们看到了实现"10 倍效率提升"的可能性。因此，我们有理由相信：在不远的将来，软件研发的"银弹"将会出现。虽然具体时间难以预测，但乐观来看，未来 3～5 年可能会迎来这一突破；保守估计，未来 8～10 年必将实现。

图 6-1　GitHub 首席执行官托马斯的文章截图

1. LLM 成为软件研发"银弹"的可能性

1）LLM 成为智力引擎。LLM 不仅具备良好的推理和归纳能力，而且拥有海量知识和跨领域的知识融合能力，从而可以不断启发和协助人类工程师，在驱动软件开发中展现其巨大潜力，为软件开发自动化和智能化带来曙光。

2）代码生成与自主测试。LLM 在代码生成和自动化测试方面展现出巨大潜力。它能够理解开发人员的意图，生成符合需求的代码，并自动生成单元测试脚本进行自我验证，从而大幅提升开发和测试效率。

3）效率与成本的优化。中国信通院的调查数据显示，代码采纳率在 21%～80% 的团队占比接近 82%，开发提效的中位数达到 41%。这表明 LLM 在提高开发效率和降低成本方面有显著效果。目前仅是 LLM 应用的初期，随着 LLM 的深入应用，效率有望实现指数级提升，能够较快地达到 10 倍的飞跃。

4）技术发展的加速。随着 AI 技术的快速发展，特别是 OpenAI 发布的视频生成大模型 Sora 和具备推理能力的 o1 模型，大模型不仅能理解数字世界，还能理解物理世界。这种进步可能将 AGI 的实现时间从 10 年缩短至 2～3 年，进一步加速 LLM 成为"银弹"的进程。

2. LLM 的局限性

1）技术挑战。尽管 LLM 展现出巨大潜力，但要成为软件开发的"银弹"，仍面临诸多技术挑战，包括数据质量、模型容量、训练时间和计算资源等问题，这些都限制了 LLM 的广泛应用。

2）可解释性与扩展性。LLM 的可解释性和扩展性也是其成为"银弹"的障碍。当前的 LLM 大多是黑盒模型，难以解释其决策过程，这对于需要高度可靠性和安全性的软件开发来说是一个重大缺陷。

3）人的因素。LLM 无法完全取代程序员的角色。软件开发不仅包括代码编写，还涵盖设计、决策、创新等环节，这些都需要人类的专业知识和创造力。LLM 可以作为辅助工具，但不能完全替代人类专家。

LLM 作为软件开发的"银弹"具有巨大的潜力，特别是在提高开发效率和降低成本方面。然而，它也面临技术挑战、可解释性与扩展性问题，以及无法取代人类专家的局限性。因此，LLM 更可能成为软件开发过程中的有力辅助工具，而非完全取代人类。

软件开发的未来需要 LLM 与人类专家协同合作，共同推动技术的进步和创新。LLM 的发展和应用需要全行业的共同努力，以确保其在提升软件开发效率和质量方面发挥最大作用。同时，我们也应该认识到，创造未来的最佳方式是通过持续的技术创新和实践探索，而非依赖单一的"银弹"解决方案。

6.2 | 软件复杂度问题能彻底解决吗？

在软件开发的历史中，软件复杂度一直是困扰开发者的核心难题之一。过去，我们通过结构化方法、架构设计模式和面向对象的设计原则等来消除或缓解软件系统的复杂性问题。

- 大规模复杂系统可以通过结构化方法分解为多个简单组件。

- 采用 SOA 架构、微服务架构等降低组件的依赖程度（即降低系统的耦合性）。

- 借助依赖倒置原则、迪米特法则和接口隔离原则直接降低类间的相互依赖，通过单一职责原则和开闭原则间接降低耦合性。

随着人工智能技术的飞速发展，LLM 被寄予厚望，被视为可能成为软件开发领域的"银弹"。然而，软件复杂度问题能否被彻底解决，仍然是一个值得深入探讨的问题。软件复杂度是软件工程的核心问题之一，如果不存在复杂度问题，软件工程似乎也将失去存在的意义。

1. 软件复杂度问题的本质

软件复杂度问题源于软件系统本身的多样性和不断变化的需求。随着系统规模的扩大和功能的增加，软件的复杂性也随之增长。这种复杂性不仅体现在代码层面，还涉及架构设计、项目管理、团队协作等多个方面。

1）康威定律。该定律由 Melvin Conway 于 1968 年提出，他指出："软件系统的任何设计都是其组织结构的缩影。"这意味着软件的复杂度在很大程度上受到开发团队组织结构的影响。LLM 需要能够理解和适应不同组织结构和开发流程，才能更有效地解决软件复杂度问题。

2）布鲁克斯定律。Frederick P. Brooks 在其著作《人月神话》中提出了布鲁克斯定律，他指出："在一个已经延期的软件项目中增加人手只会使项目更加延期。"这表明，简单地增加资源并不能解决软件复杂度问题。LLM 需要提供更智能的解决方案，帮助团队更高效地协作，而不是仅仅增加工作量。

2. LLM 在解决软件复杂度问题上的潜力

在最近发布的 AutoDev 的评估中，通过 HumanEval 数据集的测试，AutoDev 展示了其在自动化软件工程任务中的有效性。然而，AutoDev 的成功也依赖于其能够理解和适应特定的开发环境和流程。这表明，LLM 在解决软件复杂度问题时，需要与具体的开发实践紧密结合。

1）LLM 的代码生成与测试生成能力显著减轻了开发者的负担。LLM 能够根据自然语言描述自动生成代码，这在一定程度上降低了开发者编写代码的工作量，从而使其能够将更多精力投入到软件设计中，降低软件复杂性。同时，LLM 还能自动生成测试用例，帮助开发者更全面地验证软件的功能和性能。

2）LLM 的上下文感知能力有助于复杂问题的解决。LLM 具备强大的上下文感知能力，能够理解开发者的意图和需求，提供更加精准的代码建议和问题解决方案。这一点在 GitHub Copilot 等 AI 编码助手中已经得到了体现。

3）LLM 可以完成自主规划等任务，有利于解决复杂问题。随着 LLM 与 IDE 的深度集成，开发者可以期待一个更加智能和自动化的开发环境。例如，AutoDev 框架能够自主规划和执行复杂的软件工程任务，实现用户定义的目标；GitHub Copilot Workspace 可以根据需求生成开发计划（开发人员还可以编辑和优化这个计划），并基于优化后的开发计划生成代码。

3. LLM 面临的挑战

LLM 在软件开发领域具有巨大的潜力，特别是在自动化代码生成、测试和智能辅助方面。然而，要彻底解决软件复杂度问题，LLM 还需要克服多维复杂性、可解释性与信任问题，以及持续学习与适应性等挑战。

基于目前的调研，在 LLM 成为软件开发领域的"银弹"过程中，我们面临以下三大挑战。

1）复杂度的多维性。软件复杂度问题并非单一维度的，它涉及技术、管理、团队协作等多个层面。LLM 虽然在技术层面提供了有力支持，但在管理和团队协作方面的应用仍不成熟。

2）可解释性与信任问题。LLM 作为黑盒模型，其决策过程缺乏透明度，这使得开发者难以完全信任由 LLM 生成的代码。在关键的系统开发中，可解释性是一个不可或缺的因素。

3）持续学习与适应性。软件需求和技术环境不断变化，LLM 需要具备持续学习和适应新变化的能力。然而，当前的 LLM 在自我学习和适应性方面还有较大的提升空间。

软件复杂度是一个系统性问题，需要综合考虑技术、管理、团队协作等多个方面。LLM 的发展和应用需要与软件开发的最佳实践相结合，通过持续的技术创新和实践探索，逐步提升解决软件复杂度问题的能力。

LLM 可能无法彻底解决软件复杂度问题，但它可以成为软件开发者的强大助手，帮助我们更有效地应对这一挑战。通过 LLM 与人类专家的协同合作，我们有理由相信，软件开发的未来将更加光明。

6.3 ｜未来的软件会更加安全可信吗？

随着大模型在软件开发全生命周期中的应用不断扩展，软件的安全性和可信度已成为关键考虑因素，这主要源于以下两方面问题。

1）代码可以由大模型生成后，代码量可能迅速增加。若不加强代码评审、重构和优化，代码质量将难以保证。

2）代码生成过程缺乏可观察性和可解释性，这会引起人们的担忧，降低软件的可信度。

为了提高未来软件安全可信的程度，我们需要加强代码的质量管理，同时提升大模型的可观察性和可解释性。例如，新推出的一些推理模型（如 OpenAI o1 和 DeepSeek R1）能够展示其推理过程，显著增强了大模型工作过程的可观察性，从而提升我们对其生成结果的正确性的信心。

1. **安全性增强**

- 安全、透明的训练数据：确保用于训练 AI 模型的数据集透明、可追溯且高质量，符合相关伦理和法律标准，防止数据偏差影响模型输出。

- 代码安全分析：训练大模型以识别常见安全漏洞和威胁，并在开发过程中提供实时的代码审查与安全建议，针对特定威胁给出风险缓解策略。

- 加强代码的安全性测试：对 AI 生成的代码进行严格的安全测试（在 CI/CD 管道中集成 AI 驱动的安全检查，自动阻止不符合安全标准的代码提交），识别并修复潜在的漏洞，防止安全风险的引入，并持续监控和更新测试用例，以适应代码变化。

- 代码质量度量：利用 AI 分析代码质量，提供详细的质量报告，并给出代码重构和优化的建议，持续改进代码。

- 隐私保护：通过联邦学习等技术，模型可以在不共享原始数据的情况下进行训练，从而保护用户隐私。

- 人机协同：强调 AI 作为辅助工具，而非替代人类开发者。培养开发者与 AI 工具有效协作的能力，并保持人类开发者在代码生成过程中的监督和校验，确保代码质量和功能准确性。

- 安全合规：训练大模型以理解各种安全标准和法规（如 GDPR、CCPA），并自动检查代码是否符合特定行业的安全要求。

- 伦理准则：制定 AI 辅助开发的伦理准则，确保 AI 工具的使用符合道德标准和社会责任。

2. 可信度提升

- 教育与培训：对开发者进行 AI 工具使用的培训，提升其对 AI 生成代码的理解和评估能力，使其更有效地监督和管理 AI 辅助的开发过程。

- 可观察性：开发更透明的 AI 模型，使其能够提供完整的过程信息，或对代码生成逻辑进行说明，让开发者能够看到模型的推理过程。这种透明度可以增强对模型生成结果的信心。

- 可解释性：一些优秀的模型在生成代码时有充分的注释，并附上简要的文字说明，从而帮助开发者更好地阅读和理解所生成的代码。

- 偏见检测与缓解：做好大模型对齐工作和相关检测工作，以减少 AI 模型中的潜在偏见，确保生成的代码公平且无歧视。

- 用户反馈机制：建立完善的用户反馈渠道，收集和分析开发者对 AI 生成代码的意见和建议，让开发者能够对模型的输出进行评价，不断改进模型的性能和可靠性。

- 贴近业务领域：训练（如通过混合预训练或在基础大模型上进行微调）能够适应特定业务的领域大模型，以满足特定项目或团队的需求。

- 版本控制与审计：引入 AI 辅助决策的版本控制，追踪代码演化过程；实施定期审计机制，检查代码评审等质量管理活动是否到位，确保整个研发过程处于研发人员的有效控制之中。

2024 年 7 月底，谷歌 DeepMind 语言模型可解释性团队发布了一篇文章 "Gemma Scope: helping the safety community shed light on the inner workings of language models"（Gemma Scope：帮助安全社区阐

明语言模型的内部工作原理）。其中发布的一组新工具 Gemma Scope 能够帮助研究人员了解 Gemma 2（谷歌的轻量级开放式模型）的内部工作原理，从而可以更有效地识别和应对模型幻觉、欺骗或操纵等风险，也有助于设计更有效的安全措施，防止自主智能体带来的潜在威胁。如果将 Gemma Scope 这套方法扩展到更多、更大的模型上，就能提升大模型的可解释性，从而帮助我们开发出更健壮的系统。

Gemma Scope 是一套开放稀疏自动编码器（Sparse AutoEncoders, SAE），作为大模型的"显微镜"，SAE 能够分解和识别语言模型中的具体特征，而且这些特征往往与人类可理解的概念相关联。因此，SAE 能帮助研究人员理解模型是如何工作、如何生成相关内容的。Gemma Scope 可以实现多层解析，通过在每一层和子层应用 SAE，研究人员能够追踪特征的演变和组合，揭示模型决策过程中的复杂机制，从而可以优化模型结构和训练过程，提高模型的整体性能和鲁棒性。

Gemma Scope 通过在学习过程中引入稀疏性，使得模型的内部表示中只有少数关键特征被激活，而其余特征保持为零。这种稀疏性不仅降低了模型的复杂度，还提升了可解释性，让我们能够更轻松地识别和理解模型决策背后的关键因素。

Gemma Scope 能够自动发现模型中未预见的复杂特征，提供更深层次的洞察，并增强对模型决策过程的信任。此外，SAE 是一种无监督学习方法，不会预先定义要查找的特征，从而能够揭示模型中自然存在的结构，避免人为偏见。透明的模型机制有助于实现负责任且可信的 AI，确保 AI 系统的决策符合伦理和法律规范。

此外，Gemma Scope 在训练 SAE 时采用了一种新的激活函数 JumpReLU。这种激活函数专为 SAE 设计，通过引入一个可学习的非线性的跳跃阈值来促进稀疏性，即允许神经元在达到一定阈值后产生较大的跳跃响应。这种跳跃响应机制增强了 SAE 对关键稀疏特征的敏感度，使模型能够更加精准地捕捉那些在数据集中出现频率低但信息含量高的特征，显著改善了特征检测与强度估计之间的平衡，减少了误差。

随着大模型在软件开发全生命周期中的应用不断扩展，未来我们将更加聚焦于开发更加安全、透明、可靠的 AI 辅助工具。这些工具不仅能提高开发效率、可观察性和可解释性，还能确保代码质量、安全性和合规性。同时，通过透明化推理过程、人机协作和持续反馈，可进一步提升大模型生成代码的安全性和可信度。这种趋势将推动软件开发行业向更加安全、可信和高效的方向发展。

6.4 | 未来的研发工具、研发角色、AIGC 如何协同？

在人工智能浪潮中，LLM 和人工智能生成内容技术正逐步重塑软件工程的面貌。人们常说，在大模型时代，所有的软件研发工具都值得重做一遍。未来，软件开发将是一个典型的人机协作过程，人机结对编程和人机结对开发将成为常态，再考虑让智能体和多智能体协作等参与到软件研发过程中，未来研发工具、研发角色和 AIGC 的协同将更具想象空间，也值得我们深入探讨。

未来的研发工具将从自动化走向智能化。LLM 可以集成到集成开发环境（IDE）中，提供代码补全、缺陷检测、代码审查等功能，减少开发者的重复劳动。随着智能体技术的应用，未来的工具将具备更强的上下文感知能力，能够理解代码的业务逻辑和设计意图，提供更加精准的代码建议和问题解决方案。借助智能体，大模型和工具的集成将更加高效，研发工具、LLM 和 AIGC 将形成一个整合的工具链，提供从需求分析到代码生成、测试和部署的一站式服务，实现从需求理解、代码生成到代码构建和部署的完整、流畅且高度自动化的开发过程。

未来，开发者将更多地从事设计和架构工作，而不是编写具体的代码。随着 LLM 在代码生成和单元测试脚本生成方面的能力不断增强，开发者的任务将从解决问题转变为定义问题，并利用 LLM 和 AIGC 来寻找解决方案。每个开发者也相当于一个智能体，只是不是一般的智能体，而是成为主控智能体（Host Agent）或最后确认的智能体，与 LLM、智能体、工具及其他团队成员紧密合作，共同完成项目。

未来，智能体将发挥积极作用，可处理日常研发工作，包括一些复杂问题。在软件开发中，智能体可以扮演不同的角色，如开发者的伙伴或测试者，帮助开发者完成单元测试和代码评审。例如，类似于 AutoDev 或 ChatDev 的概念，我们会开发出自主开发智能体、需求分析智能体、测试智能体、代码审查智能体等。

- 自主开发智能体能够理解复杂的软件工程目标，并自主规划和执行任务，如代码编写、测试、构建和部署等。

- 需求分析智能体能够与利益相关者沟通，理解需求，并将其转化为技术规格说明和设计文档，为开发团队提供指导。

- 代码审查智能体可以进行代码审查，通过学习历史提交和代码质量标准，提供代码改进建议，帮助维护代码质量和一致性。

多智能体协作有助于更加有效地完成软件研发任务。在软件研发的复杂生态系统中，多智能体协作模式正逐渐展现出其独特的优势。通过构建一系列专业化的智能体，我们不仅能够实现它们在各自领域的独立运作，还能通过它们之间的协同合作，实现更高层次的效率和创新。这些智能体之间的协作并非简单的并行处理，而是一种深层次的互动与博弈。每个智能体都拥有自我学习和自我优化的能力，它们在相互竞争和合作中不断进化，从而推动整个团队的能力边界。例如，需求智能体与测试智能体、开发智能体与测试智能体之间存在紧密的互动与博弈，前者负责内容（需求、代码），后者（测试智能体）负责验证其正确性并发现前者生成内容的问题；反过来，前者也可以评估后者验证是否充分并发现其存在的问题。在不断的交互过程中，智能体会暴露自身的问题并自我改进，同时也能够学习其他智能体的策略和方法，优化自身的工作流程。这种持续的学习和适应，使得多智能体协作模式更加默契、有效。

多智能体系统能够根据任务的紧急程度和复杂性，动态调整资源分配，优化研发流程。多智能体系统可以通过协作学习和知识共享，快速适应新的开发需求和技术变化。通过与人类开发者的协作，智能体可以学习和吸收人类的专业知识和经验，同时，人类开发者也可以从智能体那里获得新的视角和解决方案。人机结对开发可以激发新的创意和创新。人类开发者的直觉和创造力与智能体的数据分析和模式识别能力相结合，有助于产生突破性想法。在复杂决策过程中，人机结对能提供更全面的视角，智能体基于数据提供建议，而人类开发者基于经验和直觉进行判断。

AIGC 技术可以用于生成代码、文档、设计图等，在未来研发协同中发挥重要作用。例如利用 AIGC，开发者可以快速生成原型，进行概念验证和用户反馈收集，加速产品迭代；AIGC 可以自动生成代码和文档，减少重复性工作，让开发者专注于更有价值的任务。

未来的软件开发将是一个高度协同的过程，涉及智能体、多智能体协作、人机结对开发及 AIGC 的深度整合。智能体将在理解、规划和执行软件工程任务中发挥关键作用；多智能体协作将优化问题解决和资源分配；人机结对开发将促进知识转移和创新；AIGC 将推动内容生成和个性化学习。通过人机协作、工具链整合和持续学习优化，人、LLM 和智能体协同机制将共同塑造一个更高效、更智能、更具创新性的软件开发环境。

6.5 ｜多模态给软件研发带来新能力

OpenAI 在 2024 年的春季发布会上展示了一款迷人神器的蓝图：GPT-4o 聊天机器人。GPT-4o 聊天机器人的表现的确震撼，它几乎可以即时响应文本、视觉和音频输入，并在首次展示中实现了实时语言翻译、通过视觉输入求解数学方程，以及为伦敦视障人士提供导航等壮举。从发布的应用场景看，多模态大语言模型 GPT-4o 不只是一个语音助手，更是一个全能助手，能够进行数据分析、帮盲人指路和打车，因为它能听、能读、能看，又拥有强大的知识库和推理能力。GPT-4o 标志着人工智能发展的一个里程碑，它拥有对视觉和声音的非凡理解，能真正地、实时地参与人类活动。

美国国家工程院院士、斯坦福大学教授李飞飞曾说过："生成式 AI 革命由像 ChatGPT 这样的巨大语言模型推动，它们模仿人类的语言智能。但我相信，基于视觉的智能——我称之为空间智能——更为根本。语言很重要，但作为人类，我们理解和与世界互动的能力在很大程度上基于我们所看到的。"多模态大模型一定会代替大语言模型（单模态大模型），成为 AI 未来的主引擎。相对于单模态大模型，多模态大模型具有以下更强的能力。

- 能够整合来自不同模态的信息，提供更全面的上下文理解，从而生成更准确和更相关的输出，缓解大模型的幻觉问题。

- 能够实现不同模态之间的信息转换，如将文本描述转换为软件的 UI 视觉设计，或将视觉设计转换为程序的代码。

- 支持更自然和直观的用户交互方式，如通过语音、手势或视觉指令与开发工具进行交互。

- 能够生成包含多种媒体类型的内容，为软件开发提供更丰富的文档、报告和用户界面设计。反过来，需求文档、设计文档中就包含图形图像，甚至包含动画、视频等，要让大模型完整、准确地理解文档内容，也需要多模态大模型。

这些能力将极大地提升软件开发和软件测试的效率、质量和创新性。随着多模态技术的不断进步，未来的软件开发将变得更加智能、直观和高效，为软件工程带来前所未有的机遇。例如，利用图像识别和生成能力，多模态大模型能够理解设计草图和原型，辅助开发者快速将设计转化为工作原型，加速开发流程。同时，它也可以支持可视化编程，帮助开发者通过拖放和图形界面设计来创建应用程序。多模态大模型可以生成包含图像、表格和视频的交互式文档和教程，并与 AR 和 VR 技术深度融合，为软件开发提供沉浸式体验，提升学习效率和用户体验。

在开发上，新版的 GitHub Copilot 增加了视觉功能，开发人员无须烦琐地描述用户界面（UI）更改，Copilot 可以智能地完成代码更新。当软件的 UI 界面发生变更时，只要上传界面截图，GitHub Copilot 就可以领会我们的意图、分析其中的差异、理解用户界面的更新，并根据我们的目标给出针对性的编辑建议或生成新的修改代码。例如，以下工具能够将 UI 设计图转换为前端代码。

- Anima：一款可以将 Figma、Sketch 或 Adobe XD 的设计转换为响应式 HTML、React 或 Vue 代码的工具。

- Builder.io：一款可视化开发平台，可以将设计转化为前端代码，并支持与现有的技术栈集成。它还提供拖放式的页面构建功能，方便非开发人员创建复杂的页面。

- TeleportHQ：提供设计到代码的转换服务，支持多种前端框架，如 React、Vue 和 HTML/CSS。它还具备可视化编辑功能，允许开发者进一步优化生成的代码。

- Uizard：可以将手绘草图或高保真设计图转化为数字界面，并生成对应的前端代码（如 React、HTML/CSS）。

在软件测试上，多模态大模型可以通过分析 UI 设计自动生成测试脚本，提高软件测试的覆盖率和效率；也可以通过理解 GUI 视觉信息和功能逻辑来进行应用软件的深度测试和缺陷检测。为了增强多模态大模型对软件用户界面（UI）的理解，需要做好视觉与文本的对齐。例如，可以提取 UI 上的文字信息并与 UI 截图对齐，形成视觉提示，从而弥补仅依赖截图或视图层次文件所带来的信息缺失问题。多模态大模型还可以指导智能体进行软件操作的探索，采用上下文学习机制感知功能和操作边界的存在，并对操作探索的序列进行功能逻辑分析，实现智能体的自主测试。

论文 "Leveraging Large Vision-Language Model For Better Automatic Web GUI Testing"（利用大型视觉语言模型实现更优的自动化网页 GUI 测试）中也对该领域进行了探索，获得了一些有意义的实验结果，如图 6-2 所示。

1）更强的网页操作探索能力：相比现有的先进技术，如 WebExplor、VETL（基于 LVLM 的测试方法）能够探索更多的网页操作（多出 25%），这意味着它能够更全面地覆盖网页的不同功能和交互点。

2）更好的场景理解：LVLM 通过综合处理视觉和文本信息，能够更准确地理解网页的布局和元素功能，从而指导测试过程中的操作选择。例如，能够识别"搜索"按钮并在适当的时候点击，提高了测试的效率和效果。

3）上下文感知的文本输入（即更高质量的输入）：LVLM 的语义分割能力使其能够有效捕捉和分析输入组件周围的上下文信息，它能根据输入框的上下文信息生成相关且高质量的文本输入，确保输入内容与网页功能需求匹配。例如，在电话号码输入框中自动生成符合格式的数字输入，避免了输入无效数据的情况。

4）借助视觉辅助，获得更精准的目标元素选择：通过视觉推理能力，LVLM 能够根据网页截图和上下文内容，精准地选择需要交互的目标元素。这减少了仅依赖 DOM 树属性导致的误判，提高了测试的准确性。

5）更高效地识别功能性缺陷：LVLM 不仅生成适当的文本输入，还能基于生成的输入指导后续的测试操作，如立即点击相关按钮，避免了资源的浪费；此外，VETL 在顶级商业网站的测试中成功发现了多个核心功能性的缺陷，证明了其在实际应用中的有效性和实用价值。

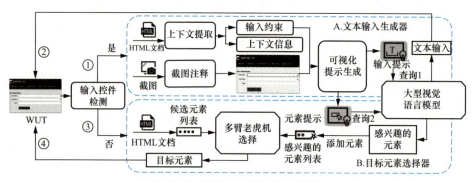

图 6-2 VETL 实现的总体框架

总的来说，视觉大模型通过其强大的多模态理解和处理能力，显著提升了自动化网页测试的全面性、准确性和效率，解决了传统纯文本模型在视觉信息利用上的不足，从而带来了更优的测试效果。这些基于多模态大模型的测试实例表明，未来多模态大模型在软件研发中会发挥更大的作用。

6.6 | AGI 对软件研发会有怎样的影响？

AGI 是指具有广泛认知能力的人工智能系统，能够像人类一样在多种环境中学习和应用知识。AGI 的发展将对软件研发产生深远的影响，从自动化和创新到协作、教育，都将带来革命性的变化。

不管以什么方式到来，通用人工智能（AGI）终究会来，而且可能会来得比较快。正如李飞飞所说："人类进化数亿年所取得的成果，现在在计算机中仅需几十年就能出现。"为了增强对 AGI 的信心，我们可以先简单讨论一下世界模型和 Scaling Law（规模效应）。

为了让计算机具有人类的空间智能，我们需要构建能够模拟世界，并在时间和 3D 空间中与 AI 进行互动的模型。我们可能需要从大语言模型转向大型世界模型，从而加速 AGI 的到来。目前，我们能从一些实验中看到这一思想的初步迹象。借助最新的 AI 模型，世界模型使用机器人传感器和执行器收集的文本、图像、视频和空间数据进行训练，并通过文本、语音或图像提示来控制机器人，使其能够自主完成任务，如照顾老人或为外科医生提供辅助支持。

Scaling Law 是指在 AI 尤其是深度学习领域，模型的性能随着其规模（如参数数量、训练数据量、计算资源等）的扩大而呈现出一定的规律性增长。这一理论表明，通过扩大模型的规模，可以显著提升其在各种任务上的表现，包括更强的通用能力或泛化能力等。目前大模型参数规模已达到数千亿甚至数万亿，但由于受到算力影响，Scaling Law 受到了一定的质疑，进而引发对 AGI 实现速度的怀疑。但是，基于推理模型 OpenAI o1 和 DeepSeek R1 模型，我们有理由相信 Scaling Law 的潜力还未被充分挖掘。这些模型从后训练阶段入手，借助强化学习、原生的思维链和更长的推理时间（这种范式被称为"测试时计算"），把大模型的能力又往前推了一步。除了测试时计算，最近又出现了一个备受关注的概念"测试时训练"（Test-Time Training，TTT）。不同于标准的微调，它在一个数据量极低的环境中运行，通过显式梯度步骤更新模型。来自 MIT（麻省理工学院）的研究者系统地研究了各种 TTT 设计选择的影响，以及它与预训练和采样方案之间的相互作用。从研究结果来看，TTT 的效果非常好，可以显著提升大模型在抽象与推理语料库（ARC）上的性能，如在 1B 模型上将准确率提高到原来的 6 倍。更多细节可以参考论文"The Surprising Effectiveness of Test-Time Training for Abstract

Reasoning"。

人类会从不同角度研究机器学习，探索和创新，甚至可以借助大模型进行研究，从而加快实现 AGI。LLM for Science 不仅会成为未来的趋势，还将加速科学研究的进程。2024 年诺贝尔物理学奖和化学奖都授予了 AI 领域的科学家，正是 AI 驱动科学研究的有力证明。因此，我们有理由相信 AGI 将会以较快的速度来到我们身边。

1. AGI 在软件研发中的潜在角色

1）人机协作伙伴。AGI 能够与人类开发者紧密协作，理解人类的需求和意图，提供个性化的支持。

2）高级问题解决者。AGI 能够理解和解决复杂问题，提供创新的解决方案，从而加速软件开发过程。

3）自主学习者。AGI 可以不断学习和适应新的编程语言、框架和技术，保持与行业发展的同步。

4）多领域专家。AGI 能够跨领域工作，成为多个领域的专家，为软件研发提供全面的视角和知识。

2. AGI 对软件研发的具体影响

AGI 对软件研发的影响将贯穿软件研发的各个方面，如组织转型、研发人员角色转换、项目规划和流程优化、整个研发生命周期的超级自动化等。目前这些影响仍处于猜想或预测阶段，具体的变化仍有待时间检验。

1）全流程自动化。AGI 有望实现软件研发全流程的自动化，涵盖需求分析、代码编写、测试、部署和维护，从而大幅提升研发效率。开发者将从具体的编码任务中解放，转而承担更高层次的监督和指导角色，更多地提供创造性和战略性的指导，专注于软件的整体设计、用户体验和业务逻辑等方面，而

AGI 负责实现和优化具体的技术细节。

2）生成并动态优化项目计划。通过分析过去类似项目的数据，AGI 可以预测任务所需的时间和资源，估算项目的整体工期和成本；并利用先进的优化算法，生成最佳的任务序列和资源分配方案。AGI 可以识别潜在的项目风险，预测其发生概率和影响，并提供应对策略；也能够根据项目进展和环境变化，实时调整项目计划，重新分配资源，避免项目延期或超支。

3）需求工程将更加智能化。AGI 能够深入理解复杂的自然语言需求，包括用户故事、需求文档和业务流程描述。它可以帮助我们分解或细化需求、定义软件系统的功能、生成用户故事的完整验收标准等。与现有技术相比，AGI 能够更清晰地解释其工作逻辑，澄清需求、业务目标和限制条件，从而更好地评判需求的有效性。

4）架构设计自动化。目前架构设计主要依赖架构师完成，大模型只能作为助手或顾问。然而，借助强大推理能力，AGI 可以学习和积累大量的软件架构知识、设计原则和最佳实践，根据软件需求，在性能、可扩展性、安全性、成本等多个约束条件下寻求最佳架构方案，包括模块划分、接口设计、数据库的逻辑设计等。AGI 通过分析历史项目和已知模式，能够识别适用的设计模式或架构风格，选择合适的数据库、中间件、框架和第三方库，并将系统功能划分为独立的模块或服务，确定模块之间的关系和依赖性，以确保代码的可维护性和可扩展性，最终自动生成详细的设计文档、UML 图和部署方案等。

5）新一代编程助手。AGI 能够理解高层次的抽象概念，将自然语言需求直接转化为高质量代码。这意味着开发者只需描述需求，AGI 可自动生成符合要求的程序，大幅提升开发效率。AGI 还可以深入理解代码含义和运行环境，自动优化代码性能，减少资源消耗，提升软件整体效率。

6）实现自主测试。AGI 具备持续学习和适应能力，能够从过去的测试运行中不断学习，识别缺陷模式并优化测试策略。它能够理解业务逻辑变化，自动调整测试脚本以适应新需求。如果脚本运行出错，AGI 能够修复测试脚本。最终 AI 能自主完成全过程的测试，尽管可能仍需少量测试人员的干预，如中间偶尔出错后 AI 不能自动修复，需要人为重启测试过程，或需要测试人员对最终结果进行检查和分析。总体而言，在 AGI 时代，AI 发挥主导作用，测试人员提供辅助支持。

AGI 对软件研发的影响将是全方位的，从提升自动化水平和效率到激发创新和个性化开发，再到促进教育和跨学科融合。然而，AGI 的发展也会带来技术、伦理和社会方面的挑战。软件研发社区需要积极应对这些挑战，确保 AGI 技术的健康发展和合理应用，从而为未来的软件研发带来积极影响。

参考资料

[1] Jason Wei, Xuezhi Wang, Dale Schuurmans,et al.Chain of Thought Prompting Elicits Reasoning in Large Language Models. 2022.

[2] Shunyu Yao, Dian Yu, Jeffrey Zhao,et al. Tree of Thoughts: Deliberate Problem Solving with Large Language Models. 2023.

[3] Maciej Besta, Nils Blach, Ales Kubicek,et al. Graph of Thoughts:Solving Elaborate Problems with Large Language Models. 2023.

[4] Taicheng Guo, Xiuying Chen, Yaqi Wang, et al. Large Language Model Based Multi-agents: A Survey of Progress and Challenges. 2024.

[5] Chen Qian，Wei Liu，et al. ChatDev- Communicative Agents for Software Development. 2024.

[6] Zhensu Sun，Li Li，et al. On the Importance of Building High-quality Training Datasets for Neural Code Search. 2022.

[7] Yizhong Wang，Yeganeh Kord，et al. SELF-INSTRUCT: Aligning Language Models with Self-Generated Instructions. 2023.

[8] Yuxiang Wei，Zhe Wang，et al. Magicoder: Empowering Code Generation with OSS-INSTRUCT. 2024.

[9] Anton Lozhkov, Raymond Li，et al. StarCoder 2 and The Stack v2: The Next Generation. 2024.

[10] Can Xu，Qingfeng Sun，et al. WizardLM: Empowering Large Language Models to Follow Complex Instructions. 2023.

[11] Haolin Jin, etc. From LLMs to LLM-based Agents for Software Engineering: A Survey of Current, Challenges and Future. 2024.

[12] Junwei Liu, etc.Large Language Model-based Agents for Software Engineering: A Survey. 2024.

[13] Cuiyun GAO, etc.The Current Challenges of Software Engineering in the Era of Large Language Models. 2024.

[14] Junda HE, etc.LLM-Based Multi-Agent Systems for Software Engineering:Literature Review, Vision and the Road Ahead. 2024.

[15] Junjie Wang, etc.Software Testing with Large Language Models: Survey, Landscape, and Vision. 2023.

[16] Arghavan M. Dakhel, etc.Effective Test Generation Using Pre-trained Large Language Models and Mutation Testing. 2023.

[17] Lianghong Guo, etc. When to Stop? Towards Efficient Code Generation in LLMs with Excess Token Prevention. 2024.

[18] Yihao Li, etc. Evaluating Large Language Models for Software Testing. 2025.

[19] Quang-Hung Luu, etc. Can ChatGPT Advance Software Testing Intelligence? An Experience Report on Metamorphic Testing. 2023.

[20] Congying Xu, etc. MR-Adopt:Automatic Deduction of Input Transformation Function for Metamorphic Testing. 2024.

后记：
奔腾不息的智能浪潮

在本书即将付梓之际，我深感在当今技术迭代飞速的时代，书中部分内容可能很快便需要更新。不出所料，过去几个月，人工智能（AI）与软件工程的融合领域不断涌现令人瞩目的进展。这些新发展虽未引发彻底的范式转变，但它们标志着技术能力的稳步提升和应用场景的持续拓展，这促使我提笔写下这篇后记。

风起云涌的技术奔流

我们仿佛在疾驰的列车上观赏窗外风景，这几个月的技术进展令人目不暇接。

- 在 SWE-bench 编码基准测试中，Verified 子集的通过率从 53% 飙升至 64.65%，这意味着 AI 在真实世界编程问题上的解决能力提升了近 12 个百分点——这不是简单的百分比的变动，而是软件行业天花板的抬高！

- DeepSeek 团队在对 R1 模型进行算力优化后毅然选择开源，让众多开发者能够以更为便捷的方式体验到高效智能编程的强大魅力。而 OpenAI 推出的"博士级超级代理"，则为我们展示了 AI 不仅能写代码，还能独立完成从需求理解到系统设计的全流程工作。

- 字节跳动发布的开源 AI IDE Trae 为我们描绘了集成化 AI 编程环境的美好蓝图。基于 LLM 的低代码开发平台如雨后春笋般涌现，MetaGPT 和 Manus 等项目则进一步验证了多智能体协作开发的可行性。

- 最令人震撼的莫过于 DeepMind 的两位顶尖科学家离职创立 Reflection AI，他们的目标并非是打造一个更为出色的编程助手，而是直指"具备完全自主性的编程 AI 智能体"，以实现"超级智能"。这已不再是工具的迭代，而是范式的革命！

如果将《软件工程 3.0》比作一张拍摄于去年的风景照，那么今天再次翻开它，你会感叹："景色依旧美丽，但已有新的高楼平地而起。"

加速驶向成熟的软件工程 3.0

这些技术进步绝非点状创新，而是系统性地推动着软件工程 3.0 从理论走向实践，从前沿走向主流。

- 编码能力的提升意味着 AI 从"能写简单代码"的阶段进化到"能解决实际问题"的更高层次。

- 各种专业智能体通过分工协作，全面负责从需求理解、设计编程再到缺陷修复的全流程。随着智能体架构的进一步成熟，AI 很可能实现从"单点工具"到"自主系统"的重大转变。

- 低代码平台的繁荣使非专业人士也能参与软件创作，大大拓宽了软件生产力的边界。

我们正处在一个奇妙的时代——代码不再是程序员的专属语言，而成为人类与机器之间的通用接口。一旦 AI 能精准理解自然语言需求并高效转化为可执行程序，软件开发的门槛和效率将实现质的飞跃。

想象一下，当 Reflection AI 的愿景照进现实，我们不再被代码束缚，而是晋升为 AI 生态的"园丁"——培育模型、调教智能体、设计人机协作的"光合作用"。到那时，需求分析师用自然语言"播种"需求，架构师与 AI 结对绘制系统蓝图，测试工程师与智能体共舞完成全链路验证，而运维系统正自主学习故障模式。这不是科幻小说中的情景，而是正在发生或即将成为现实的未来图景。

AI 具有"超工具"特征

在这场技术革命中，我们必须洞察一个核心转变：今天的 AI 已经超越了传统工具的定义范畴。千百年来，人类使用的工具都遵循"人决策、工具执行"的单向模式，具有功能确定性，并处于从属地位。然而，现代 AI 正日益展现出"超工具性"特征，从根本上挑战我们的认知框架。

这种超工具性首先体现在 AI 能够深度参与宏观决策领域。在软件研发过程中，AI 不仅能生成代码，更能提供架构建议、识别设计缺陷、预测性能瓶颈并推荐最佳实践方案。最为关键的是，前沿 AI 系统正逐步展现出类似"主体"的属性。

- 元认知与自我迭代：AI 能够评估自身生成代码的质量，识别潜在错误，并自主改进解决方案，这远超传统工具的被动特性。

- 社会交互与协作决策：多智能体系统（如 MetaGPT）展示了 AI 间的协作能力，不同角色的智能体能够相互质询、协商并共同完成软件项目。

- 价值与伦理判断：在软件需求分析或设计、测试中，AI 能够权衡业务价值、用户体验、安全性和性能等多维度因素，形成复杂的决策框架。

这一转变挑战了传统"人-工具"二元对立的框架，促使我们探索一种新型"技术间性"——人类与 AI 共构、相互依存的新型关系。在未来的软件工程中，AI 不再是被动的助手，而将成为创造过程中的积极参与者和共同决策者，与人类形成一种全新的共生关系。这种转变不仅可以提升软件研发效能，更是从根本上重塑软件创作的本质。

经得起时间考验的思想与方法

值得欣慰的是，本书聚焦于软件工程 3.0 的基本原理、方法论和思想体系的阐释，而非特定技术实现的详细操作指南。书中虽列举了大量具体实例，但旨在说明大模型如何驱动研发，而非要求读者按图索骥。正如前言所述，如软件形态从"程序"到"模型"的迁移、大模型对人类思维的模拟、人机协同的新型研发模式及软件质量保障的新挑战，这些核心议题的讨论具有长期指导意义，不会因技术迭代而迅速过时。

软件工程从 1.0、2.0 发展到 3.0，是成长的过程，而非取而代之的过程。本书探讨的大模型驱动的研发新范式，其基本思想和方法论将持续指导软件行业的发展，即便具体技术细节不断更新迭代。

作者的遗憾与期待

坦率地说，作为研究与实践尚浅的作者，我们在撰写本书时面临环境限制。企业级研发生态，如丰富的 RAG 系统、精心打造的知识库、多样化的智能体协作机制等，未能充分呈现。我们只能通过公开资料和有限的实验环境来构建案例，这是本书的一大遗憾。

如同只能远眺大海的航海家，我们描绘了海洋的壮阔，却无法带读者深海探险。我相信，在企业环境中，LLM 驱动的软件研发已取得比书中所展示的更为惊人的成就。

然而，这种局限性也坚定了我们持续更新内容的决心。我们承诺加快《软件工程3.0》的迭代，力求在这场技术革命中为读者提供更及时、深入的指引。

奔腾不息，未来已来

如果说软件工程 1.0 依赖手工制作，2.0 实现了工业生产，那么软件工程 3.0 便是智能创造。我们站在了这一伟大变革的起点，将见证软件如何从人类智慧结晶转变为人机协作的共同创造，进而开辟前所未有的可能性。

当我撰写这段后记时，世界某个角落或许正孕育着突破性技术。这种不确定性不是焦虑的来源，而是激动人心的机遇——我们生活在一个思想能瞬间化为现实的时代，这是何等幸运。

正如科幻作家威廉·吉布森所言："未来已经到来，只是尚未均匀分布。"《软件工程3.0》的使命，便是助力这一光明未来更快、更公平地惠及每一位开发者。

让我们拥抱变化吧，因为在软件工程的世界，唯一不变的正是变化本身！

朱少民